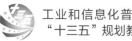
工业和信息化普通高等教育 | 高等院校"十三五"
"十三五"规划教材立项项目 | 网络与新媒体系列教材

微课版

网页设计与制作

Dreamweaver CS6 标准教程

第 3 版

修毅 洪颖 邵熹雯 ◎编著

U0383203

Web Design
and Production

人民邮电出版社
北 京

图书在版编目（ＣＩＰ）数据

网页设计与制作Dreamweaver CS6标准教程：微课版/
修毅，洪颖，邵熹雯编著. -- 3版. -- 北京：人民邮电
出版社，2021.5（2023.7重印）
高等院校"十三五"网络与新媒体系列教材
ISBN 978-7-115-55588-5

Ⅰ. ①网… Ⅱ. ①修… ②洪… ③邵… Ⅲ. ①网页制
作工具－高等学校－教材 Ⅳ. ①TP393.092.2

中国版本图书馆CIP数据核字(2020)第248950号

内 容 提 要

本书全面系统地讲解了网页设计与制作的相关知识。全书共 15 章，包括网页设计基础、Dreamweaver CS6 基础、页面与文本、图像与多媒体、超链接、表格、CSS 样式、CSS+Div 布局、AP Div 和 Spry、行为、模板和库、表单、jQuery Mobile、动态网页技术以及综合实训等内容。

本书以网页设计知识的演进为线索，以课堂案例为载体，将理论与实践相结合，帮助读者快速掌握网页创意、设计和制作的方法与技巧。读者通过练习案例可以巩固和扩展相关的知识与技能，通过综合实训可以理解和掌握网站制作的方法与流程。

本书可以作为高等院校相关专业网页设计课程的教材，也可以作为培训机构的培训教材或自学人员的参考用书。

◆ 编　著　修　毅　洪　颖　邵熹雯
　 责任编辑　武恩玉
　 责任印制　李　东　胡　南

◆ 人民邮电出版社出版发行　　北京市丰台区成寿寺路 11 号
　 邮编　100164　电子邮件　315@ptpress.com.cn
　 网址　https://www.ptpress.com.cn
　 大厂回族自治县聚鑫印刷有限责任公司印刷

◆ 开本：787×1092　1/16
　 印张：19　　　　　　　　　　2021 年 5 月第 3 版
　 字数：560 千字　　　　　　2023 年 7 月河北第 6 次印刷

定价：59.80 元

读者服务热线：(010)81055256　印装质量热线：(010)81055316
反盗版热线：(010)81055315
广告经营许可证：京东市监广登字 20170147 号

前言

二十大报告指出：教育、科技、人才是全面建设社会主义现代化国家的基础性、战略性支撑。本教材第 1 版《网页设计与制作——Dreamweaver CS5 标准教程》自 2013 年 2 月出版以来，受到广大读者的喜爱，被全国多所院校选为网页设计课程的教材，成为高等院校艺术类专业的首选教材。本教材以网页设计知识的演进为线索，以课堂案例为载体，采用"课堂案例+知识点讲解+操作实践"的模式组织教学内容，力求贴合学生的认知特点，从知识体系构建、应用主题展现及实践技能培养 3 个方面实现教学与实践关系的平衡。

2015 年 2 月出版发行的《网页设计与制作——Dreamweaver CS6 标准教程》（第 2 版）根据 Dreamweaver CS6 软件的内容，对第 1 版教材进行了全面修订，理顺了教材章节顺序，更换和优化了若干教学和练习案例，全面改写了各章练习案例的操作要点，更加明确了教学和实践要求。

以上两个版本的 Dreamweaver CS 教材强调如下几点。

1．强调 CSS+Div 布局技术的重要地位。该技术在网站工程设计、移动终端页面设计技术中具有重要作用。

2．采取"布局图"的概念和方法，介绍表格布局、CSS+Div 布局、框架布局和 AP Div 布局等多种方案，解决页面布局教学难点。

3．随书免费提供大量的电子资源，包括 PPT 课件、教学视频、基本素材、案例素材、案例效果文件等，用书教师可登录人邮教育社区（https://www.ryjiaoyu.com）免费下载。

以 Dreamweaver CC 2017 软件为蓝本，我们撰写了《网页设计与制作——Dreamweaver CC 标准教程》（附微课视频 第 3 版），并已于 2018 年 9 月出版发行。与上述两个版本教材相比，Dreamweaver CC 教材全面引入 HTML5 技术和 CSS3 样式，增强对移动端网页设计技术的支持，在力求保持前两版教材内容和优势的前提下具有如下特点。

1．基于 Dreamweaver CC 的技术体系，对全书内容进行重构，删除了过时内容，新增 HTML5、弹性布局和 jQuery Mobile 技术等内容。

2．详尽描述了 HTML5 技术，包括 HTML5 多媒体元素、HTML5 结构语义标签、HTML5 表单元素，以及利用弹性盒子实现响应式布局等内容。

3．深入剖析了 CSS3 技术，增加了 CSS 过渡效果和 CSS 动画内容，以及媒体查询的使用方法。

4．顺应开源技术应用的发展趋势，引入了 PHP 动态网页开发技术和 MySQL 数据库技术，以及 jQuery UI 的相关内容和使用方法。

根据教学一线教师、学生和其他读者的反馈，我们对《网页设计与制作——Dreamweaver CS6 标准教程》（第 2 版）一书进行了改版，在保持其内容与结构的前提下，删除框架部分内容，引入移动网页设计的内容，推出《网页设计与制作——Dreamweaver CS6 标准教程》（微课版 第 3 版）教材。

本书由修毅、洪颖、邵熹雯共同编写。修毅统稿并编写了第 1 章网页设计基础、第 7 章 CSS

样式、第 8 章 CSS+Div 布局、第 9 章 AP Div 和 Spry、第 13 章 jQuery Mobile 和第 14 章动态网页技术，洪颖编写了第 2 章 Dreamweaver CS6 基础、第 3 章页面与文本、第 4 章图像与多媒体、第 5 章超链接、第 12 章表单和第 15 章综合实训，邵熹雯编写了第 6 章表格、第 10 章行为和第 11 章模板和库。

　　本书在编写过程中得到了北京服装学院计算机应用教研室、信息中心老师们的大力支持和帮助，部分案例采用了学生优秀作品，在此深表感谢。

　　由于编者水平和经验有限，书中难免有欠妥和错误之处，恳请广大读者批评指正。编者电子邮箱：jsjxy @bift.edu.cn。

编　者

目录
CONTENTS

Dreamweaver CS6

第 1 章
网页设计基础

随着互联网技术的蓬勃发展，Web 应用与服务得到了迅速普及，并成为互联网的代名词。Web 网页、URL 地址、服务器和客户机等也成为我们应知应会的互联网知识。

Web 是由很多网页和网站构成的庞大信息资源网络，而网站设计与制作是构建这类资源网络的重要技术。网站设计与制作既是一种创意活动，也是一种技术活动。为了掌握这门技术，我们需要学习和掌握网页设计知识和网页标准化技术，同时还要学会使用各种专业的软件（如 Dreamweaver、Flash 和 Photoshop 等），以完成网站设计与制作各个阶段的任务。

网站设计与制作作为一项系统工程，要依据设计与工程的规范和原则，按照从前期准备，到方案实施，再到后期维护等流程开展工作，才能设计、制作出令用户满意的网站。

🌸 本章学习内容

1. 互联网基础
2. 网页设计知识
3. 网页标准化技术
4. 网站设计软件
5. 网站制作流程
6. HTML

1.1 互联网基础

1.1.1 Internet 与 Web 服务

互联网就是借助通信线路将计算机和各种相关设备连接，并按照统一的标准，在各种设备之间进行数据传输和交换，实现互联、互通，以达到计算机之间资源共享和信息交换目的的网络。Internet 就是一种互联网。

Internet 提供的主要服务包括万维网（World Wide Web，WWW、3W 或 Web）、电子邮件（E-mail）、文件传输和远程登录（Telnet）等。其中，Web 以内容形式多样、资源丰富、交互性好等特点，成为应用最广泛的信息检索服务工具。

Web 采用超文本标记语言（Hyper Text Mark-up Language，HTML），可以存取文本、图像、动画、音频和视频等多媒体信息；还基于超链接，通过众多的网页和网站构成了一个全球范围的庞大信息网络。

超链接可以使任何地方之间的信息产生链接关系，并建立信息资源的网状结构。在网状结构中，任意两条信息之间的链接关系，既可以是直接的，也可以是间接的；方便用户从一个网站跳转到另一个网站，从一个网页跳转到另一个网页，从而实现在全球范围内的信息资源互联、互通。

1.1.2 URL 路径

在信息繁多的互联网中，如何寻找、确定和获得某一条资源信息呢？由 Web 联盟颁布的统一资源定位符（Uniform Resource Locator，URL）是互联网中一种标准的资源定位方式，用于标识互联网上的任何特定资源。URL 由 3 部分组成：协议类型、主机名以及路径和文件名，表达形式如下。

协议名：//服务器的 IP 地址或域名/路径/文件名。

在 URL 中，用户可以使用多种 Internet 协议，如超文本传输协议（Hyper Text Transfer Protocol，HTTP）、文件传输协议（File Transfer Protocol，FTP）和远程登录协议（Telnet 协议）等。其中 HTTP 用于 Web 应用，是应用最广泛的协议。为了满足 Web 应用提升安全性的需求，将 HTTP 与安全套接层（Secure Socket Layer，SSL）协议相结合，可构成一种更加安全的超文本传输协议 HTTPS。

在 URL 中，存放资源的服务器或主机由服务器的 IP 地址或域名表示。服务器通过指定路径和网页名称确定资源的最终位置。

URL 以统一的方式描述互联网上各种网页和其他各种资源的位置，使每一个网站或网页都具有唯一的标识，这个标识被称为 URL 地址（或 Web 地址、网址）。它可以是本地磁盘路径或局域网上的某一台计算机，也可以是 Internet 上的站点。

在互联网中，无论用户在什么地方，只要拥有一台计算机与互联网连接，就可以通过 Web 地址轻松地访问互联网上的网站，分享互联网上的各种资源。

1.1.3 服务器与客户机

互联网是由不计其数的计算机和相关设备相互连接而成的。根据计算机在互联网中的用途，可将其分成两类：服务器和客户机。

服务器是提供共享资源和服务的计算机，其作用是管理大量的信息资源。服务器的种类较多，例如，数据服务器（如新闻服务器）存储海量的实时信息，为用户提供浏览服务；电子邮件服务器为用户提供电子邮件信箱和收发电子邮件的服务；FTP 服务器为用户提供上传和下载文件的服务。

客户机是用户用来获取资源和服务的计算机。当用户使用计算机访问服务器时，这台计算机就是客户机。浏览器软件是客户机上的必备软件，常见的浏览器软件有 IE 浏览器、360 浏览器、谷歌浏览器等。当用户在浏览器中输入某一个网站的网址时，客户机会向服务器发送一个请求，服务器收到该请求后，将网页发送到客户机的浏览器中，如图 1-1 所示。

1.1.4　互联网数据中心

互联网数据中心（Internet Data Center，IDC）为企业、媒体和各类网站提供专业化的网络服务器管理、网络带宽等一系列服务，是网络基础资源的重要组成部分。

IDC 有专用的场地和良好的机房设施、安全的内外部网络环境、高速的网络接入、系统化的监控技术和设备维护能力。基于这些特点，IDC 向用户提供了 Internet 的一系列不同层次的服务，主要服务包括整机租用、服务器托管、机房租用、专线接入和网络管理服务等。

如果企业租用 IDC 的服务器和带宽，就可以利用

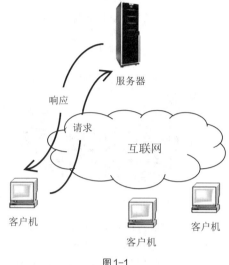

图1-1

IDC 的技术资源和管理规范构建企业的互联网平台，从而迅速开展网络业务。这样既减少了购买网络服务器硬件和对网络服务器管理的投入，又规避了企业构建网络平台的风险。

典型的 IDC 体系包括 4 个主要部分：服务器系统、电力保障系统、数据传输保障系统以及环境控制系统。

1.2　网页设计知识

在网页设计中，网页创意设计是非常重要的环节，它可以表达网站主题，展现优美的视觉效果。与平面设计类似，属于视觉艺术设计的范畴。网页设计要具有一定的独创性，既要符合用户的审美情趣，又要兼顾突出主题、满足表达内容和使用便捷的要求。

颜色、网页设计元素和页面布局是网页创意设计的 3 个重要组成部分。

1.2.1　颜色

1. 认识颜色

自然界中有很多种颜色，颜色可以分为非彩色和彩色两大类。非彩色包括黑、白、灰 3 种颜色，其他颜色都属于彩色。任何颜色都具有色相、明度和纯度 3 种属性。

色相是颜色的特征，是一种颜色区别于另一种颜色的主要因素。通常用色环来表示颜色系列，基本色相为红、橙、黄、绿、青、蓝、紫，如黄、绿表示不同的色相。如果将同一色相调整为不同的亮度或纯度，颜色就会产生不同的视觉效果。

明度也称为亮度，表示颜色的明暗程度，明度越高，颜色越亮。如果页面采用鲜亮的颜色，就会使人感觉绚丽多姿、生机勃勃，如儿童类、购物类网站的页面；反之，明度越低，颜色越暗，如一些游戏类网站的页面，充满神秘感。

纯度是指颜色的鲜艳程度或饱和度。纯度越高的颜色越鲜艳，纯度越低的颜色越灰暗。

2. RGB 颜色模式和网页安全色

每种颜色都可以用红（R）、绿（G）、蓝（B）3 种颜色按一定的比例调和而成，这 3 种颜色被称为光的三原色，如图 1-2 所示。在 Dreamweaver 中，用户可以在【颜色】对话框中通过设定红、绿、蓝 3 种颜色值，得到任何颜色，如图 1-3 所示。

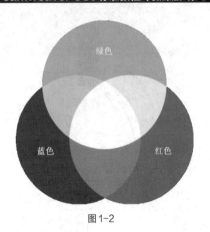

图1-2   图1-3

图形图像软件可以处理上千万种颜色，但有些颜色会随着环境条件的变化而变化。在不同的操作系统或浏览器中，同一种颜色在不同的显示器上也许会显示出不同的明度或者色相效果。

为此，将在不同操作系统或浏览器中具有一致显示效果的颜色定义为网页安全色，共有 216 种。在网页设计软件中，任何颜色都有一个 6 位的十六进制编号（如#D6D6D6），任何由 00、33、66、99、CC 或者 FF 组合而成的颜色值，都表示一个网页安全色，如图 1-4 所示。

3. 利用图像配色

在网页设计中，可以根据页面创意的需要，选择一个颜色效果好的彩色图片作为颜色源，从图片中吸取颜色作为网页的主题颜色，具体方法如下。

首先，利用图像软件的吸管工具吸取一种或若干种颜色，取得颜色数值；然后，在网页安全色中匹配相同或相近的颜色作为网页的主题颜色；最后，将这些颜色应用于网页设计中，完成颜色的搭配。例如，在金色俱乐部网站中，可以吸取蓝天、草地和白云的颜色作为主题颜色，进行网页设计，如图 1-5 所示。

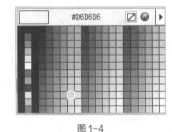

图1-4   图1-5

1.2.2　网页设计元素

尽管网页千差万别，但网页的基本构成元素是固定的，包括网站 logo、网站 banner、导航条、图像、动画和背景等。

1. 网站 logo

网站 logo 也称为网站标识，由文字、符号、图案等元素按照一定设计理念组合设计而成，它是整个网站独有的形象标识。在一些企业网站中，企业 logo 可以作为其网站的标志。在正规的网站中，网站 logo 是必备元素。

一般地，网站 logo 位于页面比较醒目的位置，如左上角。在网站的推广和宣传中，它可以突出网站特色，树立良好的网站形象，表达网站内容的精粹和文化内涵，如图 1-6 和图 1-7 所示。

图 1-6

图 1-7

2. 网站 banner

网站 banner 一般位于页面的顶部，既可以表达和突出网站创意和形象，也可以传达某种特定信息。在商业网站中，网站 banner 是一种网络广告形式，可以向用户传达特定的产品和服务信息。

网站 banner 有各种规格和形式，可以分为旗帜广告、横幅广告和条幅广告等。网站 banner 通常由 GIF 动画、JPEG 图像或 Flash 动画组成，如图 1-8 所示。

图 1-8

3. 导航条

导航条是网页设计中最重要的元素之一，既表现了网站的结构和内容分类，又方便了用户对网站的浏览。

一般地，导航条在网站各个页面中的位置相对固定，通常位于页面的左侧、上部和下部，如图 1-9 和图 1-10 所示。

图 1-9

图 1-10

在一些较大型的网站中，可能会有多个导航条，方便用户浏览。

导航条在设计风格上不仅要与其他设计元素保持一致，还要突显其在页面中的重要地位。同时，同一网站不同页面中的导航条或一个页面中不同位置的导航条也要相互协调。

4. 图像

图像是网页设计中最常用的设计元素之一，具有直观和色彩丰富的特点，可以传达丰富的信息，突显创意和风格。在网页设计中，通常使用 GIF、JPEG 和 PNG 3 种格式的图像。GIF 用于画面简单、细节信息少的图像（如背景图片）可以减小图像文件的大小；JPEG 用于画面较为复杂、细节信息多的图像；PNG 用于有透明背景的图像。

网页中的图像有两种来源：一种是独立完整的图像；另一种是在 Firework 或 Photoshop 中使用切片功能处理后的分割图像。

5. 动画

网页设计中常用的动画有 GIF 动画和 Flash 动画。GIF 动画是图像动画，一般用于对动画效果要求比较低的场合，可以由 Firework 或 Photoshop 制作完成。Flash 动画是图形图像动画，一般用于对动画效果要求较高的场合，由 Flash 专业软件制作完成，如图 1-11 所示。

6. 背景

在网页设计中，背景处于从属地位，起辅助作用。背景既可以是纯色背景，也可以是图像背景（GIF 和 JPEG 格式均可）。背景使用不当可能喧宾夺主，使用合理则能够增强页面的整体创意效果，如图 1-12 所示。

图 1-11   图 1-12

1.2.3　页面布局

网页设计元素是组成网页的基本要素，将这些网页设计元素在页面中进行组合和排列称为页面布局。页面布局既要满足页面的结构布局需要，又要符合大众的艺术审美情趣。

1. 结构布局

在网页设计中，结构布局是根据设计元素在页面中的位置分布特点进行分类的，常用结构布局包括"国"字型、拐角型、上下框架型和左右框架型等类型。

"国"字型布局的突出特征为中间部分为主题内容，左右两侧有小侧栏，上部包括网站 logo、网站 banner 和导航条等，下部包括页脚导航条和版权信息等。此布局在大型网站中应用较多，且稍显复杂，如图 1-13 所示。

拐角型布局与"国"字型布局相比有所简化，其上部包括网站 logo、网站 banner 和导航条，主题内容在一侧，另一侧为小侧栏，下部包括版权或其他信息等，如图 1-14 所示。

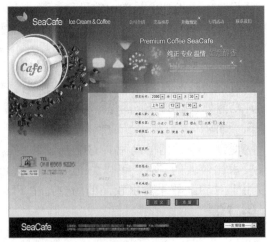

图 1-13   图 1-14

上下框架型布局较为简单，上部包括网站 logo 和导航条等，中间部分为主题内容，下部包括版权信息及页脚导航条，一般用于小型网站，如图 1-15 所示。

左右框架型布局也较为简单，一般左侧为导航条，右侧为主题内容，如图 1-16 所示。

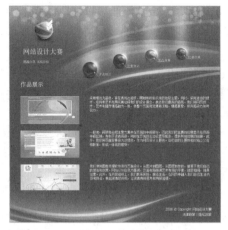
图 1-15

图 1-16

2．艺术布局

在网页设计中，不仅要考虑内容、栏目和结构布局，还要从审美的角度进行设计，使网页更具艺术感染力。常用的平面艺术设计原则包括分割、对称和平衡等。

分割是把整体分割成部分，可以使页面变得生动活泼，如图 1-17 所示。

在网页设计中，有些造型没有明显的布局结构，页面中的设计元素呈不规则分布状态。利用平衡原则，可使各设计元素达到一种视觉平衡效果，产生艺术美感，如图 1-18 所示。

图 1-17

图 1-18

总之，网页设计不要拘泥于固定的结构布局和艺术设计原则，而应根据内容、栏目编排要求以及客户的审美需求，灵活运用各种典型结构布局，融合各个艺术设计原则，锐意创新，创作出结构布局合理、页面精美的网页。

1.3　网页标准化技术

从技术的角度来看，网页由 3 部分组成：结构（Structure）、表现（Presentation）和行为（Behavior）。

相应的技术标准由 3 个部分组成：结构化语言、CSS 样式和脚本语言。

1.3.1 结构化语言

HTML 由万维网联盟（World Wide Web Consortium，W3C）制定和发布。HTML 格式简单，由文字及标签组成，有多个版本。在 HTML4.01 版本中，标签的任何格式化信息都能够脱离 HTML 文档，转入一个独立的样式表文件。

可扩展超文本标记语言（eXtensible Hyper Text Markup Language，XHTML）是一种基于可扩展标记语言（eXtensible Markup Language，XML）与 HTML 的新型结构语言，其突出特征是结构与表现分离。

HTML5 是将取代 HTML4.01 标准和 XHTML1.0 标准的 HTML 标准版本。虽然目前 HTML5 还处于不断完善中，但大部分浏览器都已经开始支持此技术。

1.3.2 CSS 样式

层叠样式表（Cascading Style Sheets，CSS）是由 W3C 制定和发布的，用于描述网页元素格式的一组规则，其作用是设置 HTML 编写的结构化文档外观，从而实现对网页元素高效、精准的排版和美化。

一般地，CSS 样式存放在 HTML 文档之外的样式文档中。对样式文档中 CSS 样式的修改，可以改变网站内所有网页的外观和布局。目前，CSS3 与 HTML5 一起获得了业界的广泛认同。

1.3.3 脚本语言

脚本语言标准是由欧洲计算机制造商协会（European Computer Manufacturers Association，ECMA）制定和发布的。脚本语言是一种面向对象的程序设计语言，是专为 HTML 使用者提供的一种编程语言。

脚本语言语法简单，在浏览器中解释执行。可以将脚本语言的一些代码片段插入 HTML 页面中，还可以在 HTML 页面中插入动态文本。在 Dreamweaver 中，行为就是由内嵌的 JavaScript 脚本语言实现的。

1.3.4 ASP 技术

在开发制作动态网站时，除了需要以上标准化网页技术外，还需要 ASP 技术和数据库技术作为支撑条件和环境。

动态服务器页面（Active Server Pages，ASP）是微软公司发布的动态网页开发技术组件，用来创建和运行动态网页或 Web 应用程序。ASP 文件由文本、HTML 标签、ASP 脚本代码以及 COM 组件等组成。

在 ASP 技术中，服务器应用程序通过 Windows 操作系统中开放数据库的连接（Open Database Connectivity，ODBC）建立与数据库之间的连接，从而使用服务器端的数据库资源。用 ASP 技术创建 Web 应用程序时，既可以使用客户端脚本，也可以使用服务器端的脚本，创建包括嵌入在 HTML 中的脚本程序在内的各种程序。

ASP.NET 是由微软公司开发的基于.NET 框架的网站开发技术，兼容 ASP 技术，是 ASP 技术的升级换代结果。ASP.NET 可以使用 C#、VB.NET 语言编写 Web 应用程序，该程序在服务器端编译后执行。

1.4　网站设计软件

网站设计涉及图像处理、动画制作、网页制作和程序代码编写等多个阶段，是一项综合性的设计和开发工作。

在网站设计中，针对各个阶段的不同任务，可以采用各种专业软件来实现网站的专业化设计，提高网站设计与制作的效率。目前，在网站设计中被广泛使用的 3 款软件分别为 Dreamweaver、Flash 和 Photoshop。

1.4.1　Dreamweaver

Dreamweaver 是一款网页设计软件，具有可视化的操作环境，可以实现所见即所得的网页设计效果。Dreamweaver 提供了强大的网站管理功能，同时为了适应动态网站的开发，还提供了强大的代码编写和管理功能。

无论是初学者，还是专业程序员，都可以使用 Dreamweaver 进行网站设计。在 Dreamweaver 中，用户既可以设计制作独具特色的小型网站，也可以编写功能强大的网页应用程序，开发结构较为复杂的动态网站。

Dreamweaver CS5 集成了一种新型在线服务 Browser Lab，它提供浏览器兼容性测试解决方案；还集成了 Business Catalyst，方便构建包含各种内容的基本 Web 站点等。

Dreamweaver CS5 强化了 CSS 功能，可以通过可视化方式查看 CSS 框架模型属性，包括填充、边框和边距等，能够启用或禁用 CSS 功能，以及更新和简化 CSS 起始布局等。

Dreamweaver CS5 增强了对 PHP 的支持，可以通过搜索和利用外部文件和脚本，构建基于 PHP 的内容管理系统（Content Management System，CMS）页面，并在相关工具栏中显示有关信息。

Dreamweaver CS5 增设了实时视图功能，可以激活页面中的链接，与服务器端应用程序和动态数据进行交互。用户利用 URL 地址，可以浏览和检查 Web 服务器处理的页面，并对页面进行编辑处理。

Dreamweaver CS6 提供了 jQuery Mobile 移动开发框架，以简化移动开发流程，建立移动应用程序；还提供了 PhoneGap 支持来建立和封装 Android 和 iOS 应用程序。

Dreamweaver CS6 增加了流体网格布局和多屏显示功能，以自适应网页版面，创建跨平台和跨浏览器的页面；并可以检查智能手机、平板电脑和台式计算机的网页显示效果。

Dreamweaver CS6 还提供了对 CSS3 和 HTML5 标准的支持。

1.4.2　Flash

Flash 是一款集动画设计与应用程序开发于一体的软件，具有动画绘制、动作实现、程序编写和动画输出等功能。Flash 以流式控制技术和矢量技术为基础，制作出来的动画文件小，同时具有强大的功能，方便创建、设计和编辑动画作品。目前，Flash 在娱乐短片、片头、广告、MTV、导航条、小游戏、产品展示等领域得到了广泛应用。

Flash 提供了应用程序开发环境，可以编写脚本代码；增强了网络应用程序开发功能，可以直接通过 XML 读取数据；加强了与 ColdFusion、ASP、JSP 和 Generator 的整合。因此基于 Flash 用户可以开发基于互联网的跨平台应用程序。

Flash CS5 新增了许多功能。例如，支持新型动画 XFL 格式；增加部分文本处理功能，如增加垂直文本、外国字符集、间距和缩进调整等功能；提供代码片段库，通过导入和导出功能管理代码；与 Flash Builder 集成，方便完成 ActionScript 的编码工作；与 Flash Catalyst 集成，实现团队设计与开发的整合等。

Flash CS6 增设了 Toolkit for CreateJS 工具，允许设计人员和动画制作人员使用开放资源；为 AIR 远程调试和 AIR 移动应用提供支持；还可以导出 Sprite 表和高效压缩的 SWF 文档。

1.4.3　Photoshop

Photoshop 是一款集图像扫描、图像制作、编辑修改、创意设计和图像输入与输出于一体的图形图像处理软件，深受广大用户的喜爱。

平面设计是 Photoshop 应用得最为广泛的领域。Photoshop 具有强大的图像修饰功能，可以快速修复照片和美化广告摄影图片。利用其图像编辑功能，用户可以将原本毫不相干的图像元素组合在一起，实现丰富的影像创意设计。基于 Photoshop 的绘画与调色功能，用户可以先使用铅笔绘制草图，再用 Photoshop 的填充功能来绘制图画。用户利用 Photoshop 可以对文字进行艺术化处理，增强图像创意和艺术效果。

在后期版本中，Photoshop 还增加了用于创建和编辑 3D 图形及制作动画的功能，突破了 Photoshop 作为平面设计软件的局限，在更广泛的领域得到应用。Photoshop 借助其在平面设计领域的出色功能，将 Web 设计功能融入软件中，提供了图像切片和优化 Web 图形的功能，可以导出 HTML 网页文档用于网页设计。

Photoshop CS5 新增了许多功能。例如，借助 Mini Bridge 中的浏览功能，用户可以方便地在工作环境中访问各种资源；支持高动态范围（High Dynamic Range，HDR）调节功能，以创建更真实或超现实的图像效果；提供更精确的选区工具，以完成图像细微部分的复杂选择；增加了操控变形功能，通过添加节点对图像元素进行变形处理；提高了处理 RAW 文件的能力，可以优化在无损条件下图片降噪和锐化处理效果；增加了自动识别填充功能和自动镜头校正功能为相关操作带来便利等。

Photoshop CS6 增加了全新的 Adobe Mercury 图形引擎，完善了内容感应工具和设计工具等，并对诸多工具进行了全新的调整和改进。

由于 Dreamweaver、Photoshop 和 Flash 都是由 Adobe 公司开发的软件，因此具有良好的兼容性。Photoshop 和 Flash 的输出结果可以直接导入 Dreamweaver 中。

1.5　网站制作流程

网站制作已经逐渐发展成一个由网页界面设计、网页制作、数据库开发和动态应用程序编写等一系列工作构成的系统工程。

1.5.1　前期准备工作

在网站建设之前，需要对与网站建设相关的互联网市场进行调查和分析，同时收集各种相关的信息和资料，为项目提供必要的前期数据，为项目决策提供依据。

1.　市场调研与分析

市场调研包括用户需求分析、企业自身情况分析和竞争对手情况的调查与分析。

企业网站能够为目标用户所接受是网站生存和发展的前提。网站的用户需求分析是实现这一目标的关键环节。在建设网站之前，必须明确网站为哪些用户提供服务，这些用户需要什么样的服务；要充分挖掘用户表面的、内在的、具有可塑性的需求信息，明确用户获得信息的方式和规模，如信息量、信息源、信息内容、信息表达方式和信息反馈等。只有这样，企业网站才能够为用户提供最新、最有价值的信息。

从建设互联网平台的角度来说，对企业自身情况进行分析和评价就是充分了解企业能够向目标用户提供什么样的产品、什么样的服务，实现产品和服务的业务流程是什么，以及企业的其他可用资源等。另外，有些产品和服务适合在实体店销售，有些适合在网络平台销售，因此有必要明确哪些产品和服务由网站提供，以什么方式提供。

通过互联网或其他渠道对竞争对手的情况，尤其是竞争对手的网络平台情况进行调查和分析。了解同类企业或主要竞争企业是否已经建设了网站，其网站的定位是什么，提供了哪些信息和服务，以及这些网站有哪些优点和缺点，从中获得建设自身网站的启示。

市场调查后进行综合分析时，应该确定建设企业网站能否做到对企业产品进行整合和对产品销售渠道进行扩充，能否为提高企业利润、降低成本发挥作用。

2．收集和整理资料

收集和整理资料为网站建设提供基础素材。

从内容形式上，包括文字资料、图片资料、视频资料和音频资料；从内容分类上，包括企业基本情况介绍、产品分类、产品信息、服务项目、服务流程、联系方式、企业新闻、行业新闻等。资料的收集应尽量全面完整，从方便后期使用的角度来看，应尽量收集电子数码资料，如数字照片等。

收集和整理资料是一个持续的过程。在建设网站之前，应尽量收集相关资料；在建设网站的过程中，还需要进一步补充和完善资料，不断丰富网站内容。

3．网站定位

网站定位是指在市场调查和分析以及资料收集的基础之上，初步确定网站的大致内容和结构，页面创意设计的基调，以及基本技术架构。

网站内容包括各种文本、图形图像、音频设计视频信息，它直接影响着网站页面创意设计、布局以及技术架构的确定，也影响着网站受欢迎的程度。基于市场调查和分析，企业对页面创意设计的风格和颜色基调要有一个基本设想，对网站的栏目设置、页面结构、页面创意设计要做到心中有数。在技术架构方面，企业需要明确是建设动态网站还是静态网站，网站规模，以及采用何种技术架构等。这将决定网站制作和维护的成本，是企业必须关注的问题。

1.5.2　方案实施

在方案实施的过程中，企业应根据前期准备工作，具体规划网站的栏目和布局、页面设计风格和外观效果；确定网站建设要使用的各种技术，完成网站制作的全部工作。

1．网站规划

网站规划实际上是网站定位的一个延续。网站定位是网站规划的基础和前提，网站规划将全面落实网站定位。网站规划得越详尽，方案实施得就越规范。

无论是开发静态网站还是动态网站，都必须明确开发网站的软、硬件环境，网站的内容、栏目和布局，内容、栏目之间的相互链接关系，页面创意风格和色彩，网站的交互性、用户友好性和功能性等。如果选择建设动态网站，还需要对数据库和 Web 应用技术，以及脚本语言的选择和使用做出规划。

企业还需根据网站规划撰写网站开发时间进度表，以便指导和协调后续的工作。

2．网页设计

现在网站建设越来越重视网页的创意和外观设计效果，尤其是一些个性化的网站、提供时尚类产品和服务的网站、具有美术和艺术背景的网站等，都非常关注页面布局和画面创意设计的艺术效果。独到的创意和优美的画面有助于提升企业的个性化形象。

通常采用图形图像类软件来进行页面的创意设计。要求对页面中的颜色、网页设计元素以及结构布局进行尝试、编排和组合，形成静态的设计效果。确定页面的设计效果后，可以使用切片等功能，导出网站制作所需的网页文档格式。

有时，也可以采用动画软件来设计动感十足、富于变化的页面效果。但有动画效果的页面容易产生下载速度慢、等待时间过长、影响浏览效果的问题。

3. 静态网页制作

如果网站用户交互要求低或网站数据更新少，可以采用静态技术制作网站。静态技术相对简单，如各种布局方式（CSS+Div 方式、表格方式、框架方式等）、模板和库技术，以及各种导航条的设计和制作等。

4. 动态网页制作

在一些大中型网站建设中，除了使用静态网页技术之外，更重要的是采用动态网页技术。Web应用技术、数据库技术以及前端、后台网页设计在动态网站建设中尤为重要。

比较小型的网站可以使用 ASP 技术，而对于大中型网站，采用 ASP.NET 技术能够获得更高的安全性和可靠性。也可以使用 JSP 技术或 PHP 技术等。

数据库的选择要考虑数据规模、操作系统以及 Web 应用技术等因素。小型应用可采用 Access数据库；大型应用可选择 SQL Server 数据库，或者更大型的数据库（如 Oracle 数据库），还可以使用 MySQL Server 数据库等。

前端网页的设计更关注用户的需求和感受，它是实现与用户交互的场所。可以先制作静态页面，再应用脚本程序和数据库技术，完成动态内容的设计与制作。而后台网页的设计侧重于满足管理和维护系统的需要，包括开发数据库和数据表、编写各种管理和控制程序等。

5. 整合网站

当设计、制作和编程工作结束后，需要将各个部分按照整体规划进行集成和整合，形成完整的系统。在整合过程中，需要对各个部分以及整合后的系统进行检查，若发现问题则及时调整和修改。

在网站建设过程中，前期准备工作中的网站定位具有承上启下的作用，它与方案实施阶段的网站规划密切相关。网站定位指导网站规划，网站规划是网站定位的具体实现。有时这两个环节会交叉融合，没有明确的界限。

1.5.3 后期工作

网站建成后，还要完成一系列的网站测试、网站发布、网站推广和网站维护等后期工作。网站后期工作进展得是否顺利，完成得是否到位，将直接影响到网站的各种设计和功能的实现，影响到用户对网络的认知度、满意度和美誉度，最终将影响到网站的营利能力和发展空间。

1. 网站测试

网站测试包括测试网站运行的每个页面和程序。其中兼容性测试和超链接测试是必选的测试内容。

兼容性测试就是测试网站在不同操作系统、不同浏览器下的运行情况。超链接测试是为了确保网站的内部链接和外部链接的源端和目标端保持一致。Dreamweaver 提供了浏览器兼容性测试和链接检查的命令，方便易上手。

对于动态网站，要测试每一段程序代码能否实现其相应功能，尤其是数据库测试和安全性测试。数据库测试主要检查在极端数据情况下，数据读取等操作的可行性。安全性测试主要检查后台的管理权限能否被攻破，防止管理员账户被非法获取等。

2．网站发布

完成网站测试后就可以将网站发布到互联网上供用户浏览。目前大多数 ISP（Internet Service Provider，互联网服务提供商）公司都向广大用户提供了域名申请、有偿或免费的服务器空间等其他配套服务。

网站发布的步骤包括申请域名、申请服务器空间和上传网站内容。

第一，企业需要申请一个或多个域名，域名应简单易记，最好与企业和品牌名称相关，这样可以保证与企业 Logo 的一致性。第二，根据网站规模和需要，向 ISP 公司申请服务器空间。不以营利为目的个人网站可以申请免费的服务器空间，大小从几兆字节到几百兆字节不等。而小型企业网站可以申请物美价廉的服务器空间，从几百兆字节到几千兆字节，甚至更多。第三，完成远程站点的设置。为方便网站的调整和维护，可以使远程站点与本地站点保持同步。Dreamweaver 中提供了多种方式，其中 FTP 方式最为方便。第四，将网站内容上传到服务器。一般地，第一次要上传整个站点内容，以后在更新网站内容时，只需要上传更新的文件即可。

3．网站推广

网站推广的目的是让更多用户浏览网站，了解网站的产品和服务内容。常用的网站推广方式包括注册搜索引擎、使用网站友情链接，以及利用论坛、博客和电子邮件等方式推广等。

注册搜索引擎是最直接和有效的方法。可以在知名的搜索引擎（如百度、谷歌等）中主动注册网站的搜索信息，以达到迅速推广的目的。

在同行或相关行业网站中建立网站的相互链接，或通过论坛、博客、QQ 和电子邮件等方式发布网站信息，是低成本的网站推广方式。

4．网站维护

网站不是一成不变的，它要随着时间的推移、市场的变化做出适当的变化和调整，给用户以新鲜感。在日常维护中，应经常更新网站栏目（如行业新闻等），以及添加一些活动窗口（如新春寄语等）。

当网站发布较长时间以后，需要对网站的风格和颜色、内容和栏目等进行较大规模的调整和重新设计，让用户体会到企业和网站积极进取的精神。在网站改版时，既要让用户感觉到积极的变化，又不能让用户产生陌生感。

1.6　HTML

在 Dreamweaver 可视化环境中，制作网页的各种操作都会自动生成 HTML 代码，网页是由 HTML 编写的文本文件。

HTML 是一种结构化描述语言，格式非常简单，由文字及标签组合而成，其书写规则如下。

任何标签皆由 "<" ">" 和文字组成，如<P>为段落标签；某些起始标签可以加参数，如<font size="12"> Hello</font>表示字体大小为 12；大部分标签既有起始标签，又有终结标签，终结标签是在起始标签之前加上符号 "/" 构成的，如</font>；标签字母大小写均可。

HTML 的常用标签包括文件结构标签、表格标签、文本段落标签、链接标签和框架标签等，如图 1-19 所示。

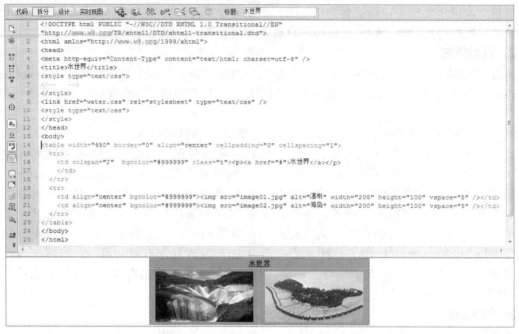

图 1-19

1.6.1　文件结构标签

文件结构标签包括：<html>、<head>、<title>、<body>等。

网页文档都位于<html>和</html>之间。<head>至</head>称为文档头部分，头部分用来存放网页的重要信息。<title>只出现在头部分，标示了网页标题。

<body>至</body>称为文档体部分，大部分标签均在本部分使用，而且<body>中可设定具体参数。

1.6.2　表格标签

表格标签包括表格标签<table>、标题标签<caption>、行标签<tr>、列标签<td>和字段名标签<th>等。标签<td>位于标签<tr>中，标签<tr>位于标签<table>中。

例如：

```
<table width="450" align="center" >
<tr><td ><imgsrc="image01.jpg" width="200" height="100"></td>
<td><imgsrc="image02.jpg" width="200" height="100" ></td></tr>
</table>
```

1.6.3　文本段落标签

段落标签<p>用于形成文字段落，可以与对齐（align）属性配合使用，其属性值为：左对齐（left）、中间对齐（center）、右对齐（right）、两边对齐（justify）。

例如：

```
<p>水世界</p>
```

1.6.4　图像标签

图像标签<img>可以实现在网页中指定图像，其常用的属性为 src 和 alt。src 属性值为图像源文件路径或 URL 地址，用于设置图像的位置；alt 属性值为在浏览器尚未完全读入图像时，在图像位置显示的替换文字。

例如：

```
<img src="image01.jpg" alt="瀑布" width="200" height="100" >
```

1.6.5　链接标签

链接标签为<a>，常用的属性为 href 和 target。href 属性表示本链接目标端点的 URL 地址，target 属性表示被链接文件所在的窗口或框架位置，target 属性值包括新窗口（_blank）、本窗口（_self）、父窗口（_parent）和顶层窗口（_top）。

例如：

```
<td height="29" colspan="2" ><p><a href="#">水世界</a></p></td>
```

1.6.6　框架标签

框架标签包含框架集标签<frameset>和框架标签<frame>，其作用是将浏览器窗口分成不同的区域，每个区域独立显示为一个页面，形成框架网页。

框架集标签<frameset>位于<head>之后，以取代<body>的位置。一个框架集标签<frameset>内包含若干个框架标签<frame>。

例如：

```
<frameset cols="200,*" frameborder="no">
<frame src="index1_left" name="leftFrame" title="leftFrame" />
<frame src="index1_main.html" name="mainFrame" title="mainFrame" />
</frameset>
```

1.6.7　表单标签

表单标签用于实现浏览器和服务器之间的信息传递，常用的标签包括<form>、<label>、<input>和<select>等。标签<form>用于建立与服务器进行交互的表单区域；标签<label>用于形成标签区域，标签<input>位于其中；标签<select>用于建立列表、菜单和跳转菜单等。

例如：

```
<form id="form1" name="form1" method="post">
<label><input type="text" name="textfield" id="textfield" /></label></form>
```

1.6.8　块标签

<div>标签是块标签，AP Div 是<div>标签的一种形式。该标签在网页中既占有一定的矩形区域，又可以作为容器容纳其他网页设计元素。<div>标签的外观和布局由 CSS 样式控制。

例如：

```
<div id="apDiv1">网页设计与制作</div>
<div>此处显示新 Div 标签的内容</div>
```

第 2 章
Dreamweaver CS6
基础

"工欲善其事，必先利其器。"要想建立网站，首先要了解和掌握相关的软件。Dreamweaver 是业界比较流行的网页制作和网站开发工具之一，它不仅支持"所见即所得"的设计模式，还提供丰富的代码提示功能，方便用户编写网站程序。Dreamweaver CS6 的创建站点和管理站点功能可以帮助用户管理和控制站点中的各种资源。一些网页文档头部信息是网页在互联网中的标志性信息。

 本章学习内容

1. Dreamweaver CS6 工作界面
2. 创建网站站点
3. 管理站点
4. 网页文档头部信息设置

2.1　Dreamweaver CS6 工作界面

　　Adobe Dreamweaver CS6 是一款集网页设计、制作和网站管理于一身的可视化网页编辑软件，它保留了 Dreamweaver 早期版本的各种优点，不仅可以轻松设计网站的前端页面，还可以方便地实现网站后台的各种复杂功能。

2.1.1　开始界面

　　Dreamweaver CS6 启动后，默认情况下会显示开始界面，用户可以在开始界面中打开已有文档或新建文档，如图 2-1 所示。勾选开始界面底部的【不再显示】复选框，下次启动 Dreamweaver CS6 时将不会显示开始界面。

　　选择菜单【编辑】|【首选参数】，在【首选参数】对话框中勾选【显示欢迎屏幕】复选框，单击【确定】按钮，在下次启动软件时将会重新显示开始界面，如图 2-2 所示。

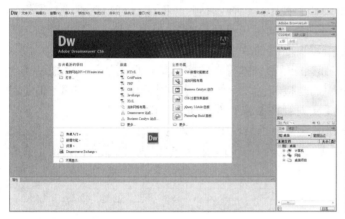

图 2-1　　　　　　　　　　　　　　　　　　　　图 2-2

2.1.2　工作环境

　　Dreamweaver CS6 的工作环境由菜单栏、文档工具栏、【文档】窗口、设计窗口状态栏、【属性】面板（或属性检查器）和浮动面板组等部分组成，如图 2-3 所示。

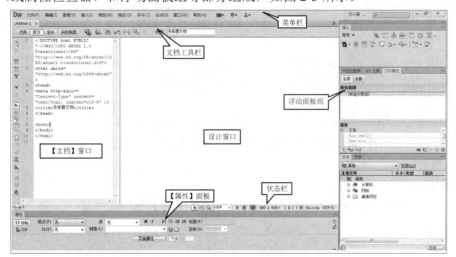

图 2-3

1. 菜单栏

菜单栏主要包括【文件】、【编辑】、【查看】、【插入】、【修改】、【格式】、【命令】、【站点】、【窗口】和【帮助】等菜单。选择菜单栏中的命令，可执行相应的操作。

2. 文档工具栏

文档工具栏包含一些按钮，使用这些按钮可以在文档的不同视图间快速切换；还包含一些与查看文档、在本地和远程站点间传输文档相关的命令和选项，如图 2-4 所示。

图 2-4

各按钮的含义如下。

【代码】：只在【文档】窗口中显示【代码】视图。【代码】视图是一个用于编写和编辑 HTML、JavaScript、服务器语言代码【如 PHP 或 ColdFusion 标记语言（ColdFusion Markup Language，CFML）】，以及任何其他类型代码的手工编码环境。

【拆分】：将【文档】窗口拆分为【代码】视图和【设计】视图。

【设计】：仅在【文档】窗口中显示【设计】视图，该视图是对页面进行可视化设计与编辑操作的设计环境，在形成可视化页面效果的同时，自动生成网页代码，文档的【设计】视图与代码保持同步一致。该视图类似于在浏览器中查看页面时的效果。

【实时视图】：显示动态网页代码（如 JavaScript 脚本等）的实时运行页面效果，并能够实现与文档的交互操作、前端网页与后台数据库的连接和读取操作等。【实时视图】不可编辑，但是可以在【代码】视图中进行编辑，然后刷新【实时视图】来查看所做的更改。

【实时代码】：当单击【实时视图】按钮时，文档工具栏中会出现【实时代码】按钮，如图 2-5 所示。在【实时视图】中进行各种操作时，【实时代码】中的动态网页代码会同步变化，便于查看动态代码的运行情况。

图 2-5

【多屏幕】：可以完成智能手机、平板电脑和台式计算机的多屏幕预览，以及分辨率设置、定向设置和媒体查询等。

【W3C 验证】：Dreamweaver 将向 W3C 服务器发送网页文档进行验证。

【检查浏览器兼容性】：用于检查网页对各种浏览器的兼容性。

【在浏览器中预览/调试】：在下拉框中选择一个浏览器，并在所选浏览器中预览或调试文档。

【可视化助理】：可以使用各种可视化辅助标志，方便进行网页设计与编辑。

【刷新设计视图】：在【代码】视图中对文档进行更改后，单击此按钮可刷新该文档的【设计】视图。

【标题】：为文档输入一个标题，它将在浏览器网页标签中显示。

【文件管理】：单击此按钮后会显示【文件管理】菜单，其中包含一些与在本地和远程站点间传输文档有关的命令。

3. 状态栏

状态栏提供了正在创建的文档的相关信息，位于【文档】窗口的底部，如图 2-6 所示。

图 2-6

状态栏中各部分内容的含义如下。

A.【标签选择器】：显示当前所选中内容的标签层次结构。单击该层次结构中的任意标签可以选择该标签及其对应内容。例如，单击<body>标签可以选择网页文档的正文部分。

B.【选取工具】：可以在【文档】窗口中单击以选取元素。

C.【手形工具】：可以在【文档】窗口中单击并拖曳文档。

D.【缩放工具】：单击该按钮会出现放大镜，可以放大网页文档；长按<Alt>键可在放大和缩小之间进行转换。

E.【设置缩放比率】：设置文档显示比例的数值。

F.【屏幕大小】：单击相应按钮可分别设置网页大小为智能手机、平板电脑和台式计算机的尺寸。

G.【窗口大小】：可以将【文档】窗口的大小调整到预定义或自定义的尺寸。更改【设计】视图或【实时视图】中页面的视图大小时，只更改视图的尺寸，而不更改文档大小。

H.【下载文件大小/下载时间】：显示页面（包括所有相关文件，如图像和其他媒体文件）的预计文档大小和预计下载时间。

I.【编码格式】：显示当前文档的文本编码方式。

4.【属性】面板

【属性】面板又称为属性检查器，可以查看和编辑当前页面中选中元素的常用属性。选择菜单【窗口】|【属性】或按<Ctrl+F3>组合键可以打开【属性】面板，如图 2-7 所示。【属性】面板根据选中元素的不同会出现不同的内容。例如，如果选择了页面上的图像，则【属性】面板中就会显示该图像的属性，如图像的文件路径、图像的宽度和高度等。

图 2-7

5. 浮动面板组

浮动面板组将很多功能面板以小窗口的方式显示，方便用户操作。因为这些面板都可以通过鼠标指针拖曳来改变位置，所以被称为浮动面板。默认情况下会显示【插入】面板、【CSS】面板和【文件】面板等，通过【窗口】菜单可以打开其他功能面板。

2.1.3　工作区布局

Dreamweaver CS6 为用户提供了多种工作区布局，用户可以根据需要设置工作区环境，也可以新建工作区布局，并对它进行管理。

选择菜单【窗口】|【工作区布局】，在子菜单中选择一种工作区布局，如【设计器】，如图 2-8 所示。

2.1.4　多文档的编辑界面

Dreamweaver CS6 提供了多文档的编辑界面，将多个文档集中到一个窗口中，用户可以单击文档编辑窗口上方选项卡的文件名切换到相应的文档，还可以通过按住鼠标左键拖曳选项卡来改变文档的顺序，如图 2-9 所示。

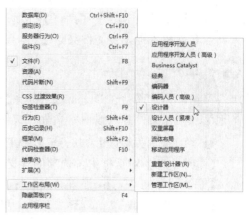

图 2-8

图 2-9

2.2 创建网站站点

站点是存放一个网站所有文件的场所，由若干文件和文件夹组成。用户在开发网站前必须先建立站点，便于组织和管理网站文件。

2.2.1 创建新站点

站点按站点文件夹的所在位置分为两类：本地站点和远程站点。本地站点是指本地计算机上的一组文件，远程站点是指远程 Web 服务器上的一组文件。创建本地站点时首先要在本地硬盘上新建一个文件夹或者选择一个已经存在的文件夹作为站点文件夹，这个文件夹就是本地站点的根文件夹。

创建本地站点的操作步骤如下。

❶ 选择菜单【站点】|【新建站点】，或选择【管理站点】并在【管理站点】对话框中单击【新建】按钮，打开【站点设置对象 webtest】对话框，如图 2-10 所示，在左侧选择【站点】选项，在右侧输入站点名称和本地站点文件夹路径。

图 2-10

🐌 提示

网站名称是网站在 Dreamweaver 系统中的标识，显示在【文件】面板中的【站点】下拉框中。本地站点文件夹是存放该网站文件、文件夹、模板以及库的本地文件夹。

❷ 单击展开左侧的【高级设置】，选择【本地信息】选项，如图 2-11 所示，在右侧设置相应的属性。【本地信息】对话框中各选项的含义如下。

【默认图像文件夹】：设置站点图片存放的文件夹的默认位置。

【链接相对于】：默认选择【文档】单选按钮。

【Web URL】：在动态网站站点设置中，需要输入网站完整的 URL 路径。

【区分大小写的链接检查】：勾选后，在检查链接时，会区分字母的大小写。

【启用缓存】：勾选后，会创建一个缓存来保存站点中的文件和资源信息，以加快【资源】面板和链接管理功能的速度。

❸　其他选项可以根据需要设置，设置完毕后单击【保存】按钮。在【文件】面板中可以看到新建的本地站点，如图 2-12 所示。

图 2-11

图 2-12

2.2.2　新建和保存网页

创建站点后，需要新建网页，网页设计完成后，需要保存网页。

1．新建网页文档

选择菜单【文件】|【新建】，打开【新建文档】对话框，如图 2-13 所示。在左侧选择【空白页】选项，在【页面类型】列表中选择【HTML】选项，在【布局】列表中选择【无】选项。单击【创建】按钮就可以创建网页文档。

2．保存网页文档

保存网页文档有如下两种方法。

（1）选择菜单【文件】|【保存】或【全部保存】。在【另存为】对话框的【文件名】文本框中输入网页的名称，如图 2-14 所示，单击【保存】按钮完成保存。

图 2-13

图 2-14

（2）按<Ctrl+S>组合键保存网页文档。

2.2.3　管理站点文件和文件夹

在本地站点中，可以对站点文件进行剪切、复制等操作，还可以进行新建和删除文件或文件夹等操作。对站点文件或文件夹的管理一般在【文件】面板中进行，选择菜单【窗口】|【文件】

或按<F8>键，可以打开【文件】面板，如图 2-15 所示。单击【文件】面板左上方的下拉框选择站点，在【本地文件】列表中会显示本站点的文件或文件夹。

1. 创建文件和文件夹

创建文件可以使用菜单，也可以利用【文件】面板中的相关功能；而创建文件夹通常在【文件】面板中完成。在【文件】面板中创建文件和文件夹有以下两种方法。

（1）在【文件】面板中选中网站根文件或文件夹，单击面板右上角的 按钮后弹出下拉菜单，如图 2-16 所示，选择【文件】|【新建文件】或【新建文件夹】选项，在指定文件夹中创建未命名的文件或文件夹，并且其名称处于可编辑状态，输入文件或文件夹的新名称，按<Enter>键。

图 2-15

图 2-16

（2）在【文件】面板中右击网站根文件或文件夹，在弹出的菜单中选择【新建文件】或【新建文件夹】选项，在指定文件夹中创建未命名的文件或文件夹，并生其名称处于可编辑状态，输入文件或文件夹的新名称，按<Enter>键。

2. 重命名文件和文件夹

重命名文件和文件夹有以下 3 种方法。

（1）在【文件】面板中单击文件或文件夹名，片刻后再次单击该文件或文件夹名，在文件或文件夹名转为可编辑状态时输入新名称，按<Enter>键。

（2）在【文件】面板中右击文件或文件夹名，在弹出的菜单中选择【编辑】|【重命名】选项，在文件或文件夹名转为可编辑状态时输入新名称，按<Enter>键。

（3）在【文件】面板中单击选中文件或文件夹，按<F2>键，在文件或文件夹名转为可编辑状态时输入新名称，按<Enter>键。

3. 移动文件和文件夹

移动文件夹或文件有以下两种方法。

（1）在需要移动的文件夹或文件上右击，在弹出的菜单中选择【编辑】|【剪切】选项，然后单击目标文件夹或目标文件夹内的一个文件，使用同样的方法并选择【粘贴】选项。

（2）选中需要移动的文件夹或文件，按住鼠标左键不放将其直接拖曳到目标文件夹中。

4. 删除文件或文件夹

删除文件或文件夹有以下两种方法。

（1）右击要删除的文件或文件夹，在弹出的菜单中选择【编辑】|【删除】选项。

（2）单击选中要删除的文件或文件夹，按<Delete>键。

2.2.4　课堂案例——慈善救助中心

案例学习目标：学习创建站点、管理站点文件和文件夹的方法。

案例知识要点：使用菜单【站点】|【新建站点】创建站点，在【文件】面板中移动文件、重命名文件。

2-1　慈善
救助中心

素材所在位置：案例素材/ch02/课堂案例——慈善救助中心。

案例效果如图 2-17 所示。

1. 创建站点

❶ 在本地计算机硬盘（如 D 盘）中，创建名称为"课堂案例——慈善救助中心"的文件夹，将名为"案例素材/ch02/课堂案例——慈善救助中心"的案例素材复制到该文件夹中。

❷ 启动 Dreamweaver，选择菜单【站点】|【新建站点】，打开【站点设置对象 慈善救助中心】对话框，如图 2-18 所示。在左侧选择【站点】选项，在右侧【站点名称】文本框中输入"慈善救助中心"，单击【本地站点文件夹】文本框右侧的【浏览文件】按钮 📁，打开【选择根文件夹】对话框，如图 2-19 所示。找到文件夹"D:\课堂案例——慈善救助中心"，单击【选择】按钮。

图 2-17

图 2-18

图 2-19

❸ 返回到【站点设置对象 慈善救助中心】对话框，单击【保存】按钮，在【文件】面板中将出现"慈善救助中心"站点，并列出了该站点文件夹中的所有文件和文件夹，如图 2-20 所示。

2. 建立站点内文件夹

❶ 右击【文件】面板中的站点根文件夹，在弹出菜单中选择【新建文件夹】选项，如图 2-21 所示。可以看到在【文件】面板中新建了一个名为 untitled 的文件夹，将文件夹名修改为 images，如图 2-22 所示。

⚙ 提示

在站点内，一般情况下图像文件要统一存放在一个文件夹内，文件夹的名称为 images。

❷ 在【文件】面板中，按住<Shift>键选中所有图像文件，如图 2-23 所示，按住鼠标左键将它们拖曳到站点文件夹 images 上，松开鼠标左键，会出现【更新文件】对话框，如图 2-24 所示。

❸ 单击【更新】按钮，将所选文件移动到 images 文件夹内。

3. 重命名文件和文件夹

❶ 在【文件】面板中单击文件名 index2.html，稍做停顿，再次单击该文件名，在可编辑状态下修改文件夹名称为 about.html，如图 2-25 所示。

图 2-20

图 2-21

图 2-22

图 2-23

⚙ 提示

也可以右击 index2.html 文件名，在弹出的快捷菜单中选择【编辑】|【重命名】选项，完成重命名操作；或者单击选中 index2.html 文件，按<F2>键完成重命名。

❷ 按<Enter>键，出现【更新文件】对话框，如图 2-26 所示，单击【更新】按钮，完成文件名的修改。

图 2-24

图 2-25

图 2-26

❸ 按<F12>键，单击网页中的"关于我们"文字链接，预览网页效果，如图 2-27 所示。

❹ 在【文件】面板中单击文件夹名 images，稍做停顿，再次单击该文件夹名，在可编辑状态下修改文件夹名称为 img，如图 2-28 所示。按<Enter>键，出现【更新文件】对话框，如图 2-29 所示，单击【更新】按钮，完成文件夹名称的更改。

图 2-27

图 2-28

图 2-29

❺ 按<F12>键，预览网页效果。

2.3 管理站点

建立站点以后，可以对站点进行打开、编辑、复制和删除等各种操作。

2.3.1 打开站点

Dreamweaver 允许用户建立多个站点，并通过切换打开需要编辑的站点。打开站点的操作步骤如下。

❶ 选择菜单【窗口】|【文件】或按<F8>键打开【文件】面板，如图 2-30 所示。单击左上方的下拉框，在其中选择要打开的站点，如图 2-31 所示。

图 2-30

图 2-31

❷ 打开站点后，在【本地文件】列表框中会显示该站点内的所有文件和文件夹。

2.3.2 编辑站点

编辑站点可以重新设置站点的一些属性，操作步骤如下。

❶ 选择菜单【站点】|【管理站点】，打开【管理站点】对话框，如图 2-32 所示。选中要编辑的站点名称，如 webtest，单击【编辑】按钮 🖉。

❷ 打开【站点设置对象 webtest】对话框，如图 2-33 所示。修改完各种设置后，单击【保存】按钮，返回【管理站点】对话框。

图 2-32

图 2-33

❸ 使用同样的方式，可以对其他站点进行编辑，编辑完毕后单击【完成】按钮。

2.3.3 复制站点

复制站点可以建立多个结构相同的站点，并让这些站点保持一定的相似性，从而提高工作效率。复制站点的操作步骤如下。

❶ 选择菜单【站点】|【管理站点】，打开
【管理站点】对话框，如图 2-34 所示，选中要
复制的站点名称，如 webtest，单击【复制】按
钮。这时左侧的站点列表中会出现一个新的站
点，名称为"webtest 复制"，表示这个站点是
"webtest"站点的复制站点。

❷ 复制的站点和原站点默认使用同一个
文件夹，选中复制的站点，可对其各种设置进
行编辑操作。

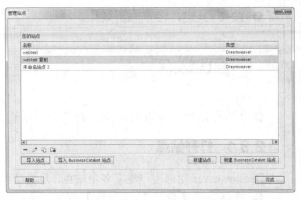

图 2-34

2.3.4 删除站点

图 2-35

在 Dreamweaver 中删除站点，只是删除了 Dreamweaver 同本地站点之间的关系。本地站点中
的文件夹和文件仍然保存在硬盘原来的位置，没有被删除，也没有任何改变。
删除站点的操作步骤如下。

❶ 选择菜单【站点】|【管理站点】，打开【管理站点】对话框，选中要
删除的站点名称，单击【删除】按钮。

❷ 在打开的【Dreamweaver】对话框中单击【是】按钮，选中的站点
就会被删除，如图 2-35 所示。

2.4 网页文档头部信息设置

<meta>标签位于网页的<head>和</head>标签之间可以用来记录当前页面的相关信息，如字符
编码、作者和版权信息、搜索关键字等；也可以用来向服务器提供信息，如页面的失效日期、刷
新时间间隔等。

<meta>标签有 name 属性和 http-equiv 属性。name 属性主要用于描述网页，如 keywords（关
键字）、description（网站内容描述）等。http-equiv 属性类似于 HTTP 的头部协议，它会给浏览器
一些有用的信息，以帮助浏览器正确、精确地显示网页内容，如 refresh（刷新）等。

2.4.1 插入搜索关键字

搜索引擎在搜集网页信息时，通常会读取<meta>标签中的内容，所以网页搜索关键字的设置
非常重要，有助于网页被检索和访问。插入搜索关键字可以通过以下两种方法完成。

1. 在【代码】视图中插入关键字

❶ 在【文档】窗口中切换到【代码】视图，将光标置于<head>…</head>标签中。

❷ 选择菜单【插入】|【HTML】|【文件头标签】|【关键字】，打开【关键字】对话框，如图 2-36
所示。输入关键字，如"礼品,节日礼品"，多个关键字之间用英文逗号分隔。

❸ 单击【确定】按钮完成设置，在【代码】视图下可以看到<head>标签内新增了如下代码：

```
<meta name="keywords" content="礼品,节日礼品" />
```

2. 使用 META 对话框插入关键字

❶ 选择菜单【插入】|【HTML】|【文件头标签】|【META】，打开【META】对话框，如图 2-37
所示。在【值】文本框中输入 keywords，在【内容】文本框中输入关键字，多个关键字之间用英
文逗号隔开。

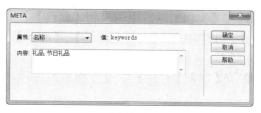

图 2-36　　　　　　　　　　　　　　　　　　图 2-37

❷ 单击【确定】按钮完成设置，在【代码】视图中可看到相应的 HTML 标签。

2.4.2　设置描述信息

描述信息是对网页内容的说明，这些信息有助于网页被搜索引擎检索。设置网页描述信息的操作步骤如下。

❶ 在【文档】窗口中切换到【代码】视图，将光标置于<head>…</head>标签中。选择菜单【插入】|【HTML】|【文件头标签】|【说明】，在【说明】对话框中输入说明文字，如图 2-38 所示。

❷ 单击【确定】按钮完成描述信息的设置，在【代码】视图下可以看到<head>标签内新增了如下代码：

```
<meta name="description" content="节日礼品,商务礼品" />
```

当然也可以在【META】对话框中设置描述信息，选择菜单【插入】|【HTML】|【文件头标签】|【META】，打开【META】对话框，如图 2-39 所示。在【值】文本框中输入 description，在【内容】文本框中输入描述信息。

图 2-38　　　　　　　　　　　　　　　　　　图 2-39

2.4.3　插入版权信息

在网页文档中插入版权信息的操作步骤如下。

选择菜单【插入】|【HTML】|【文件头标签】|【META】，打开【META】对话框，如图 2-40 所示。在【值】文本框中输入 copyright，在【内容】文本框中输入版权信息，如"本页版权归设计者所有"，单击【确定】按钮。

在【代码】视图下可以看到<head>标签内新增了如下代码：

图 2-40

```
<meta name="copyright" content="本页版权归设计者所有" />
```

2.4.4　设置刷新时间

设置刷新时间可以指定浏览器在一定的时间后重新加载当前页面或转到不同的页面，如在论坛网站中通常要定时刷新页面，以便实时反映在线用户信息、离线用户信息，以及动态文档的实时改变情况。设置刷新时间的具体操作步骤如下。

❶ 在【文档】窗口中切换到【代码】视图，将光标置于\<head\>…\</head\>标签内，选择菜单【插入】|【HTML】|【文件头标签】|【刷新】，打开【刷新】对话框。

❷ 在【刷新】对话框中设置相应的属性，如图 2-41 所示。

图 2-41

【刷新】对话框中在各选项含义如下。

【延迟】：设置浏览器在刷新页面之前等待的时间，单位为秒。

【操作】：设置在规定的延迟时间后，浏览器要跳转的目标。

【转到 URL】：设置目标页面的路径。

【刷新此文档】：刷新本页面。

❸ 单击【确定】按钮，在【代码】视图下可以看到\<head\>标签内新增了如下代码：

```
<meta http-equiv="refresh" content="30" />
```

当然也可以在【META】对话框中设置刷新时间，选择菜【插入】|【HTML】|【文件头标签】|【META】，打开【META】对话框，如图 2-42 所示。在【属性】下拉框中选择【HTTP- equivalent】选项，在【值】文本框中输入 refresh，在【内容】文本框中输入延迟秒数。

有些网站在设计时想在引导页中播放一段动画，然后自动转入主页，这时就可以通过在引导页中设置刷新时间来达到此目的，如图 2-43 所示。

图 2-42

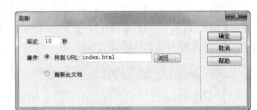

图 2-43

3 Chapter

Dreamweaver CS6

第 3 章
页面与文本

　　网页的页面属性是指网页的一般属性信息，如网页标题、网页背景颜色、背景图像、超链接颜色和网页边距等。设置页面属性能够使网页内容的格式统一。

　　文本是网页中最基本的元素，它不仅包含大量信息、易于编辑，而且使打开网页的速度快，也便于搜索引擎对网站进行检索。文本处理一般包括输入文本及其换行分段，以及利用文本样式设置文本字体、大小、颜色和行高等。

　　项目列表和编号列表是网页设计中经常使用的方法，合理使用它们会使网页结构层次分明，内容清晰。

　　本章着重介绍页面属性设置、文本处理以及项目列表和编号列表的应用。

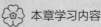 本章学习内容

1. 页面属性
2. 文本属性
3. 项目列表和编号列表

3.1　页面属性

网页的页面属性主要包括网页标题、网页背景图像和颜色、网页边距、网页默认文字大小和颜色、超链接颜色等，可以选择菜单【修改】|【页面属性】来进行设置和修改。

3-1　香格
里湾峰会

3.1.1　课堂案例——香格里湾峰会

案例学习目标：学习网页页面属性的设置方法，以及文本的换行与分段、字体的选择与设置等方法。

案例知识要点：使用菜单【修改】|【页面属性】设置页面属性。

素材所在位置：案例素材/ch03/课堂案例——香格里湾峰会。

案例效果如图 3-1 所示。

以素材"课堂案例——香格里湾峰会"为本地站点文件夹，创建名称为"香格里湾峰会"的站点。

1. 设置页面背景属性

❶ 在【文件】面板中双击打开文件 index.html，如图 3-2 所示。选择菜单【窗口】|【CSS 样式】，打开【CSS 样式】面板，如图 3-3 所示。

图 3-1

图 3-2

❷ 选择菜单【修改】|【页面属性】，打开【页面属性】对话框，如图 3-4 所示。单击【背景图像】文本框右侧的【浏览...】按钮，打开【选择图像源文件】对话框，如图 3-5 所示。选择"课堂案例——香格里湾峰会>images>bg.jpg"，单击【确定】按钮。

图 3-3

图 3-4

❸ 返回【页面属性】对话框，如图 3-6 所示。在【重复】下拉框中选择【no-repeat】选项，在【左边距】、【右边距】、【上边距】、【下边距】文本框中分别输入 0、0、200、0，单击【确定】按钮，页面效果如图 3-7 所示。

提示

　　由于需要在网页顶部显示高度为 200px 的背景图像，因此设置页面的【上边距】为 200px，让网页整体下移 200px，保证背景图像和前景图像形成一个完整的画面。

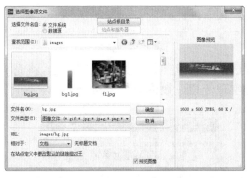

图 3-5　　　　　　　　　　　　　　　　　　　图 3-6

❹ 同时，在【CSS 样式】面板中出现了 body 样式，如图 3-8 所示。双击【CSS 样式】面板中的 body 样式，打开【body 的 CSS 规则定义】对话框，如图 3-9 所示。在【分类】列表中选择【背景】，在【Background-position（X）】下拉框中选择【center】选项，在【Background-position（Y）】下拉框中选择【top】选项。

图 3-7　　　　　　　　　　　　　　　　　　　图 3-8

提示

　　body 样式与【页面属性】对话框中的背景属性部分相对应。使用 body 样式设置页面属性比使用【页面属性】对话框更全面。

❺ 单击【确定】按钮，完成页面背景属性的设置，效果如图 3-10 所示。

图 3-9　　　　　　　　　　　　　　　　　　　图 3-10

2. 设置页面文本属性

❶ 将光标置于图 3-11 所示位置，将文本文件 text.txt 中的相应文字复制到光标处。选中文字

"专题摘要："，在【属性】面板中单击【HTML】按钮 <> HTML 切换到 HTML 属性，再单击【加粗】按钮 **B**，将选中文字设为粗体，效果如图 3-12 所示。

图 3-11　　　　　　　　　　　　　　　　　　　图 3-12

❷ 将光标置于图 3-13 所示位置，将文本文件 text.txt 中的相应文字复制到光标处。将光标置于文字"未来，是机遇？是挑战？"后，按<Enter>键实现分段，效果如图 3-14 所示。

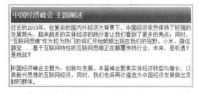

图 3-13　　　　　　　　　　　　　　　　　　　图 3-14

❸ 使用同样的方式，在"中国经济峰会 内容设置"栏目中复制相应文字并换行分段，效果如图 3-15 所示。

❹ 选择菜单【修改】|【页面属性】，打开【页面属性】对话框，如图 3-16 所示。选择【分类】列表中的【标题/编码】选项，在【标题】文本框中输入"香格里湾峰会"。

图 3-15　　　　　　　　　　　　　　　　　　　图 3-16

❺ 在【分类】列表中选择【外观（CSS）】选项，在【大小】下拉框中输入"14"，在【文本颜色】文本框中输入"#666"，如图 3-17 所示。

❻ 在【页面字体】下拉框中选择【编辑字体列表...】选项，如图 3-18 所示。打开【编辑字体列表】对话框，如图 3-19 所示，在【可用字体】列表中选择【微软雅黑】，单击《按钮将所选的字体添加到【选择的字体】列表中，单击【确定】按钮。

图 3-17　　　　　　　　　　　　　　　　　　　图 3-18

❼ 返回到【页面属性】对话框，在【页面字体】下拉框中选择【微软雅黑】选项，如图 3-20 所示，单击【确定】按钮完成页面文本属性的设置。同时，在【CSS 样式】面板中出现了 body,td,th 样式，如图 3-21 所示。

图 3-19

图 3-20

图 3-21

提示

body, td, th 样式与【页面属性】对话框中的文本属性部分相对应。也可以使用该样式对页面文本属性进行设置，其可设置的文本属性比【页面属性】对话框中的更全面。

❽ 保存网页文档，按<F12>键预览观察网页效果。

3.1.2　网页的标题

网页标题是浏览者在访问网页时浏览器标题栏中显示的信息，可以帮助浏览者理解网页的内容。设置网页标题有以下两种方法。

（1）利用【页面属性】对话框。

❶ 选择菜单【修改】|【页面属性】或单击文本【属性】面板中的【页面属性】按钮。

❷ 选择【页面属性】对话框中【分类】列表中的【标题/编码】选项，在【标题】文本框中输入页面标题，如图 3-22 所示，单击【确定】按钮完成设置。

（2）在文档工具栏的【标题】文本框中输入页面标题，完成设置。

图 3-22

3.1.3　文本分段与换行

在网页中输入一些文本后，有时需要将文本分段或换行。

（1）将光标置于需要分段处，按<Enter>键形成一个新段落，同时在两个段落之间添加了一个空行。在网页代码中，段落文字均包含在<p>和</p>标签中。

（2）将光标置于需要换行处，按住<Shift>键的同时，按<Enter>键换行，但段落间没有形成空行。在网页代码中，段落文字依然包含在<p>和</p>标签中，并在换行处添加了一个
标签。

3.1.4　输入空格

在 Dreamweaver 默认状态下，可以多次按<Space>键连续输入多个空格，还可以在【首选参数】对话框中设置输入单空格和多空格的状态切换，具体操作如下。

选择菜单【编辑】|【首选参数】，在【首选参数】对话框的【分类】列表中选择【常规】选项，在【编辑选项】中勾选或取消勾选【允许多个连续的空格】复选框，完成设置，如图 3-23 所示。

除此之外，还可以通过以下 4 种方法输入空格。

（1）选择【插入】面板中的【文本】选项卡，单击展开【字符】按钮 ，选择【不换行空格】选项。

（2）选择菜单【插入】|【HTML】|【特殊字符】|【不换行空格】。

（3）按<Ctrl+Shift+Space>组合键。

（4）将输入法转换到中文全角状态下，按<Space>键输入连续的空格。

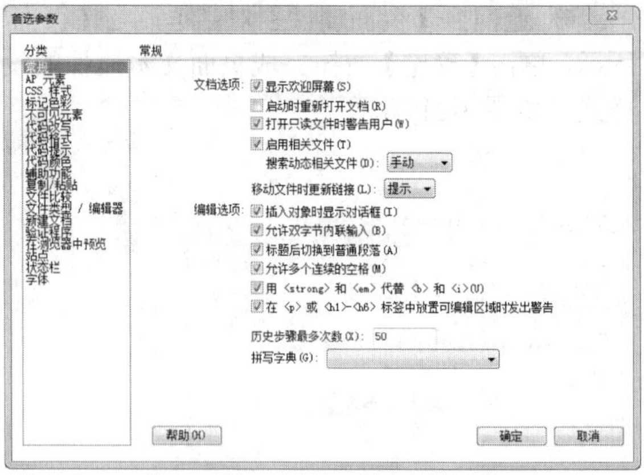

图 3-23

3.1.5　页面文字属性

新建网页时，页面文字的字体、大小和颜色等均有默认设置，可根据需要进行修改，具体步骤如下。

❶ 选择菜单【修改】|【页面属性】。

❷ 选择【页面属性】对话框中【分类】列表中的【外观（CSS）】选项，在右侧设置【页面字体】、【大小】、【文本颜色】等选项，如图 3-24 所示。

【页面字体】下拉框中只列出了部分系统字体，若所需的字体不在其中，可以选择【编辑字体列表…】选项，如图 3-25 所示。在【编辑字体列表】对话框中，在【可用字体】列表中选择所需的字体，如图 3-26 所示，单击 按钮将所选的字体添加到左侧的【选择的字体】列表中，如图 3-27所示，单击【确定】按钮完成设置。

图 3-24

图 3-25

图 3-26

图 3-27

页面文字的属性设置完后，在【CSS 样式】面板中出现了 body,td,th 样式，【代码】视图中新增了如下 CSS 样式代码：

```
body,td,th {
font-family: 微软雅黑;
font-size: 14px;
```

```
color: #666;
}
```

这段代码表示设置 body、td 和 th 元素的文字样式均为微软雅黑、大小均为 14px、颜色均为#666。

3.1.6　显示不可见元素

在 Dreamweaver 中有些元素仅用于提示相关操作，可以在【设计】视图中显示，但在浏览器中是不可见的，它们就是不可见元素，如换行符、脚本、命名锚记等。在默认情况下，不可见元素在【设计】视图中也是不显示的，但有时为了方便操作和快速定位，需要改变不可见元素在【设计】视图中的可见性。

显示或隐藏不可见元素的操作步骤如下。

❶ 选择菜单【编辑】|【首选参数】，打开【首选参数】对话框。

❷ 在【首选参数】对话框的【分类】列表中选择【不可见元素】选项，在右侧勾选相应元素的复选框实现显示或隐藏对应不可见元素，如图 3-28 所示，单击【确定】按钮完成设置。

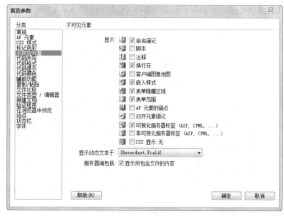

图 3-28

3.1.7　设置页边距

页边距是指整个页面距浏览器左、右、顶部、底部边缘的距离，通常设置为 0，设置步骤如下。

❶ 选择菜单【修改】|【页面属性】。

❷ 在【页面属性】对话框的【分类】列表中选择【外观（CSS）】选项，在【左边距】、【右边距】、【上边距】、【下边距】文本框中分别输入相应数值，如图 3-29 所示，单击【确定】按钮完成设置。

设置完后在【CSS 样式】面板中可以看到创建了一个 body 样式，如图 3-30 所示。

图 3-29

图 3-30

在【代码】视图中可以看到新增了一段代码：

```
body {
margin-left: 0px;
margin-top: 0px;
margin-right: 0px;
margin-bottom: 0px;
}
```

这段代码表示设置 body 元素的上、下、左、右外边距都为 0。margin 属性包括 margin-left、margin-top、margin-right 和 margin-bottom，可以用来设置网页元素的外边距。

3.1.8　背景属性

网页背景可以填充为颜色，也可以填充为图像。更改网页背景的操作步骤如下。

❶ 选择菜单【修改】|【页面属性】。

❷ 在【页面属性】对话框的【分类】列表中选择【外观（CSS）】选项，在右侧设置【背景颜色】、【背景图像】、【重复】等选项，如图 3-31 所示。

如果同时设置了【背景颜色】和【背景图像】，并且背景图像不透明，则背景颜色会被覆盖。

【重复】下拉框中各选项的含义如下。

【no-repeat】（不重复）：背景图像不重复。

【repeat】（重复）：背景图像在页面中重复。

【repeat-x】（重复-x）：背景图像在页面中横向重复。

【repeat-y】（重复-y）：背景图像在页面中纵向重复。

如果未设置【重复】选项，则默认为重复。

图 3-31

3.1.9　跟踪图像

跟踪图像功能用于将图像处理软件制作好的网页效果图放在页面背景中，在设计网页时依照图像进行布置，确保设计出的网页和效果图一致。跟踪图像在浏览器中预览网页时不会显示，设计完毕后可以删掉跟踪图像。设置跟踪图像的步骤如下。

❶ 选择菜单【修改】|【页面属性】。

❷ 在【页面属性】对话框的【分类】列表中选择【跟踪图像】选项，在右侧【跟踪图像】文本框中输入跟踪图像的路径和名称。或者单击【浏览…】按钮，在【选择图像源文件】对话框中找到并选择跟踪图像，单击【确定】按钮。

❸ 在【透明度】选项中设置跟踪图像的透明度，如图 3-32 所示。

图 3-32

3.2　文本属性

在制作网页时，应用最多的元素就是文本，文本有很多种，如文字、特殊符号、日期等。在网页中添加文本之后，需要对文本的大小、颜色等属性进行设置，以使网页更加美观。

3.2.1　课堂案例——百货公司

案例学习目标：学习设置网页中的文字样式。

案例知识要点：使用 CSS 样式改变文本的大小、颜色、字体等样式。

素材所在位置：案例素材/ch03/课堂案例——百货公司。

案例效果如图 3-33 所示。

以素材"课堂案例——百货公司"为本地站点文件夹，创建名称为"百货公司"的站点。

3-2　百货公司

1. 设置导航条样式

❶ 在【文件】面板中双击打开文件 index.html，如图 3-34 所示。

图 3-33   图 3-34

❷ 将光标置于图 3-35 所示的位置，依次输入文字"关于我们""公司动态""产品中心""联系我们"。再将光标置于右侧的单元格中，分别输入文字"最近动态"和"最新产品"，效果如图 3-36 所示。

图 3-35   图 3-36

❸ 选择菜单【窗口】|【CSS 样式】，打开【CSS 样式】面板，如图 3-37 所示。单击【CSS 样式】面板底部的【新建 CSS 规则】按钮，打开【新建 CSS 规则】对话框，如图 3-38 所示。在【选择器类型】下拉框中选择【类（可应用于任何 HTML 元素）】选项，在【选择器名称】下拉框中输入.menu，单击【确定】按钮。

图 3-37   图 3-38

❹ 打开【.menu 的 CSS 规则定义】对话框，如图 3-39 所示。选择【分类】列表中的【类型】选项，在【Font-size】下拉框中输入"20"，在【Color】文本框中输入"#c5edff"，在【Font-style】下拉框中选择【italic】选项，在【Font-weight】下拉框中选择【bold】选项，单击【确定】按钮，可以看到【CSS 样式】面板中出现了.menu 样式，如图 3-40 所示。

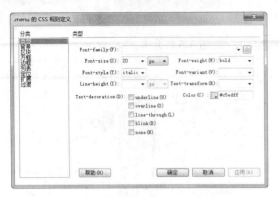

图 3-39　　　　　　　　　　　　　　　　　　　　　　　　　　图 3-40

❺　分别选中文字"关于我们""公司动态""产品中心""联系我们"，在【属性】面板的【类】
下拉框中选择【menu】选项，为文字设置 menu 样式，如图 3-41 所示。文字效果如图 3-42 所示。

图 3-41　　　　　　　　　　　　　　　　　　　　　　　　　　　　图 3-42

2.　设置文本样式

❶　单击【CSS 样式】面板底部的【新建 CSS 规则】按钮，新建【选择器类型】为【类（可应
用于任何 HTML 元素）】的样式.t1，打开【.t1 的 CSS
规则定义】对话框，如图 3-43 所示。在【Font-family】
下拉框中选择【微软雅黑】选项，在【Font-size】下
拉框中输入 "20"，在【Color】文本框中输入
"#2885be"，单击【确定】按钮。

❷　新建类样式.t2，打开【.t2 的 CSS 规则定义】
对话框，如图 3-44 所示。在【Font-family】下拉框
中选择【微软雅黑】选项，在【Font-size】下拉框中
输入 "16"，在【Color】文本框中输入 "#8cb8cc"，
单击【确定】按钮。

图 3-43

❸　选中页面中的文字 "最近" 和 "最新"，在
【属性】面板的【类】下拉框中选择【t1】选项。选中页面中的文字 "动态" 和 "产品"，在【属
性】面板的【类】下拉框中选择【t2】选项。设置完的文字效果如图 3-45 所示。

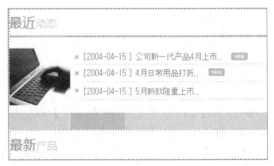

图 3-44　　　　　　　　　　　　　　　　　　　　　　　　　　　　图 3-45

❹ 保存网页文档，按<F12>键预览效果。

3.2.2 设置文本属性

Dreamweaver 基于 CSS 对网页文本进行设置，即事先定义好文本的 CSS 样式再应用到文本上。定义的一个 CSS 样式可以应用在多处文本上，要改变文本样式只需修改 CSS 样式的属性。

设置文本属性的操作步骤如下。

❶ 选择菜单【窗口】|【CSS 样式】或按<Shift+F11>组合键打开【CSS 样式】面板，如图 3-46 所示。单击【CSS 样式】面板底部的【新建 CSS 规则】按钮 ，在【新建 CSS 规则】对话框的【选择器类型】下拉框中选择【类（可应用于任何 HTML 元素）】选项，在【选择器名称】下拉框中输入样式名称，如.text，如图 3-47 所示，单击【确定】按钮。

❷ 打开【.text 的 CSS 规则定义】对话框，如图 3-48 所示。在【分类】列表中选择【类型】选项，在右侧设置文本的属性。

图 3-46

图 3-47

图 3-48

【.text 的 CSS 规则定义】对话框中各选项的含义如下。

【Font-family】：设置文本字体。

【Font-size】：设置文本字号大小。

【Font-weight】：设置字体粗细。

【Font-style】：设置字体风格。

【Font-variant】：设置字体变形。

【Line-height】：设置行高。

【Text-transform】：设置文本大小写转换。

【Text-decoration】：设置文本修饰，如下画线等。

【Color】：设置文本颜色。

❸ 选中需要设置样式的文本，如图 3-49 所示。在【属性】面板中单击【HTML】按钮 切换到 HTML 属性，如图 3-50 所示。在【类】下拉框中选择【text】选项，文字效果如图 3-51 所示。

图 3-49

图 3-50

图 3-51

3.2.3　文本段落

在网页文档中，\<p>和\</p>标签主要用于定义一个段落，段落的内容可以是文本，也可以是图像等其他类型的对象。如果一段短小的文字段落需要放大或缩小文字以突出表现内容，那么还可以使用标题格式。预格式在处理空格和空行较多的文本段落时较为方便。

1．应用段落或标题格式

有时可以手动将【文档】窗口中的文字定义为段落，可以采用以下两种方法。

（1）使用【属性】面板。

❶ 将光标置于文本中或选中文本。

❷ 单击【属性】面板中的【HTML】按钮 ◇HTML 切换到 HTML 属性，在【格式】下拉框中选择相应的段落格式或标题标签，如图 3-52 所示。

（2）使用菜单【格式】|【段落格式】。

❶ 将光标置于文本中或选中文本。

❷ 选择菜单【格式】|【段落格式】，在子菜单中选择相应的段落格式或标题标签，如图 3-53 所示。

图 3-52

图 3-53

2．指定预格式

在段落文本中，有时会使用多个空格和多处换行，如一段诗歌或程序代码，这样会使 HTML 代码过于烦琐且不易控制，为避免这种问题，可以使用预格式标签\<pre>和\</pre>。

所谓预格式，就是指用户预先对\<pre>和\</pre>标签之间的文本进行格式化，浏览器在显示其中的内容时，会完全按照其真正的文本格式来显示。例如，原封不动地保留文档中的空白和空行等。

```
for i = 1 to 10
    print i
next i
</pre>
```

要在 Dreamweaver 中指定预格式化文本，可以按照如下步骤进行操作。

❶ 将光标置于要设置预格式的段落中，如果要将多个段落预格式化，可以选中多个段落。

❷ 在【属性】面板的【格式】下拉框中选择【预先格式化的】选项；或者选择菜单【格式】|【段落格式】，在子菜单中选择【已编排格式】。

指定预格式后会自动在相应段落的两端分别添加<pre>和</pre>标签，如果原先段落两端有<p>和</p>标签，则会分别用<pre>和</pre>标签替换它们。

3.2.4　插入日期

在网页文档中插入日期的操作步骤如下。

❶ 在【文档】窗口中将光标置于要插入日期的位置。

❷ 选择菜单【插入】|【日期】，或在【插入】面板中选择【常用】选项卡，单击【日期】按钮 📅。

❸ 在【插入日期】对话框中选择需要显示的【星期格式】、【日期格式】或【时间格式】，如图 3-54 所示。

❹ 如果勾选【储存时自动更新】复选框，则每次保存该网页文档时都会自动更新日期，否则不会更新。

图 3-54

3.2.5　插入特殊字符

在网页文档中有时需要插入一些特殊字符，如版权符号、注册商标符号、破折号等。可采用以下两种方法在网页中插入特殊字符。

（1）使用菜单【插入】|【HTML】|【特殊字符】。

❶ 在【文档】窗口中将光标置于要插入特殊字符的位置。

❷ 选择菜单【插入】|【HTML】|【特殊字符】，选择需要插入的特殊字符，如图 3-55 所示。

❸ 选择其中的【其他字符…】命令，可在打开的【插入其他字符】对话框中选择更多的特殊字符插入网页中，如图 3-56 所示。

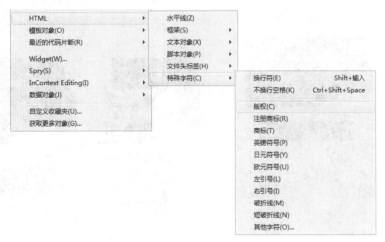

图 3-55

（2）使用【插入】面板插入特殊字符。

❶ 在【文档】窗口中将光标置于要插入特殊字符的位置。

❷ 选择【插入】面板的【文本】选项卡，单击展开【字符】按钮，选择需要插入的特殊字符，如图 3-57 所示。

图 3-56

图 3-57

❸ 单击【其他字符】按钮，可在打开的【插入其他字符】对话框中选择更多的特殊字符。

3.3 项目列表和编号列表

项目列表和编号列表是放在文本前的点、数字或其他符号，起强调作用。合理使用项目列表和编号列表，可以使网页内容的层次结构更清晰、有条理。

3.3.1 课堂案例——咨询网站

案例学习目标：学习使用项目列表。

案例知识要点：使用【项目列表】按钮创建列表、改变列表样式。

素材所在位置：案例素材/ch03/课堂案例——咨询网站。

案例效果如图 3-58 所示。

以素材"课堂案例——咨询网站"为本地站点文件夹，创建名称为"咨询网站"的站点。

❶ 在【文件】面板中双击打开文件 index.html，如图 3-59 所示。

图 3-58

图 3-59

❷ 选中图 3-60 所示的文字，在【属性】面板中单击【HTML】按钮 <> HTML，切换到相应面板，如图 3-61 所示。单击【项目列表】按钮 ☰，将所选文字变成列表，效果如图 3-62 所示。

❸ 选择菜单【窗口】|【CSS 样式】，打开【CSS 样式】面板，如图 3-63 所示。单击【CSS 样式】面板底部的【新建 CSS 规则】按钮 ，在【新建 CSS 规则】对话框中的【选择器类型】下拉框中选择【标签（重新定义 HTML 元素）】选项，在【选择器名称】下拉框中选择【li】选项，单

击【确定】按钮。

图 3-60

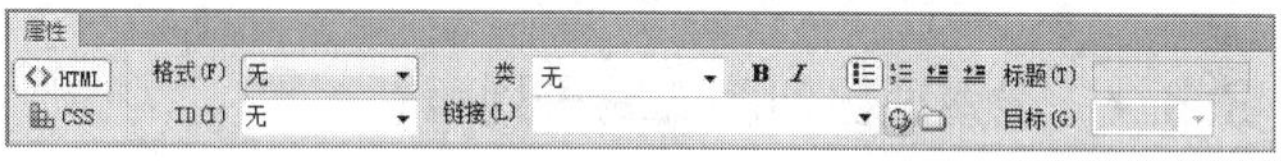

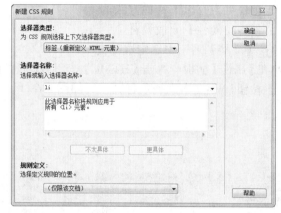

图 3-61

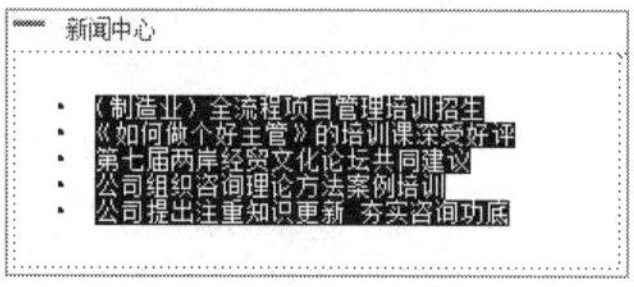

图 3-62

图 3-63

❹ 打开【li 的 CSS 规则定义】对话框，如图 3-64 所示。在【分类】列表中选择【类型】选项，在【Font-size】下拉框中输入"12"，在【Line-height】下拉框中输入"150"，在其右侧的单位下拉框中选择【%】选项，在【Color】文本框中输入"#9A9A9A"，单击【确定】按钮。项目列表的效果如图 3-65 所示。

图 3-64

图 3-65

❺ 选中图 3-66 所示的文字，在【属性】面板中单击【项目列表】按钮 ，将所选文字变成项目列表，效果如图 3-67 所示。

图 3-66

图 3-67

提示

由于已经设置了<li>标签的样式，因此本次应用项目列表功能时，所有效果一次设置到位。

❻ 保存网页文档，按<F12>键预览效果。

3.3.2 设置项目列表或编号列表

1. 项目列表

设置项目列表有以下两种方法。

（1）使用【属性】面板设置。

❶ 在【文档】窗口中选中段落文本。

❷ 在【属性】面板中单击【HTML】按钮 切换到 HTML 属性，如图 3-68 所示。单击【项目列表】按钮 为文本添加项目列表，如图 3-69 所示。

图 3-68

图 3-69

再次单击【项目列表】按钮 可以取消添加项目列表。

（2）使用菜单【格式】|【列表】设置。

❶ 在【文档】窗口中选中段落文本。

❷ 选择菜单【格式】|【列表】，在子菜单中选择【项目列表】，如图 3-70 所示。

网页中的项目列表也称为无序列表（Unordered Lists），添加完项目列表后，在【代码】视图中可以查看相应的 HTML 代码：

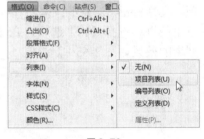

图 3-70

```
<ul>
    <li>项目列表一</li>
    <li>项目列表二</li>
    <li>项目列表三</li>
</ul>
```

整个项目列表都包含在<ul>和</ul>标签之间，列表的每一项都包含在<li>和</li>标签内。

2. 编号列表

设置编号列表有以下两种方法。

（1）使用【属性】面板设置。

❶ 在【文档】窗口中选中段落文本。

❷ 在【属性】面板中单击【HTML】按钮 切换到 HTML 属性，如图 3-71 所示。单击【编号列表】按钮 为文本添加项目编号，如图 3-72 所示。

再次单击【编号列表】按钮 可以取消添加的编号列表。

（2）使用菜单【格式】|【列表】设置。

❶ 在【文档】窗口中选中段落文本。

❷ 选择菜单【格式】|【列表】，在子菜单中选择【编号列表】。

图 3-71　　　　　　　　　　　　　　　　　　　　　图 3-72

编号列表也称为有序列表（Ordered Lists），添加完编号列表后，在【代码】视图中可以查看相应的 HTML 代码：

```
<ol>
  <li>项目列表一</li>
  <li>项目列表二</li>
  <li>项目列表三</li>
</ol>
```

整个项目列表都包含在<ol>和</ol>标签之间，列表的每一项都包含在<li>和</li>标签内。

3.3.3　修改项目列表或编号列表

修改项目列表或编号列表的操作步骤如下。

❶ 将光标置于设置了项目列表或编号列表的文本中。

❷ 单击【属性】面板中的【列表项目】按钮 列表项目 或选择菜单【格式】|【列表】|【属性】，打开【列表属性】对话框，如图 3-73 所示。

❸ 在【列表类型】下拉框中选择要修改的列表类型，在【样式】下拉框中选择项目列表或编号列表的样式，在【开始计数】文本框中设置编号的起始值，如图 3-74 所示。

图 3-73　　　　　　　　　　　　　　　　　　　　　图 3-74

3.4　练习案例

3.4.1　练习案例——北京大学生国际电影节

案例练习目标：练习页面属性设置。

案例操作要点如下。

（1）设置网页标题为"北京大学生国际电影节"。

（2）设置页面的文本属性：字体为微软雅黑、大小为 14px、颜色为#FFF。

（3）设置页面的背景属性：背景颜色为#CA162F，背景图像为 bg.jpg，图像重复为 no-repeat，图像对齐为水平居中和垂直顶端，将左边距、右边距、上边距和下边距分别设为 0px、0px、240px 和 0px。

素材所在位置：案例素材/ch03/练习案例——北京大学生国际电影节。效果如图 3-75 所示。

图 3-75

3.4.2　练习案例——移动银行网站

案例练习目标：练习文字样式设置。

案例操作要点如下。

（1）在页面相应位置分别输入文字。

（2）设置如下样式，并应用到相应文本上。

样式名称为.menu，字体大小为 12px，颜色为#FFF。

样式名称为.t1，字体大小为 12px，颜色为#666；样式名称为.t2，字体大小为 14px，字体颜色为#000，字体粗细为 bold；样式名称为.t3，字体大小为 13px，字体颜色为#CD3E00。

样式名称为.title1，字体大小为 18px，字体颜色为#000；样式名称为.title2，字体大小为 18px，字体颜色为#2C9BC9；样式名称为.title3，字体大小为 18px，字体颜色为#EF9514。

素材所在位置：案例素材/ch03/练习案例——移动银行网站。效果如图 3-76 所示。

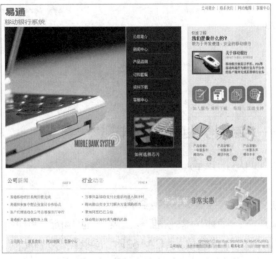

图 3-76

3.4.3　练习案例——化妆品网站

案例练习目标：练习项目列表的使用。

案例操作要点如下。

（1）将表格中的文字设置为项目列表。

（2）<li>标签的样式：文本大小为 14px、颜色为#727272、行高为 150%。

素材所在位置：案例素材/ch03/练习案例——化妆品网站。效果如图 3-77 所示。

图 3-77

4 **Chapter**

第 4 章
图像与多媒体

　　图像是网页设计中不可缺少的元素。设计人员在网页中可以巧妙地使用图片处理功能，对图片的尺寸、类型和颜色等进行调整，使其更好地满足网页设计的需要，达到页面表达更直观、更吸引浏览者的目的。

　　多媒体把文字、图像、声音、动画及视频等媒体进行综合利用，在网页设计中应用广泛，它可以增强网页的娱乐性和感染力。在网页中常用的多媒体对象有 Flash 动画、Flash 视频、插件和 Applet（小应用程序）等。

 本章学习内容

1. 图像插入
2. 调整图像
3. 网页中的多媒体

4.1　图像插入

图像是网页设计中一个非常重要的元素，它能使页面更美观，更具有吸引力。在网页中插入图像是使用 Dreamweaver 进行网页设计时必须掌握的技术。

4-1　茶叶网站

4.1.1　课堂案例——茶叶网站

案例学习目标：学习使用多种方法在网页中插入图像。

案例知识要点：使用【插入】面板、菜单【插入】|【图像】和直接拖曳图像等方法将图像插入网页中的指定位置。

素材所在位置：案例素材/ch04/课堂案例——茶叶网站。

案例效果如图 4-1 所示。

以素材"课堂案例——茶叶网站"为本地站点文件夹，创建名称为"茶叶网站"的站点。

❶ 在【文件】面板中双击打开文件 index.html，如图 4-2 所示。

图 4-1

图 4-2

❷ 将光标置于表格第 1 行中，选择菜单【插入】|【图像】，在【选择图像源文件】对话框中选择"课堂案例——茶叶网站>images>index_01.jpg"，单击【确定】按钮完成图像的插入，如图 4-3 所示。

❸ 将光标置于表格第 2 行第 1 列单元格中，单击【插入】面板的【常用】选项卡中的【图像】按钮，在【选择图像源文件】对话框中选择"课堂案例——茶叶网站>images> index_02.jpg"，单击【确定】按钮完成图像的插入，如图 4-4 所示。

图 4-3

图 4-4

❹ 在【文件】面板中展开文件夹 images，用鼠标左键按住 index_03.jpg 文件并将其直接拖曳到光标所在处，松开鼠标左键，完成图像的插入，如图 4-5 所示。

❺ 使用上述图像插入方法分别在第 2 行第 3 列单元格和第 3 行中插入图像文件 index_04.jpg 和 index_05.jpg。

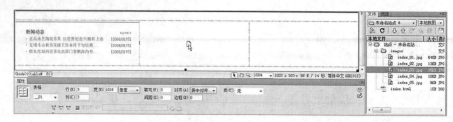

图 4-5

❻ 保存网页文档，按<F12>键预览效果。

4.1.2 插入图像

网站中的图像必须放在站点文件夹内才能在网页中正确显示，所以在建立网站时要在站点文件夹内建立一个专门存放该站点图像的文件夹，通常将其命名为 images，然后将网站所需的图像都放在其中。

在 Dreamweaver 中，可以通过以下 3 种方法在网页中插入图像。

（1）在【文档】窗口中将光标置于需要插入图像的位置，选择菜单【插入】|【图像】，在【选择图像源文件】对话框中找到并选择所需的图像，单击【确定】按钮完成图像的插入。

（2）在【文档】窗口中将光标置于需要插入图像的位置，选择【插入】面板中的【常用】选项卡，单击展开【图像】按钮 ☑·，选择【图像】选项，如图 4-6 所示。在【选择图像源文件】对话框中找到并选择所需的图像的单击【确定】按钮完成图像的插入。

（3）打开【文件】面板，展开图像文件夹，显示所有文件，如图 4-7 所示，在需要插入的图像名称上按住鼠标左键并将其拖曳到【文档】窗口的相应位置，松开鼠标左键，完成图像的插入。

图 4-6

图 4-7

4.1.3 图像源文件

要插入的图像源文件可以是本地的图像，也可以是网络上的图像。

如果插入的图像位于站点文件夹内，则在【属性】面板的【源文件】文本框中会显示图像的路径，如图 4-8 所示。

如果要插入的图像不在站点文件夹内，那么会出现提示对话框，询问是否将图像复制到站点文件夹内，如图 4-9 所示，单击【是】按钮即可。

图 4-8

图 4-9

也可以直接在【属性】面板的【源文件】文本框中修改网页中显示的图像路径和名称。

4.1.4　替换文本

如果网页中有的图像不能正常显示（如图像源文件路径错误或浏览器的图像显示功能被关闭等），就会导致浏览者看不到图像，如图 4-10 所示。使用图像【属性】面板中的【替换】下拉框，可以给看不到的图像设置说明性文字，如图 4-11 和图 4-12 所示。

图 4-10

图 4-12

图 4-11

4.1.5　图像占位符

图像占位符是指在将最终图像插入网页中之前所使用的替代图像，以便在未确定具体图像时对网页进行布局。可以设置不同尺寸、颜色和文字的图像占位符来替代图像。

插入图像占位符的步骤如下。

❶ 将光标置于要插入图像占位符的位置。

❷ 选择菜单【插入】|【图像对象】|【图像占位符】，打开【图像占位符】对话框，如图 4-13 所示。

❸ 设置【名称】、【宽度】、【高度】、【颜色】等选项，单击【确定】按钮，插入图像占位符，再做适当调整，使其满足设计需求，如图 4-14 所示。

图 4-13

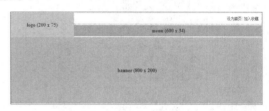

图 4-14

❹ 当需要插入真正的图像时，只需双击该图像占位符，在【选择图像源文件】对话框中找到并选择需要的图像，单击【确定】按钮即可完成插入。

4.2　调整图像

网页中的图像为了满足布局要求，经常需要进行调整，利用编辑图像设置等功能可以对图像的尺寸、类型和颜色等进行调整。

4.2.1　课堂案例——墙体装饰

案例学习目标：学习网页中图像调整的基本操作，包括裁剪、尺寸、亮度和对比度、锐化等效果的调整。

4-2　墙体装饰

案例知识要点：在【属性】面板中，使用【裁剪】、【亮度和对比度】、【锐化】等按钮调整图像效果。

素材所在位置：案例素材/ch04/课堂案例——墙体装饰。

案例效果如图 4-15 所示。

以素材"课堂案例——墙体装饰"为本地站点文件夹，创建名称为"墙体装饰"的站点。

❶ 在【文件】面板中双击打开 index.html 文件，如图 4-16 所示。

图 4-15

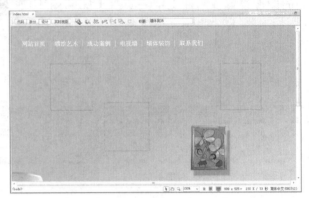

图 4-16

❷ 将光标置于左上角的单元格中，选择菜单【插入】|【图像】，或在【插入】|【常用】面板中单击【图像】按钮▣，打开【选择图像源文件】对话框，选择"课堂案例——墙体装饰>images>01.jpg"，单击【确定】按钮，完成图像的插入。

❸ 选中该图像，单击【属性】面板中的【裁剪】按钮◹，图像上会出现一个裁剪区域，如图 4-17 所示。裁剪边框上有 8 个调整手柄，将鼠标指针放在手柄上，按住鼠标左键，拖曳边框调整裁剪区域。

❹ 在裁剪区域内，双击或按<Enter>键，即可完成裁剪。选中该图像，在【属性】面板中单击【切换尺寸约束】按钮▥，将尺寸约束切换为锁定🔒，让图像的宽度和高度同比例变化，如图 4-18 所示。在【高】文本框中输入"154"，图像的宽度将自动按比例调整，单击【提交图像大小】按钮✔完成尺寸设置。

图 4-17

图 4-18

❺ 将光标置于中间的单元格中，在【插入】|【常用】面板中单击【图像】按钮▣，打开【选择图像源文件】对话框，选择"课堂案例——墙体装饰>images> 02.jpg"，单击【确定】按钮。选中图像，在【属性】面板中单击【切换尺寸约束】按钮▥，将尺寸约束切换为锁定🔒，在【高】文本框中输入"160"，单击【提交图像大小】按钮完成尺寸设置。

❻ 单击【属性】面板中的【亮度和对比度】按钮◑，打开【亮度/对比度】对话框，如图 4-19 所示，分别在【亮度】和【对比度】文本框中输入"18"和"5"，观察图像的变化。

❼ 将光标置于右上角的单元格中，在【插入】|【常用】面板中单击【图像】按钮▣，打开【选择图像源文件】对话框，选择"课堂案例——墙体装饰>images> 03.jpg"，单击【确定】按钮。单击【属性】面板中的【锐化】按钮△，打开【锐化】对话框，如图 4-20 所示，拖曳滑块或在文本框中输入"5"，观察图像的变化。

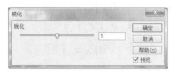

图 4-19　　　　　　　　　　　　　　　　　　　　　　　图 4-20

❽ 保存网页文档，按<F12>键预览效果。

4.2.2　图像效果

Dreamweaver 具有一定的图像编辑功能，用户不用借助其他图像编辑软件就能实现对图像的裁剪、调整亮度和对比度、锐化等操作，使图像在网页中显示最佳效果。

1．图像裁剪

Dreamweaver 的裁剪功能可以将图像中不需要的部分删除，具体操作步骤如下。

❶ 在【文档】窗口中单击选中需要裁剪的图像。

❷ 单击【属性】面板中的【裁剪】按钮▢，此时图像上会出现 8 个调整手柄，阴影区域为要删除的部分。拖曳手柄将图像的保留区域调整为合适大小，如图 4-21 所示。

图 4-21

❸ 单击【裁剪】按钮▢或双击保留区域或按<Enter>键，完成图像裁剪。

2．亮度和对比度

用户在 Dreamweaver 中可以通过调整图像的亮度和对比度，使网页整体色调一致，具体操作步骤如下。

❶ 在【文档】窗口中单击选中需要调整的图像。

❷ 单击【属性】面板中的【亮度和对比度】按钮◐，打开【亮度/对比度】对话框，如图 4-22 所示。左右拖曳滑块调整亮度和对比度值使图像达到所需效果，单击【确定】按钮完成调整。

3．图像锐化

图像锐化功能通过提高图像边缘部分的对比度来达到使图像边界更清晰的效果，如将模糊字体的边缘清晰化，具体操作步骤如下。

❶ 在【文档】窗口中单击选中需要锐化的图像。

❷ 单击【属性】面板中的【锐化】按钮△，打开【锐化】对话框，如图 4-23 所示，左右拖曳滑块调整锐化值使图像达到所需效果。

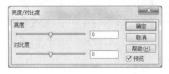

图 4-22　　　　　　　　　　　　　　　　　　　　　　　图 4-23

❸ 单击【确定】按钮，完成图像锐化操作，可以看到锐化后的图像中文字更清晰，如图 4-24 所示。

图 4-24

4.3　网页中的多媒体

　　网页不仅由图像和文字组成，音频、视频等多媒体也被越来越广泛地应用在网页中，目前网页中可以插入的多媒体包括动画、视频、Applet 对象和 ActiveX 控件等。虽然应用多媒体能丰富网页内容，但可能会影响浏览速度，所以一般情况下网页中不会大量使用多媒体元素。

4.3.1　课堂案例——度假村

　　案例学习目标：学习在网页中插入动画、FLV 视频等多媒体元素。

　　案例知识要点：使用【插入】面板中的【媒体】|【SWF】和【FLV】按钮插入多媒体元素。

　　素材所在位置：案例素材/ch04/课堂案例——度假村。

　　案例效果如图 4-25 和图 4-26 所示。

4-3　度假村

图 4-25

图 4-26

　　以素材"课堂案例——度假村"为本地站点文件夹，创建名称为"度假村"的站点。

1. 插入 SWF 动画

　　❶ 在【文件】面板中双击打开 index.html 文件，如图 4-27 所示。

　　❷ 将光标置于单元格中，单击【插入】面板中的【媒体】|【SWF】按钮或选择菜单【插入】|【媒体】|【SWF】，打开【选择 SWF】对话框，如图 4-28 所示，选择"课堂案例——度假村>media>f001.swf"，单击【确定】按钮完成 SWF 动画的插入。

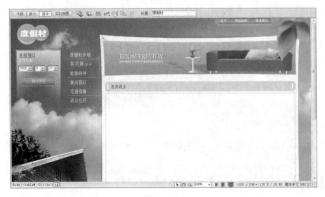
图 4-27

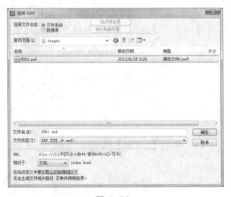
图 4-28

　　❸ 由于插入的 SWF 动画尺寸较大，因此需要调整其高度和宽度，为保持纵横比，按住<Shift>

键和鼠标左键拖曳动画边框的手柄进行调整，将动画宽度调为 650，高度调为 321，如图 4-29 所示。

❹ 保存网页文档，按<F12>键预览效果。

2. 插入 FLV

❶ 在【文件】面板中双击打开文件 index1.html，如图 4-30 所示。

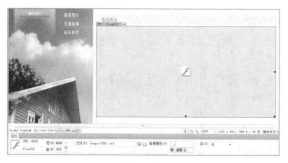

图 4-29

图 4-30

❷ 将光标置于单元格中，单击【插入】面板中的【媒体】|【FLV】按钮或选择菜单【插入】|【媒体】|【FLV】，单击【插入 FLV】对话框中【URL】文本框右侧的【浏览...】按钮，打开【选择 FLV】对话框，如图 4-31 所示，选择"课堂案例——度假村>media> lyxd.flv"，单击【确定】按钮。

❸ 在【插入 FLV】对话框中，选择【外观】下拉框中的【Halo Skin3（最小宽度：280）】；再单击【检测大小】按钮，将自动显示 FLV 影片的实际尺寸；勾选【自动播放】和【自动重新播放】复选框，以便打开网页后自动播放影片，如图 4-32 所示。单击【确定】按钮，完成 FLV 影片的插入。

图 4-31

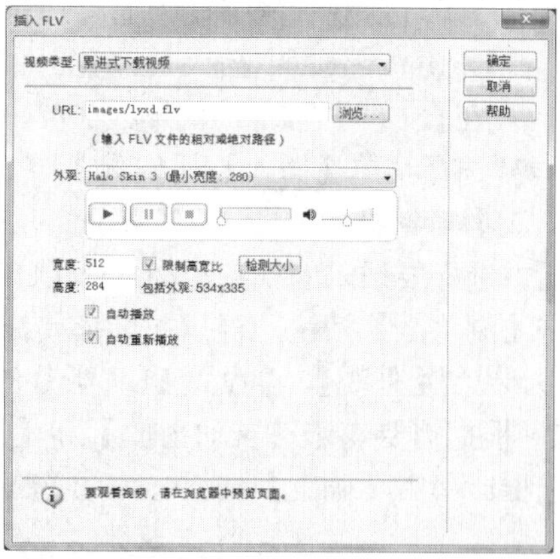

图 4-32

❹ 保存网页文档，按<F12>键预览效果，如图 4-33 所示。

图 4-33

4.3.2　插入 Flash 动画

Flash 动画是较为流行的动画类型，它是一种矢量元素，具有放大后不失真和占用空间小的优点，可以实现动感十足的导航条和按钮等的设计。Flash 动画的扩展名为.swf，在 Dreamweaver 中插入 Flash 动画的步骤如下。

❶ 在【文档】窗口中单击要插入 Flash 动画的位置。

❷ 选择菜单【插入】|【媒体】|【SWF】，打开【选择 SWF】对话框，查找并选择需要插入的 Flash 动画文件，再单击【确定】按钮。

❸ 插入的 Flash 动画在【文档】窗口中显示为占位符形式，单击【属性】面板中的【播放】按钮可以播放动画，如图 4-34 所示。

图 4-34

4.3.3　插入 FLV 影片

FLV 是目前一种流行的流媒体视频格式，其文件扩展名为.flv。FLV 文件很小，并且无须浏览器再安装其他视频插件，只要能播放 Flash 动画就能观看 FLV 影片，所以它成了目前观看网络视频的首选格式。

在 Dreamweaver 中插入 FLV 影片的操作步骤如下。

❶ 在【文档】窗口中单击要插入 FLV 影片的位置。

❷ 选择菜单【插入】|【媒体】|【FLV】，打开【插入 FLV】对话框，如图 4-35 所示。在【视频类型】下拉框中选择要插入的视频类型，在【URL】文本框右侧单击【浏览…】按钮，查找并选择要插入的 FLV 影片文件，设置【外观】，再设置 FLV 影片的【高度】和【宽度】，根据需要勾选【自动播放】和【自动重新播放】复选框。单击【确定】按钮，完成 FLV 影片的插入。

图 4-35

4-4　瑜伽会所

4.3.4　课堂案例——瑜伽会所

案例学习目标：学习在网页中使用插入插件的方式插入视频和背景音乐。

案例知识要点：使用【插入】面板中的【媒体】|【插件】按钮插入多媒体元素。

素材所在位置：案例素材/ch04/课堂案例——瑜伽会所。

案例效果如图 4-36 所示。

以素材"课堂案例——瑜伽会所"为本地站点文件夹，创建名称为"瑜伽会所"的站点。

1.　插入视频

❶ 在【文件】面板中双击打开 index.html 文件，如图 4-37 所示。

❷ 将光标置于单元格中，单击【插入】面板中的【媒体】|【插件】按钮或选择菜单【插入】|【媒体】|【插件】，打开【选择文件】对话框，如图 4-38 所示。选择"课堂案例——瑜伽会所>media> 1.wmv"，单击【确定】按钮，在单元格中插入一个插件，插件默认高度和宽度都为 32，如图 4-39 所示。

❸ 单击文档工具栏中的【拆分】按钮，打开【代码】视图，选中插件，在【代码】视图中可以看到相应的代码，如图 4-40 所示。

图 4-36

图 4-37

图 4-38

图 4-39

图 4-40

❹ 修改相应的代码如下：

```
<embed src="media/1.wmv" width="277" height="201" autostart="true" loop="-1"> </embed>
```

其中，width="277"height="201"表示插件的宽度、高度分别为 277px 和 201px，autostart= "true"
表示视频会在打开网页时自动播放，loop="-1"表示循环播放。

❺ 保存网页文档，按<F12>键预览效果。

2. 插入背景音乐

❶ 为了把背景音乐插件插入网页最底部，先选中网页底部的图片，如图 4-41 所示。

图 4-41

❷ 单击【插入】面板中的【媒体】|【插件】按钮或选择菜单【插入】|【媒体】|【插件】，打开【选择文件】对话框，如图 4-42 所示。并选择"课堂案例——瑜伽会所>media> bg.mp3"，单击【确定】按钮，在单元格中插入一个插件，插件默认高度和宽度都为 32px，如图 4-43 所示。

图 4-42

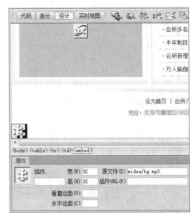

图 4-43

❸ 选中插件，单击文档工具栏中的【拆分】按钮，打开【代码】视图，在【代码】视图中可以看到相应的代码，如图 4-44 所示。

图 4-44

❹ 修改相应的代码如下：

```
<embed src="media/bg.mp3" width="1" height="1" autostart="true" loop="-1" hidden="true"></embed>
```

其中，width="1"height="1"表示插件的宽度、高度均为 1px，autostart="true"表示背景音乐会在打开网页时自动播放，loop=" −1"表示循环播放，hidden="true"表示隐藏媒体播放器。

❺ 保存网页文档，按<F12>键预览效果。

4.3.5　插入 Applet

Applet 是用 Java 语言编写的小应用程序，可以直接嵌入网页中，并能够产生特殊的效果。网页中常见的花瓣散落、烟花绽放、雨滴等效果几乎都是通过 Applet 实现的。在网页中插入 Applet 的操作步骤如下。

❶ 在【文档】窗口中单击要插入 Applet 的位置。

❷ 选择菜单【插入】|【媒体】|【Applet】，在【选择文件】对话框中查找并选择一个 Java Applet 文件，单击【确定】按钮完成插入。

4.4　练习案例

4.4.1　练习案例——五金机械

案例练习目标：练习图像的插入和图像的调整。

案例操作要点如下。

（1）在中间单元格中插入图像，将图像 1.jpg 的尺寸调整为宽 117px、高 105px，亮度值调整为 14；将图像 2.jpg 的尺寸为宽 110px、高 91px，对比度值调整为 26；将图像 3.jpg 的尺寸为宽 110px、高 89px，锐化值调整为 2。

（2）右上角客服图片裁剪后的尺寸为宽 110px、高 147px，并且在单元格中沿水平方向居中对齐。

素材所在位置：案例素材/ch04/五金机械。效果如图 4-45 所示。

图 4-45

4.4.2　练习案例——心缘咖啡屋

案例练习目标：练习 FLV 影片和多媒体插件的插入和调整。

案例操作要点如下。

（1）在网页文档 index.html 中插入 1.flv 文件，将其尺寸调整为宽 510px、高 383px，外观选择

【Clear Skin 3（最小宽度：260）】，自动和循环播放，并按原名保存。

（2）在网页文档 index1.html 中，使用插入插件的方式插入文件 1.wmv，在【代码】视图中设置插件尺寸为宽 510px、高 383px，自动和循环播放，并按原名保存。

素材所在位置：案例素材/ch04/心缘咖啡屋。效果如图 4-46 所示。

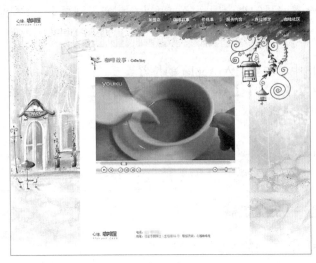

图 4-46

Dreamweaver CS6

第 5 章
超链接

超链接是网页设计中最重要的部分，单击页面上的超链接就可以从一个页面跳转到另一个页面，它能把互联网上众多的网页和网站联系起来，从而构成一个整体。

超链接是由源端点和目标端点组成的，通过相对链接路径和绝对链接路径分别实现了网站的内部链接和外部链接。文本链接、图像超链接、热点链接和锚点链接等在网页制作中被广泛使用。

在网页站点中，链接管理为链接提供了检查和更新等功能，极大地提高了链接的制作效率，保证了网页链接的完整性。

 本章学习内容

1. 超链接的概念与路径知识
2. 文本链接
3. 图像超链接
4. 热点链接
5. 锚点链接
6. 链接管理

5.1 超链接的概念与路径知识

超链接把互联网上的众多网页和网站联系起来，使它们构成一个整体。超链接由两个端点和一个方向构成，通常将起始端点（即单击的位置）称为源端点（或源锚），将跳转到的目标位置称为目标端点（或目标锚）。源端点可以是文本、按钮、图像等对象，目标端点可以是同一页面的不同位置，也可以是一个其他页面、一幅图像、一个文件或一段程序等。

5.1.1　按超链接端点分类

按照源端点来划分，超链接可以分为文本链接和非文本链接两种。文本链接是把文本作为源端点，而非文本链接是将除文本外的其他对象作为源端点。

按照目标端点来划分，超链接可分为外部链接、内部链接和电子邮件链接等。内部链接的目标端点是本站点内的其他文档，可以实现在同一站点内的网页间互相跳转。外部链接的目标端点在本站点之外，利用外部链接可以跳转到其他网站，如某些网站上的友情链接就是外部链接。

5.1.2　按超链接路径分类

超链接根据链接路径的不同可分为相对链接和绝对链接。相对链接无须给出目标端点完整的 URL 地址，只要给出相对源端点的位置即可，如 bbs/index.html。相对链接的优点是即使改变了网站的根路径或网址，也不会影响网站的内部链接，所以网站的内部链接一般采用相对路径表示。绝对链接需要给出目标端点完整的 URL 地址，包括使用的协议（网页中常用 http://协议）。要链接到其他网站时一般采用绝对链接。

5.2 文本链接

文本链接是以文本为对象构建的超链接，链接的源端点是文本。文本链接是网页中最常使用的一种链接方式。

5.2.1　课堂案例——婚礼公司

案例学习目标：学习创建内部链接、外部链接、下载文件链接和电子邮件链接等多种文本链接。

5-1　婚礼公司

案例知识要点：使用【属性】面板、菜单【插入】|【超级链接】和直接拖曳等方法创建文本链接。

素材所在位置：案例素材/ch05/课堂案例——婚礼公司。

案例效果如图 5-1 所示。

以素材"课堂案例——婚礼公司"为本地站点文件夹，创建名称为"婚礼公司"的站点。

1. 创建文本链接

❶ 在【文件】面板中双击打开 index.html 文件，如图 5-2 所示。

❷ 选中文字"礼服租售"，选择菜单【插入】|【超级链接】，打开【超级链接】对话框，如图 5-3 所示。单击【链接】下拉框右侧的【浏览文件】按钮 📁，打开【选择文件】对话框，如图 5-4 所示。选择"课堂案例——婚礼公司>lifuzushou.html"，单击【确定】按钮，效果如图 5-5 所示。

❸ 选中文字"婚礼论坛"，在【属性】面板的【链接】下拉框中输入外部链接地址，如图 5-6 所示。

图 5-1 图 5-2

图 5-3 图 5-4

提示

要链接到本地站点内的文件，只需输入相对路径；要链接到本地站点以外的文件，需要输入绝对路径。

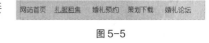

图 5-5

❹ 选中文字"网站首页"，在【属性】面板的【链接】下拉框中输入"#"，给"网站首页"文字设置空链接。

❺ 保存网页文档，按<F12>键预览效果，如图 5-7 所示。

图 5-6

图 5-7

2．创建电子邮件链接

❶ 选中文字"婚礼预约"，选择菜单【插入】|【电子邮件链接】，打开【电子邮件链接】对话框，如图 5-8 所示。在【电子邮件】文本框中输入"＊＊＊＊＊@163.com"。同时，在【属性】面板

的【链接】下拉框中会出现"mailto:*****@163.com"，如图5-9所示。

图5-8   图5-9

 提示

创建电子邮件链接时，如果使用菜单【插入】|【电子邮件链接】，则在【电子邮件】文本框中直接输入E-mail名称；如果使用【属性】面板的【链接】下拉框，则必须输入"mailto: 电子邮件名称"。

❷ 保存网页文档，按<F12>键预览效果。在网页中单击"婚礼预约"超链接，打开电子邮件收发窗口，效果如图5-10所示。

3．创建下载文件链接

❶ 选中文字"策划下载"，在【属性】面板中直接拖曳【指向文件】按钮⊙到【文件】面板中的"婚礼策划书.rar"中，松开鼠标左键，如图5-11所示，创建了新链接。

图5-10   图5-11

❷ 保存网页文档，按<F12>键预览效果。在网页中单击"策划下载"超链接，可打开【新建下载任务】对话框，效果如图5-12所示。

4．设置文本链接状态

❶ 选择菜单【修改】|【页面属性】，打开【页面属性】对话框，如图5-13所示。在【分类】列表中选择【链接（CSS）】选项，在【链接颜色】文本框中输入"#6e6223"，在【变换图像链接】文本框中输入"#E8150E"，在【已访问链接】文本框中输入"#009966"，在【下划线样式】下拉框中选择【始终无下划线】选项，单击【确定】按钮完成设置。

图5-12   图5-13

❷ 保存网页文档，按<F12>键预览效果。将鼠标指针移到文本链接上，可以看到文本链接改变了颜色，单击该链接后，访问过的文本链接也会发生颜色改变，效果如图 5-14 所示。

图 5-14

5.2.2 文本链接

创建文本链接首先要选择作为链接源端点的文本，然后在【属性】面板的【链接】下拉框中指定链接文件的路径，必要时还要指定目标网页的显示窗口。

1. 直接输入要链接文件的路径和名称

在【文档】窗口中选中源端点文本后，在【属性】面板的【链接】下拉框中输入要链接的文件路径和文件名，如图 5-15 所示。

图 5-15

2. 使用【浏览文件】按钮

在【文档】窗口中选中源端点文本后，单击【属性】面板中【链接】下拉框右侧的【浏览文件】按钮，在【选择文件】对话框中找到并选择要链接的文件，单击【确定】按钮，如图 5-16 所示。

3. 使用【指向文件】按钮

在【文档】窗口中选中源端点文本后，在【属性】面板中直接拖曳【指向文件】按钮到【文件】面板中要链接的文件上，松开鼠标左键，如图 5-17 所示。

图 5-16

图 5-17

4. 设定链接【目标】

文本链接设置完后，可以在【属性】面板的【目标】下拉框中设定链接文件的显示窗口，该下拉框中各选项的含义如下。

【_blank】（新窗口）：将链接文件在新浏览器窗口中打开。

【_parent】（父窗口）：将链接文件在包含该链接的父框架或窗口中打开；如果包含链接的框架不是嵌套的，则链接文件在整个浏览器窗口中打开。

【_self】（本窗口）：将链接文件在该链接所在的同一框架或窗口中打开，此选项为默认选项。

【_top】（顶部）：将链接文件在整个浏览器窗口中打开，并由此删除所有框架。

5.2.3　页面文本链接的状态

可通过【页面属性】对话框设置文本链接的状态，具体操作步骤如下。

❶ 选择菜单【修改】|【页面属性】，打开【页面属性】对话框，如图 5-18 所示，在【分类】列表中选择【链接（CSS）】选项。

❷ 单击【链接颜色】右侧的图标 ，打开调色板，选择一种颜色作为链接文字的颜色。

❸ 使用同样的方式，分别设置【已访问链接】、【变换图像链接】和【活动链接】的颜色。

❹ 在【下划线样式】下拉框中设置链接文字是否带有下画线。

文本链接状态设置完后，可以看到在【CSS 样式】面板的【全部】选项卡中出现了 4 个链接样式 a:link、a:visited、a:hover 和 a:active，如图 5-19 所示。实际上，【页面属性】对话框中的 4 种文本链接状态的设置是通过以下样式来实现的。

图 5-18

图 5-19

a:link（链接颜色）：带链接文本的颜色。

a:visited（已访问链接）：被访问过的文本链接颜色。

a:hover（变换图像链接）：鼠标指针移到文本链接时的颜色。

a:active（活动链接）：单击文本链接时的颜色。

5.2.4　下载文件链接

下载文件是通过单击链接来实现的，下载文件链接的创建方法和文本链接的创建方法类似，不同的是所链接的文件不是网页文件而是其他文件，如扩展名为.rar 的压缩文件等；单击链接后并不是打开网页，而是实现下载。其具体创建步骤如下。

❶ 在【文档】窗口中选中需要添加下载文件链接的对象。

❷ 在【属性】面板的【链接】下拉框中设置要链接的文件。

5.2.5　电子邮件链接

电子邮件链接的功能是当浏览者单击链接时打开邮箱窗口，并自动将设定好的邮箱地址作为收信人，方便浏览者发送邮件。创建电子邮件链接有以下两种方法。

（1）使用【电子邮件链接】对话框。

❶ 在【文档】窗口中选中需要添加电子邮件链接的对象。

❷ 选择菜单【插入】|【电子邮件链接】或单击【插入】面板中【常用】选项卡下的【电子邮件链接】按钮，打开【电子邮件链接】对话框，如图 5-20 所示。

❸ 在【电子邮件】文本框中输入邮箱地址，单击【确定】按钮完成电子邮件链接的创建。

（2）使用【属性】面板。

❶ 在【文档】窗口中选中需要添加电子邮件链接的对象。

❷ 在【属性】面板的【链接】下拉框中输入"mailto:邮箱地址"，如图 5-21 所示。

图 5-20　　　　　　　　　　　　　　　　　图 5-21

5.2.6　空链接

空链接是一种特殊的链接，它实际上并没有指定具体的链接目标。创建空链接的步骤如下。

❶ 在【文档】窗口中选中需要设置空链接的文本、图像或其他对象。

❷ 在【属性】面板的【链接】下拉框中输入"#"，如图 5-22 所示。

图 5-22

5.3　图像超链接

网页设计中经常需要实现单击图像打开链接的效果，这就需要给图像建立超链接。图像超链接可以分为普通图像超链接和鼠标指针经过图像超链接。

5.3.1　课堂案例——手机商城

案例学习目标：学习建立图像超链接和鼠标指针经过图像超链接。

案例知识要点：使用【属性】面板为图像设置超链接，使用菜单【插入】|【图像对象】|【鼠标经过图像】建立鼠标指针经过图像超链接。

素材所在位置：案例素材/ch05/课堂案例——手机商城。

案例效果如图 5-23 所示。

以素材"课堂案例——手机商城"为本地站点文件夹，创建名称为"手机商城"的站点。

1.　创建图像超链接

❶ 在【文件】面板中双击打开 index.html 文件，如图 5-24 所示。

5-2　手机商城

图 5-23

图 5-24

❷ 选择图 5-25 所示的图像，在【属性】面板的【链接】下拉框中输入"#"，为图像创建超链接，如图 5-26 所示。

图 5-25

图 5-26

❸ 保存网页文档，按<F12>键预览效果。

2. 创建鼠标指针经过图像超链接

❶ 将光标置于第 1 个单元格中，选择菜单【插入】|【图像对象】|【鼠标经过图像】，打开【插入鼠标经过图像】对话框，如图 5-27 所示。在【原始图像】文本框右侧单击【浏览…】按钮，打开【原始图像】对话框，如图 5-28 所示，选择"课堂案例——手机商城>images>a1.jpg"，单击【确定】按钮。

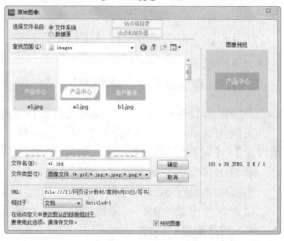

图 5-28

图 5-27

❷ 单击【鼠标经过图像】文本框右侧的【浏览…】按钮，在【鼠标经过图像】对话框中选择"课堂案例——手机商城>images>a2.jpg"，单击【确定】按钮，返回【插入鼠标经过图像】对话框，如图 5-29 所示。单击【确定】按钮，效果如图 5-30 所示。

图 5-29

图 5-30

❸ 使用同样的方式为其他单元格插入鼠标指针经过图像超链接，原始图像分别为 b1.jpg、c1.jpg、d1.jpg，相应的鼠标指针经过图像后的图像分别为 b2.jpg、c2.jpg、d2.jpg。

❹ 保存网页文档，按<F12>键预览效果。当鼠标指针移到图像上时，图像发生变化，如图 5-31 所示。

图 5-31

5.3.2　图像超链接

创建图像超链接的操作步骤如下。

❶ 在【文档】窗口中选中需要创建超链接的图像。

❷ 在【属性】面板中单击【链接】下拉框右侧的【浏览文件】按钮 📁，为图像添加链接。

❸ 在【替换】下拉框中输入替换文字。设置替换文字后，当图像不能正常显示时，会在图像的位置显示替换文字；浏览时把鼠标指针悬停在图像上也会显示替换文字。

❹ 按<F12>键预览网页效果。

5.3.3　鼠标指针经过图像超链接

鼠标指针经过图像超链接是指当鼠标指针经过一张图像时，当前图像会变为另一张图像。鼠标指针经过图像超链接实际上是由两张图像组成，一张称为原始图像，另一张称为鼠标指针经过图像。一般来说，原始图像和鼠标指针经过图像的尺寸必须相同，如果两张图像的大小不同，Dreamweaver 会自动调整鼠标指针经过图像的大小，使之与原始图像匹配。

创建鼠标指针经过图像超链接的操作步骤如下。

❶ 在【文档】窗口中将光标置于需要添加鼠标指针经过图像超链接的位置。

❷ 选择菜单【插入】|【图像】|【鼠标经过图像】，在【插入鼠标经过图像】对话框中分别单击【原始图像】和【鼠标经过图像】文本框右侧的【浏览...】按钮，设置相应的图像路径。

❸ 在【替换文本】文本框中设置替换文字。

❹ 在【按下时，前往的 URL】文本框中设置跳转到的网页的文件路径，当浏览者单击图像时打开此网页。

❺ 单击【确定】按钮，按<F12>键预览网页效果。

⚙ 提示

实际上，鼠标指针经过图像功能是通过"交换图像"和"恢复交换图像"这两个行为实现的。

5.4　热点链接

前面介绍的图像超链接，一个图像只能设置一个链接目标。如果要实现单击一个图像的不同区域跳转到不同的链接目标，就需要设置热点链接。在一个图像中创建的不同几何图形区域称为热点或热区，以这些区域为超链接的源端点创建的不同超链接称为热点链接。

5.4.1　课堂案例——儿童课堂

案例学习目标：学习创建热点链接。

案例知识要点：使用【属性】面板创建热点链接。

素材所在位置：案例素材/ch05/课堂案例——儿童课堂。

案例效果如图 5-32 所示。

以素材"课堂案例——儿童课堂"为本地站点文件夹，创建名称为"儿童课堂"的站点。

5-3　儿童课堂

1. 创建多边形区域热点链接

❶ 在【文件】面板中双击打开 index.html 文件，如图 5-33 所示。

❷ 在导航条附近单击图像，在【属性】面板的【地图】文本框下方单击【多边形热点工具】按钮 ▽，如图 5-34 所示。在【文档】窗口的图像中绘制多边形热点区域，如图 5-35 所示。

图 5-32

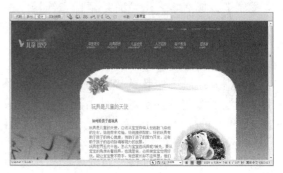

图 5-33

图 5-34

图 5-35

❸ 在热点【属性】面板中，单击【链接】文本框右侧的【浏览文件】按钮，设置热点链接文件为 products.html，在【目标】下拉框中选择【_blank】选项，在【替换】下拉框中输入替换文字"玩具产品展示"，如图 5-36 所示。

图 5-36

❹ 保存网页文档，按<F12>键预览效果。

2．创建圆形区域热点链接

❶ 单击【文档】窗口中的下半部分图像，在【属性】面板的【地图】文本框下方单击【圆形热点工具】按钮 ◯，在图 5-37 所示的位置绘制圆形区域。单击【属性】面板中【地图】文本框下方的【指针热点工具】按钮 ▶，按住鼠标左键拖曳所绘制的圆形区域可以调整该圆形区域的位置，拖曳圆形区域的 4 个调整点可以调整圆形区域的大小。

❷ 单击所绘制的圆形区域，按<Ctrl+C>组合键复制该区域，在图像的其他区域单击，再按<Ctrl+V>组合键粘贴，并按住鼠标左键拖曳复制的圆形区域到图 5-38 所示的其他位置。

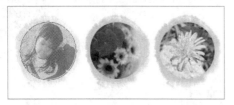

图 5-37

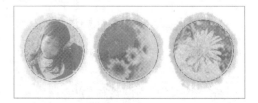

图 5-38

❸ 分别选中 3 个圆形区域，在热点【属性】面板的【链接】文本框中分别设置热点链接文件为 huwai.html、yangguang.html 和 ziran.html，在【目标】下拉框中选择【_blank】选项，在【替换】下拉框中分别输入替换文字为"户外活动""享受阳光"和"自然之美"。

❹ 保存网页文档，按<F12>键预览效果。当鼠标指针移到热点区域上时，鼠标指针会变成手形，单击链接可以跳转到相应页面。

5.4.2　创建热点链接

创建热点链接的操作步骤如下。

❶ 在【文档】窗口中单击选中一张图像，在【属性】面板的【地图】文本框下方选择热点工具，如图 5-39 所示。

图 5-39

各工具的作用如下。

【指针热点工具】：用于选择不同的热区。

【矩形热点工具】：用于创建矩形热区。

【圆形热点工具】：用于创建圆形热区。

【多边形热点工具】：用于创建多边形热区。

❷ 将鼠标指针放在图像上，指针变成"+"形，在图像上拖曳出相应形状的蓝色区域。可以通过【指针热点工具】选择不同的热区，并通过热区边框上的控制点调整热区的大小，还可以通过复制粘贴得到多个相同大小的热区，如图 5-40 所示，从而建立多个矩形热区。

❸ 用【指针热点工具】选中某个热区，出现【属性】面板，如图 5-41 所示。在【链接】文本框中输入链接地址，在【替换】下拉框中输入替换文字。反复操作几次，这样就在一个图像上创建了几个热点链接。

图 5-40

❹ 保存网页文档，按<F12>键预览效果，如图 5-42 所示。

图 5-41

图 5-42

5.5　锚点链接

锚点链接是指目标端点位于网页中某个指定位置的一种超链接。创建锚点链接可分两步完成，首先在网页的某个指定位置创建超链接的目标端点（即锚点），并对其命名；然后在超链接的源端点处创建指向该锚点的超链接。

5.5.1　课堂案例——数码商城

案例学习目标：学习创建锚点链接。

案例知识要点：使用菜单【插入】|【命名锚记】和【属性】面板创建锚点链接。

素材所在位置：案例素材/ch05/课堂案例——数码商城。

案例效果如图 5-43 所示。

5-4　数码商城

以素材"课堂案例——数码商城"为本地站点文件夹，创建名称为"数码商城"的站点。

1.　创建跳转到本页面指定位置的锚点链接

❶ 在【文件】面板中双击打开 index.html 文件，如图 5-44 所示。

图 5-43 图 5-44

❷ 在【文档】窗口中将光标置于图 5-45 所示的文字"新品上架"前面，选择菜单【插入】|
【命名锚记】，打开【命名锚记】对话框，如图 5-46 所示，在【锚记名称】文本框中输入"m1"，
单击【确定】按钮。光标所在位置出现了锚点标记，如图 5-47 所示。

❸ 选中页面底端的图 5-48 所示的文字"新品上架"，在【属性】面板的【链接】下拉框中输
入"#m1"，如图 5-49 所示。

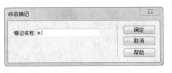

图 5-45 图 5-46 图 5-47 图 5-48

提示

当锚点作为超链接时，需要在锚点之前添加"#"号，如#m1，以便与普通链接加以区分。

❹ 保存网页文档，按<F12>键预览效果。单击"新品上架"文字链接将跳转到本页面中的锚
点 m1 处，如图 5-50 所示。

图 5-49 图 5-50

2. 创建跳转到其他页面指定位置的锚点链接

❶ 在【文件】面板中双击打开 contact.html 文件，将光标置于图 5-51 所示的文字"联系我们"

前面，选择菜单【插入】|【命名锚记】，打开【命名锚记】对话框，如图 5-52 所示，在【锚记名称】文本框中输入"m2"，单击【确定】按钮，光标所在位置出现了锚点标记。

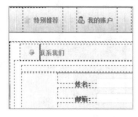

图 5-51   图 5-52

❷ 返回到 index.html 文件，选中该页面底部的图 5-53 所示的文字"联系我们"，在【属性】面板的【链接】下拉框中输入"contact.html#m2"，如图 5-54 所示。

图 5-53   图 5-54

❸ 保存网页文档，按<F12>键预览效果。单击网页 index.html 底部的"联系我们"文字链接，将跳转到页面 contact.html 的锚点 m2 处，如图 5-55 所示。

5.5.2　创建锚点链接

创建锚点链接的步骤如下。

1. 创建锚点

❶ 在【文档】窗口中将光标置于需要插入锚点的位置，选择菜单【插入】|【命名锚记】，或单击【插入】面板中【常用】选项卡的【命名锚记】按钮，或按<Ctrl+Alt+A>组合键，打开【命名锚记】对话框，如图 5-56 所示。

图 5-55

❷ 在【锚记名称】文本框中输入锚点名称，如"m1"，单击【确定】按钮，完成锚点的创建。

2. 链接到锚点

选中作为链接源端点的对象，如文本、图像等，在【属性】面板的【链接】下拉框中输入"#锚记名称"，如"#m1"，如图 5-57 所示。

图 5-56   图 5-57

5.6　链接管理

网站链接设置好后，Dreamweaver 还提供了自动更新链接和检查链接功能，以便对网站内的链接进行管理。

5.6.1 课堂案例——百适易得商城

5-5 百适
易得商城

案例学习目标：学习网站链接的管理。

案例知识要点：使用菜单【窗口】|【结果】|【链接检查器】，打开【链接检查器】面板管理网站链接。

素材所在位置：案例素材/ch05/课堂案例——百适易得商城。

案例效果如图 5-58 所示。

以素材"课堂案例——百适易得商城"为本地站点文件夹，创建名称为"百适易得商城"的站点。

1. 更改站内文件名称

❶ 在【文件】面板中双击打开文件 index.html，选中导航条中的文字"产品列表"，在文本【属性】面板的【HTML】选项卡中，可以看到【链接】下拉框中为 products.html，如图 5-59 所示。

❷ 双击 products.html 文件名称，在重命名状态将 products.html 文件名改为 product.html，如图 5-60 所示。

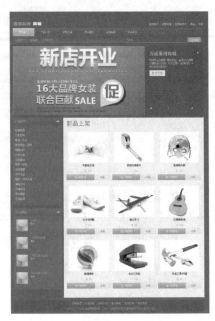

图 5-58

图 5-59

图 5-60

💡 **提示**

在【文件】面板中更改文件名时，也可以右击该文件名称，在快捷菜单中选择【编辑】|【重命名】选项来完成。

❸ 更改完文件名后按<Enter>键，打开【更新文件】对话框，如图 5-61 所示，单击【更新】按钮，将更新与本网页相链接的所有网页的链接路径。此时，可以看到【属性】面板的【链接】下拉框中已经自动更新为 product.html，如图 5-62 所示。

图 5-61

图 5-62

❹ 保存网页文档，按<F12>键预览效果。

2. 更改站内文件位置

❶ 在文件 index.html 页面中，选中导航条中的文字"在线结账"，在文本【属性】面板的【HTML】

选项卡中，可以看到【链接】下拉框中为 checkout.html，如图 5-63 所示。

图 5-63

❷ 在【文件】面板中，用鼠标左键按住 checkout.html 文件，将其拖曳到 html 文件夹中，松开鼠标左键，打开【更新文件】对话框，如图 5-64 所示，单击【更新】按钮，将更新与本网页相链接的所有网页的链接路径。可以看到在【属性】面板的【链接】下拉框中已经自动更新为 html/checkout.html，如图 5-65 所示。

图 5-64

图 5-65

❸ 使用同样的方式，再将 product.html 和 faqs.html 文件移动到 html 文件夹中，Dreamweaver 自动完成从根文件夹到 html 文件夹的路径更新。

❹ 保存网页文档，按<F12>键预览效果。

3. 检查整个当前本地站点的链接并修复链接

❶ 选择菜单【窗口】|【结果】|【链接检查器】，单击【链接检查器】面板左侧的【检查链接】按钮，选择【检查整个当前本地站点的链接】选项，右侧列表中会列出网站内所有断掉的链接，如图 5-66 所示。

❷ 在【链接检查器】面板中双击【文件】列表中的第 1 行 index.html，Dreamweaver 会打开该文件，并在【设计】视图中定位到该链接出错的位置"联系我们"，同时在【属性】面板中也会指示出该链接，如图 5-67 所示。在【属性】面板中，将【链接】下拉框中的 contact.html 改为"#"，完成链接的修复工作。

图 5-66

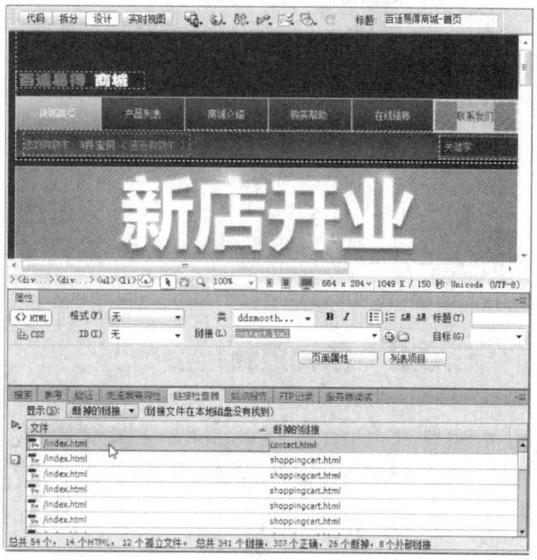

图 5-67

4．检查网站内的外部链接和孤立文件

❶ 在【链接检查器】面板的【显示】下拉框中选择【外部链接】选项，下方列表中会列出网站内所有的外部链接，如图 5-68 所示。

图 5-68

❷ 单击【外部链接】列表中的第 1 行，将外部链接 http://v7.cnzz.com 修改为 http://www.baidu.com，如图 5-69 所示。按<Enter>键打开【Dreamweaver】对话框，如图 5-70 所示，单击【是】按钮完成外部链接的更改工作。

图 5-69

❸ 在【链接检查器】面板的【显示】下拉框中选择"孤立的文件"，下方列表中会列出网站内所有的孤立文件，如图 5-71 所示。选中【孤立的文件】列表中的全部文件，按<Delete>键将这些文件删除。

图 5-70

图 5-71

💡 **提示**

孤立的文件意味着站点中没有其他文件链接到这些文件，但也有可能孤立的文件链接到了其他的文件，所以删除孤立文件时要慎重。最好事先将整个网站做一个备份。

5.6.2 自动更新链接

新建一个站点后，有时需要修改文件的名称或调整文件的位置。文件的名称或位置变了，其相关的超链接如果不做相应的变化，就会出现"断链"现象。如果手动逐个修改链接，工作量将会很大，Dreamweaver 提供的自动更新链接功能可以在文件名或文件位置发生改变时自动更新相关链接。

1. 更改站内文件名称

在【文件】面板中双击文件名称，在重命名状态下修改文件名。更改完文件名后按<Enter>键，在【更新文件】对话框中单击【更新】按钮，网站内所有指向该文件的链接都会被更新。

2. 更改站内文件位置

在【文件】面板中用鼠标左键按住文件，将其拖曳到其他位置，松开鼠标左键，在【更新文件】对话框中单击【更新】按钮，网站内所有指向该文件的链接都会被更新。

5.6.3 检查链接

网站制作好之后，在上传到服务器之前，必须对站点中的所有链接进行检查，如果发现存在中断的链接，则需要进行修复。如果在各个网页文件中手动逐一单击进行链接检查，工作量将会很大，且难免会出现疏漏。Dreamweaver 提供的【链接检查器】面板可以快速地对某一页面、部分页面和整个站点内的链接进行检查。

选择菜单【窗口】|【结果】|【链接检查器】，打开【链接检查器】面板，在该面板中进行链接检查。

1. 检查当前文档中的链接

在【链接检查器】面板的左侧单击【检查链接】按钮，选择【检查当前文档中的链接】选项，如图 5-72 所示，在右侧列表中会列出当前文件中断掉的链接。

图 5-72

在【链接检查器】的【显示】下拉框中可以选择查看检查结果的类别，如图 5-73 所示。

图 5-73

各类别含义如下。

【断掉的链接】：显示检查到的断开链接。

【外部链接】：显示链接到外部网站的链接。

【孤立的文件】：显示没有被链接的文件，仅在进行全站链接检查时才可用。

如果要删除某个孤立文件，只需选中该文件，按<Delete>键即可；如果要进行批量删除，可以先按住<Alt>键或<Ctrl>键选中多个文件，再按<Delete>键。

2. 检查站点中所选文件的链接

在【文件】面板中选中要检查链接的文件或文件夹，单击【链接检查器】面板左侧的【检查链接】按钮 ▷，选择【检查站点中所选文件的链接】选项，右侧列表中会列出所选文件或文件夹中所有断掉的链接。

 提示

在【文件】面板中选中要检查链接的文件或文件夹并右击，在弹出的快捷菜单中选择【检查链接】|【选择文件/文件夹】选项也能检查所选文件或文件夹的链接。

3．检查整个当前本地站点的链接

单击【链接检查器】面板左侧的【检查链接】按钮 ▷，选择【检查整个当前本地站点的链接】选项，右侧列表中会列出所有断掉的链接。

5.6.4　修复链接

修复链接是指对检查出的断掉的链接进行重新设置，可以通过以下两种方法完成。

（1）双击【链接检查器】面板右侧列表中断掉链接的【文件】列表中的文件名，Dreamweaver会在【代码】视图和【设计】视图中定位到该链接出错的位置，同时在【属性】面板中也会指示出该链接，以便进行修改，如图 5-74 所示。

（2）在【链接检查器】面板中选择【断掉的链接】，单击需要修改的链接，直接修改链接路径，或单击【浏览文件】按钮 ▢ 重新定位链接文件，如图 5-75 所示。

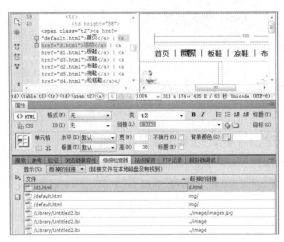

图 5-74

图 5-75

5.7　练习案例

5.7.1　练习案例——室内设计网

案例练习目标：练习创建文字超链接。

案例操作要点如下。

（1）分别选中文字"网站首页"和"设计流程"创建链接 index.html，选中文字"设计论坛"创建外部链接 http://www.baidu.com，选中文字"联系我们"创建电子邮件链接＊＊＊@163.com，选中文字"资料下载"创建文件下载链接"设计资料.rar"，选中文字"网站地图"创建空链接。

（2）在【页面属性】对话框中，设置链接颜色和已访问链接的颜色为#333，变换图像链接的颜色为#871D0D，并始终有下画线。

素材所在位置：案例素材/ch05/练习案例——室内设计网。效果如图 5-76 所示。

图 5-76

5.7.2　练习案例——多美味餐厅

案例练习目标：练习创建鼠标指针经过图像超链接和热点链接。

案例操作要点如下。

（1）在页面顶部导航条位置，为"网站首页""最新消息""会员地带""餐厅位置""联系我们"创建鼠标指针经过图像超链接，并为"最新消息"设置链接为 news.html。

（2）在页面的左下角，为"送货上门"和"餐厅动态"创建两个热点链接，分别链接到文件 sale.html 和文件 news.html。

素材所在位置：案例素材/ch05/练习案例——多美味餐厅。效果如图 5-77 所示。

图 5-77

5.7.3　练习案例——生物科普网

案例练习目标：练习创建锚点链接。

案例操作要点如下。

（1）在网页 scie.html 中的文字"鸟类""昆虫类""植物类"的前面，分别插入锚点 bird、insect 和 plant；在页面底部"快速导航"区域内，分别为"鸟类""昆虫类""植物类"创建锚点链接指 向锚点 bird、insect 和 plant。

（2）在网页 contact.html 中的文字"联系我们"前插入锚点 us，在网页 scie.html 底部"快速导 航"区域内，为文字"联系我们"创建指向 us 的锚点链接。

（3）在网页 contact.html 底部"快速导航"区域内，分别为"鸟类""昆虫类""植物类"创建 指向锚点 bird、insect 和 plant 的锚点链接。

素材所在位置：案例素材/ch05/练习案例——生物科普网。效果如图 5-78 所示。

图 5-78

6 Chapter

第 6 章
表格

    表格在网页制作中有着举足轻重的作用，它不仅可用于显示规范化数据，还是网页布局时的有力工具。在网页设计中，利用表格可以对文本、图形等页面元素的位置进行排列和控制，因此很多网站的页面都是通过表格来实现布局的。灵活、熟练地使用表格是使网页布局更有条理、更加美观的关键。

    根据网页布局的要求和复杂程度，可以采用不同形式的表格进行排版。对于比较简单的页面，可以采用简单表格排版；对于比较复杂的页面，可以采用表格嵌套以及多表格的方式排版。工具没有优劣之分，具体使用哪种工具，通常由网站的规模和特点来决定。如果页面数量不是特别多，页面容量不是特别大，使用哪种工具都没有太大差别，设计人员可以根据自己的特长灵活选择。

 本章学习内容

1. 表格的简单操作
2. 简单表格的排版
3. 复杂表格的排版
4. 表格的数据功能

6.1　表格的简单操作

在一个表格中，横向称为行，纵向称为列，行、列交叉部分称为单元格。单元格中的内容和边框之间的距离称为边距，单元格和单元格之间的距离称为间距，整张表格的边缘称为边框，如图 6-1 所示。

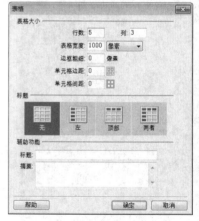

图 6-1

6.1.1　表格的组成

一个完整的表格是由多个 HTML 表格标签组合而成的。

<table>和</table>分别是表格的起始标签和终止标签，所有有关表格的内容均位于这两个标签之间。<tr>和</tr>是表格的行标签，出现几对<tr>和</tr>标签，表格就包含几行。<td>和</td>是表格的列标签，位于<tr>和</tr>标签之间，出现几对<td>和</td>标签，该行就包含几列。

一个 3 行 3 列表格的 HTML 代码如下：

```
<table>                          <td>网页制作</td>
<tr>                             </tr>
<td>网页制作</td>                <tr>
<td>网页制作</td>                <td>网页制作</td>
<td>网页制作</td>                <td>网页制作</td>
</tr>                             <td>网页制作</td>
<tr>                             </tr>
<td>网页制作</td>                </table>
<td>网页制作</td>
```

在此基础上，为表格以及相关标签添加合适的属性，就构成了网页制作中千差万别的表格。

6.1.2　插入表格

选择菜单【插入】|【表格】，或在【插入】面板的【布局】选项卡中单击【表格】按钮，或按<Ctrl+Alt+T>组合键，打开【表格】对话框，如图 6-2 所示。设置完表格的相关属性后，单击【确定】按钮，即可在网页中光标所在位置插入表格。

【表格】对话框中各选项的含义如下。

【行数】和【列】：设置表格的行数和列数。

【表格宽度】：设置表格的宽度，并在右侧的下拉框中选择表格宽度的单位。分别为【像素】和【百分比】，其中【百分比】是指表格与其容器的相对宽度。

【边框粗细】：设置表格外框线的粗细。

【单元格边距】：设置单元格的内容和单元格边框之间空白的宽度。

【单元格间距】：设置表格中各单元格之间的宽度。

【无】：对表格不设置列或行标题。

【左】：可以将表格的第 1 列作为标题列，以便为表格中的每一行都输入一个标题。

图 6-2

【顶部】：可以将表的第 1 行作为标题行，以便为表格中的每一列都输入一个标题。

【两者】：能够在表中输入列标题和行标题。

【摘要】：在文本框中给出表格的说明，该文本不会显示在用户的浏览器中。

6.1.3　表格属性

在页面中新建表格或选中表格，打开表格【属性】面板，如图 6-3 所示。在表格的【属性】面板中，可以设置表格的各种属性，从而控制表格的外观特征。

图 6-3

表格【属性】面板中各选项的含义如下。

【表格】：输入表格名称。

【行】、【列】、【宽】、【填充】、【间距】、【边框】等参数的设置方法与【表格】对话框中的参数设置方法相同。

【对齐】：选择表格的对齐方式，包括【默认】、【左对齐】、【居中对齐】和【右对齐】。

【清除列宽】 和【清除行高】 ：清除表格【属性】面板中的列宽和行高设置。

【将表格宽度转换成像素】 ：将表格宽度的单位由百分比方式转换成像素。

【将表格宽度转换成百分比】 ：将表格宽度的单位由像素方式转换成百分比。

6.1.4　单元格属性

在对表格进行操作的过程中，如需设置行、列或者是某几个单元格的属性，可选中一个或多个单元格，打开单元格【属性】面板来设置，如图 6-4 所示。

图 6-4

单元格【属性】面板中各选项的含义如下。

【水平】和【垂直】：设置单元格中的内容（如文字、图片或嵌套表格等）为水平对齐或垂直对齐。

4 种水平对齐方式为【默认】、【左对齐】、【居中】和【右对齐】，5 种垂直对齐方式为【默认】、【顶端对齐】、【中间对齐】、【底部对齐】和【基线对齐】。

提示

表格【属性】面板中的【对齐】是指表格在页面中的对齐方式，单元格【属性】面板中的【水平】和【垂直】是指单元格中的内容的对齐方式。

【宽】和【高】：单元格的宽度和高度，默认以像素为单位；若输入的数据以百分比为单位，则可在数据后面加百分比符号%。

【不换行】：设置文本自动换行。

【标题】：选择是否将单元格设置为表格的标题单元格；默认情况下，标题单元格中的内容将被设为粗体，并且居中对齐。

【合并】 ：用于合并选中的单元格。

【拆分】 ：用于拆分选中的单元格。

单元格【属性】面板的上半部分与文字【属性】面板相同，用以设置单元格中内容的格式，这些选项的含义这里不再叙述。

6.1.5 在表格中插入内容

根据需要可以在表格的某些单元格中插入文本、图像或各种多媒体对象。在表格中插入内容通常采用以下两种方法。

（1）直接在【文档】窗口中插入。将光标置于该单元格中，直接输入文字或者选择菜单【插入】|【图像】或【媒体】，插入相应元素。

（2）利用剪贴板插入。首先选中要插入的内容，然后选择菜单【编辑】|【复制】，将光标置于单元格中，选择菜单【编辑】|【粘贴】，将剪贴板中的信息插入单元格中。

6.1.6 选择表格元素

掌握表格行、列以及单元格的选择方法是对表格进行编辑的前提。在 Dreamweaver 中选择表格元素的方法与 Microsoft Office 软件中表格元素的选择方法类似，具体描述如下。

1. 选择单元格

（1）直接在【文档】窗口中选择。先将光标置于该单元格中，然后将其拖曳到相邻的单元格中，如图 6-5 所示，当被选中的单元格四周出现粗边框线时释放鼠标左键，即可选中该单元格。不释放鼠标左键，持续向右下方拖动，即可选择相邻的多个单元格。

（2）利用状态栏左侧的【标签选择器】选择。将光标放置在表格的任意单元格中，状态栏左侧的【标签选择器】中会出现图 6-6 所示的标签，单击<td>标签选中当前单元格。

图 6-5

图 6-6

2. 选择行或列

（1）直接在【文档】窗口中选择。将鼠标指针放在表格的左边框线上，当鼠标指针变为➡形时，单击即可选中该行，如图 6-7 所示，此时纵向拖曳鼠标指针可同时选中多行。将鼠标指针放在表格的上边框线上，当鼠标指针变为⬇形时，单击即可选中该列，如图 6-8 所示，此时横向拖曳鼠标指针可同时选中多列。

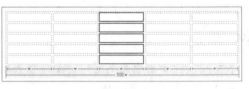

图 6-7

图 6-8

（2）利用状态栏左侧的【标签选择器】选择。将光标放置在表格的任意单元格中，状态栏左侧的【标签选择器】中会出现如图 6-6 所示的标签，单击<tr>标签即可选中当前行。

3. 选择整个表格

（1）直接在【文档】窗口中选择。单击表格的边框线，或单击表格的中间线，均可选中整个表格，如图 6-9 所示，表格四周出现黑色边框。

（2）利用状态栏左侧的【标签选择器】选择。将光标放置在表格的任意单元格中，状态栏左侧的【标签选择器】中会出现如图 6-6 所示的标签，单击<table>标签即可选中当前表格。

图 6-9

（3）利用菜单选择。单击表格中的任意单元格，选择菜单【修改】|【表格】|【选择表格】，即可选中整个表格。

（4）利用快捷键选择。先单击表格中的某一个单元格，按两次<Ctrl+A>组合键，即可选中整个表格。

6.1.7　合并和拆分单元格

在绘制不规则表格的过程中，经常要将多个单元格合并成一个单元格，或者将一个单元格拆分成多行或多列。在采用简单表格布局的网页中，根据网页的布局情况合并和拆分单元格是网页布局的关键工作。

1．单元格的合并

（1）利用单元格【属性】面板。选中要合并的单元格，单击单元格【属性】面板左下角的【合并】按钮 ▣，完成单元格的合并操作。

（2）利用菜单【修改】|【表格】|【合并】。选中要合并的单元格，选择菜单【修改】|【表格】|【合并】实现合并。

2．单元格的拆分

图 6-10

（1）利用单元格【属性】面板。将光标置于要拆分的单元格中，单击单元格【属性】面板左下方的【拆分】按钮 ▦，打开【拆分单元格】对话框，如图 6-10 所示。在【拆分单元格】对话框中设置拆分方式。若要上下拆分单元格，选择【行】单选按钮；若要左右拆分单元格，选择【列】单选按钮，在【行数】或【列数】文本框中输入对应的数值，单击【确定】按钮，完成单元格的拆分操作。

提示

如果单元格在拆分前包含内容，那么单元格拆分后，原内容将位于拆分后得到的第一个单元格中。

（2）利用菜单。将光标置于要拆分的单元格中，选择菜单【修改】|【表格】|【拆分】，打开【拆分单元格】对话框，对单元格进行拆分操作。

6.2　简单表格的排版

简单表格排版就是在页面中插入一个边框宽度为 0px 的表格，通过对行、列以及单元格的设置和调整，实现对网页元素的精确定位，完成页面排版。本方法适用于行和列比较规整、结构比较简单的网页。

6.2.1　课堂案例——融通室内装饰

案例学习目标：学习表格的基本操作，体验简单的排版过程。

案例知识要点：选择菜单【修改】|【表格】，在子菜单中选择相应的菜单命令，

6-1　融通室内装饰

对表格进行编辑，实现简单表格的排版；在表格【属性】面板和单元格【属性】面板中设置其基本属性，对整个页面进行外观设计。

素材所在位置：案例素材/ch06/课堂案例——融通室内装饰。

案例布局如图 6-11 所示，案例效果如图 6-12 所示。

以素材"课堂案例——融通室内装饰"为本地站点文件夹，创建名称为"融通室内装饰"的站点。

1．设置页面布局效果

❶ 在【文件】面板中选中"融通室内装饰"站点，创建名称为 index.html 的新文档，并在文

档工具栏的【标题】文本框中输入"融通室内装饰"。

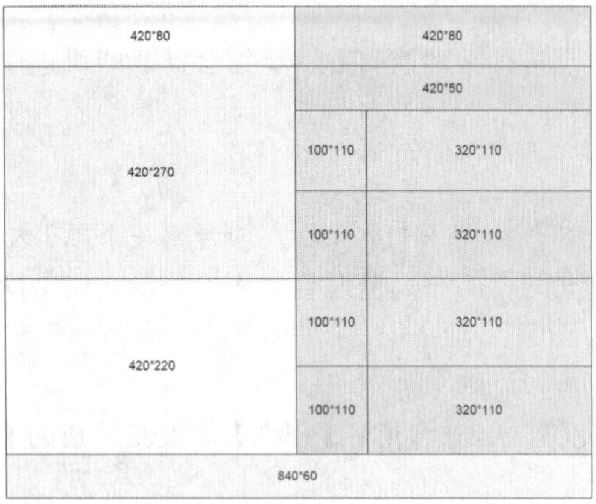

420*80	420*80
	420*50
420*270	100*110	320*110
	100*110	320*110
420*220	100*110	320*110
	100*110	320*110
840*60	

图 6-11

图 6-12

❷ 选择菜单【修改】|【页面属性】，打开【页面属性】对话框，如图 6-13 所示。在【分类】列表中选择【外观（CSS）】选项，在【大小】下拉框中输入"12"，在其右侧的下拉框中选择【px】选项，在【背景颜色】文本框中输入"#A4A374"，单击【确定】按钮。

❸ 在【插入】面板的【常用】选项卡中单击【表格】按钮，打开【表格】对话框，如图 6-14 所示。在【行数】文本框中输入"7"，在【列】文本框中输入"2"，在【表格宽度】文本框中输入"840"，在其右侧选择【像素】选项，在【单元格边距】文本框中输入"5"，其他选项保持默认，单击【确定】按钮。

图 6-13

图 6-14

❹ 选中表格，打开表格【属性】面板，如图 6-15 所示，在【对齐】下拉框中选择【居中对齐】选项。

图 6-15

💡 提示

通常，采用表格布局时会将【表格宽度】设置为某一个像素宽度，且在页面中居中对齐；将【边框粗细】设置为"0"，即采用无边框表格。

❺ 选中表格第 1 列中的第 2 行至第 4 行单元格，打开单元格【属性】面板，如图 6-16 所示，

单击左下角的【合并】按钮 ▣，将选中的单元格合并。采用同样的方式，合并第 1 列中的第 5、6 行单元格和第 7 行中的第 1、2 列单元格，完成后的效果如图 6-17 所示。

图 6-16

❻ 将光标置于表格的第 2 列第 3 行单元格中，单击【属性】面板左下角的【拆分】按钮 ▦，打开【拆分单元格】对话框，如图 6-18 所示。在【把单元格拆分成】单选按钮组中选择【列】，在【列数】文本框中输入 "2"，单击【确定】按钮。采用同样的方式，将表格的第 2 列第 4 行至第 6 行单元格均拆分成两列，完成后的效果如图 6-19 所示。

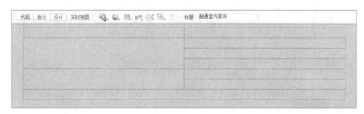

图 6-17　　　　　　　　　　　　　　　　　　　图 6-18

图 6-19

2. 在单元格中插入图片

❶ 将光标置于第 1 行第 1 列单元格中，在【插入】面板的【常用】选项卡中单击【图像】按钮 ▣，打开【选择图像源文件】对话框，如图 6-20 所示，选择 "课堂案例——融通室内装饰>images>logo.png"，单击【确定】按钮，完成 logo 图像的插入。

❷ 使用同样的方式，在第 1 行第 2 列单元格中插入图像 daohang.gif；在第 2 行第 1 列单元格中插入图像 main.jpg；在第 7 行单元格中插入图像 footer.jpg，完成后的效果如图 6-21 所示。

图 6-20　　　　　　　　　　　　　　　　　　　图 6-21

3. 设置单元格格式

❶ 选中表格第 1 行的所有单元格，在单元格【属性】面板的【背景颜色】文本框中输入 "#FFF"，

设置该行的背景颜色。采用同样的方式，设置第 2 行至第 6 行所有单元格的背景颜色为 "#E0E3D3"，设置第 7 行所有单元格的背景颜色为 "#C5CCAD"，完成后的效果如图 6-22 所示。

❷ 选中表格第 2 行第 1 列单元格，在单元格【属性】面板的【宽】文本框中输入 "420px"，【高】文本框中输入 "270px"。采用同样的方式，设置表格第 2 行第 2 列单元格高度为 50px，设置表格第 2 列第 3 行至第 6 行的所有单元格的宽度为 100px、高度为 110px，设置表格第 3 列第 3 行单元格的宽度为 320px，完成后的效果如图 6-23 所示。

图 6-22

图 6-23

💬 **提示**

如果在同一行中出现多个单元格高度不一致的情况，表格将自动按照高度值最大的单元格高度显示，其余高度失效；在同一列中同理。因此，在同一行中只设置一个最高单元格或在同一列中只设置一个最宽单元格即可。

❸ 将光标置于表格第 2 行第 1 列单元格中，如图 6-24 所示。在单元格【属性】面板的【水平】下拉框中选择【居中对齐】选项，在【垂直】下拉框中选择【居中】，完成后的效果如图 6-25 所示。

图 6-24

图 6-25

4. 在单元格中插入图文内容

❶ 将光标置于第 1 列第 3 行单元格中，在【属性】面板的【垂直】下拉框中选择【顶端】选项，使光标处于单元格的左上角。

❷ 在【插入】面板的【常用】选项卡中单击【图像】按钮 🖼，打开【选择图像源文件】对话框，选择 "课堂案例——融通室内装饰>images>arrow.png"，单击【确定】按钮，完成图像 arrow.png 的插入。

❸ 将光标置于图像 arrow.png 右侧，将 text 文件中的相应标题文本复制到网页中，按<Enter>键，再在光标所在位置复制相应的段落文字，并添加首行空格，全部完成后的效果如图 6-26 所示。

❹ 采用同样的方式，在第 2 行第 2 列单元格中插入图像 arrow.png 和右侧相应的标题文本。在第 2 列其他单元格中分别插入图像 meishi.jpg、oushi.jpg、jianyue.jpg、gangshi.jpg 和右侧相应的文本，完成后的效果如图 6-27 所示。

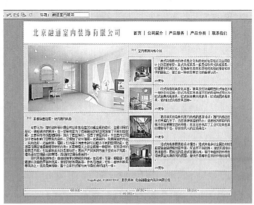

图 6-26　　　　　　　　　　　　　　图 6-27

5. 设置文字样式

❶ 选择菜单【窗口】|【CSS 样式】，打开【CSS 样式】面板，单击【全部】选项卡下方的【新建 CSS 规则】按钮，打开【新建 CSS 规则】对话框，如图 6-28 所示。在【选择器类型】下拉框中选择【类（可应用于任何 HTML 元素）】选项，在【选择器名称】下拉框中输入".w1"，在【规则定义】下拉框中选择【（新建样式表文件）】选项。

❷ 单击【确定】按钮，打开【将样式表文件另存为】对话框，如图 6-29 所示。在【文件名】文本框中输入 mystyle，在【保存类型】下拉框中选择【样式表文件（*.css）】选项，单击【保存】按钮，将样式表文件存储在站点根文件夹中。

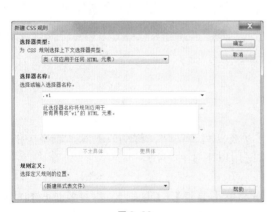

图 6-28　　　　　　　　　　　　　　图 6-29

❸ 打开【.w1 的 CSS 规则定义（在 CSS.CSS 中）】对话框，如图 6-30 所示。选择【分类】列表中的【类型】选项，在【Font-size】下拉框中输入"14"，在【Font-family】下拉框中选择【黑体】选项，在【Font-weight】下拉框中选择【bold】选项。选择【分类】列表中的【区块】选项，如图 6-31 所示，在【Text-align】下拉框中选择【center】选项，单击【确定】按钮，完成.w1 样式的设置。

❹ 采用同样的方式，打开【新建 CSS 规则】对话框，在【选择器类型】下拉框中选择【类（可应用于任何 HTML 元素）】选项，在【选择器名称】下拉框中输入".w2"，在【规则定义】下拉框中选择【mystyle.css】选项。

❺ 在【.w2 的 CSS 规则定义】对话框中选择【分类】列表中的【类型】选项，在【Font-size】

下拉框中输入"12"，在【Color】文本框中输入"#899544"。选择【分类】列表中的【区块】选项，在【Text-align】下拉框中选择【right】选项，单击【确定】按钮，完成.w2 样式的设置。

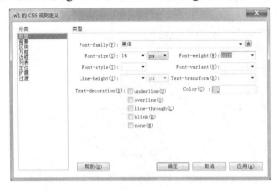 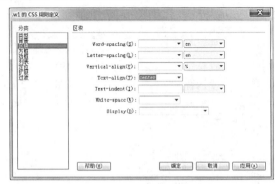

图 6-30　　　　　　　　　　　　　　　　　　图 6-31

❻ 选中文字"本季销售冠军—现代简约风格"及其前面的符号，在文字【属性】面板中选择【HTML】选项卡，在【类】下拉框中选择【w1】选项，如图 6-32 所示，为该标题设置类样式。采用同样的方式，为"室内装饰风格介绍"标题添加类样式 w1，为所有文字"<<更多"设置类样式 w2，完成后的效果如图 6-33 所示。

图 6-32　　　　　　　　　　　　　　　　　　图 6-33

❼ 保存网页文档，按<F12>键预览效果。

6.2.2　复制和粘贴表格

在网页设计过程中，文本、图像等网页元素可以被复制、粘贴、移动或删除，表格中的单元格同样也支持这些操作。单元格的复制与粘贴通常采用以下 3 种方法。

（1）利用菜单。

❶ 在网页设计窗口中选中要复制的对象，选择菜单【编辑】|【复制】，将对象复制到剪贴板中；或者选择菜单【编辑】|【剪切】，将对象移动到剪贴板中。

❷ 将光标置于目标单元格中，选择菜单【编辑】|【粘贴】，将对象复制或移动到目标单元格中。

（2）利用组合键。

❶ 在网页设计窗口中选中要复制的对象，按<Ctrl+C>组合键将对象复制到剪贴板中或者按<Ctrl+X>组合键将对象移动到剪贴板中。

❷ 单击目标单元格，按<Ctrl+V>组合键，将对象复制或移动到目标单元格中。

（3）利用鼠标直接拖曳。

在【文档】窗口中选中要复制的对象，按住<Ctrl>键，将复制的网页元素拖入目标单元格中，完成复制操作。直接拖曳网页元素到目标单元格中可完成移动操作。

6.2.3　删除表格和清除表格内容

删除表格和清除表格中的内容是两种不同的操作。删除表格会连同表格中的内容一起删除，而清除表格中的内容后，表格本身还会保留。

1. 删除整个表格

选中整个表格，按\<Delete\>键，可将表格连同表格中的内容一起删除。

2. 删除整行或整列

选中整行或整列，选择菜单【修改】|【表格】|【删除行】或【删除列】即可删除选中行或列以及其中的内容。

3. 清除表格中的内容

当单个单元格或多个单元格不能构成整行或整列时，只能清除单元格中的内容，而无法将单元格本身删除。选中目标单元格，按\<Delete\>键或者选择菜单【编辑】|【清除】，即可清除单元格中的内容。

6.2.4　增加或减少表格的行和列

在网页设计的过程中，有时需要增加和删除表格中的行或列，可以利用表格【属性】面板和菜单来完成。

（1）利用表格【属性】面板。选中表格，表格【属性】面板的【行】和【列】文本框中的数值表示当前表格的行、列数，可以通过调整其中的数值来增加和减少表格的行数、列数，该方法只对表格最下边的行和最右边的列起作用。

（2）利用【修改】菜单。选中表格中的某个单元格，选择菜单【修改】|【表格】|【插入行】或【插入列】，可在该单元格上边增加一行或在该单元格左边增加一列。

选中表格中的某个单元格，选择菜单【修改】|【表格】|【插入行或列】，打开【插入行或列】对话框，如图 6-34 所示，在对话框中选择插入行还是列，输入插入的行或列的数量，并选择插入的位置。

图 6-34

6.3 复杂表格的排版

复杂表格的排版相对简单表格排版而言，它通过更多次的拆分与合并，以及更多层的表格嵌套，形成更加复杂的表格布局形式。但是，由于浏览器下载网页是采取逐层下载的形式，因此如果将所有复杂网页放在一个大表格中进行布局，会极大地影响网页的下载速度，降低页面的解析效率。另外，如果表格超过了 3 层，搜索引擎将不再抓取。

为解决上述问题，我们在进行复杂表格排版时，应尽量将一个大的表格拆分成多个小的表格，并由上至下排列，以最大限度地提高网页的浏览和检索效率。

6.3.1　课堂案例——江雨桥的博客

案例学习目标：学习复杂表格的排版。

案例知识要点：在页面中插入多个表格，在主表格中通过嵌套表格和进一步拆分单元格，实现复杂表格的排版；在表格【属性】面板和单元格【属性】面板中设置其基本属性，对整个页面进行外观设计。

素材所在位置：案例素材/ch06/课堂案例——江雨桥的博客。

案例布局如图 6-35 所示，案例效果如图 6-36 所示。

以素材"课堂案例——江雨桥的博客"为本地站点文件夹，创建名称为"江雨桥的博客"的站点。

图 6-35

图 6-36

1. 设置页面布局效果

❶ 在【文件】面板中选中"江雨桥的博客"站点，创建名称为 index.html 的新文档，并在文档工具栏的【标题】文本框中输入"江雨桥的博客"。

❷ 选择菜单【修改】|【页面属性】，打开【页面属性】对话框，如图 6-37 所示。在【分类】列表中选择【外观（CSS）】选项，在【大小】下拉框中输入"12"，在【文本颜色】文本框中输入"#FFF"，单击【确定】按钮。

❸ 在【插入】面板的【常用】选项卡中单击【表格】按钮，打开【表格】对话框，在【行数】文本框中输入"2"，在【列】文本框中输入"1"，在【表格宽度】文本框中输入"931"，其他选项保持默认，单击【确定】按钮，完成表格一的插入。

图 6-37

❹ 选中表格一，在表格【属性】面板的【对齐方式】下拉框中选择【居中对齐】选项。

❺ 将光标置于表格的右侧，采用同样的方式，自上而下依次插入表格二（1 行 2 列）、表格三（2 行 1 列），其余设置均相同，完成后的效果如图 6-38 所示。

图 6-38

2. 插入嵌套表格细分布局

❶ 将光标置于表格二的第 1 行第 1 列单元格中，在【插入】的面板【常用】选项卡中单击【表格】按钮，打开【表格】对话框，在【行数】文本框中输入"2"，在【列】文本框中输入"1"，在【表格宽度】文本框中输入"100"，在其右侧的下拉框中选择【百分比】选项，其他选项保持默认，单击【确定】按钮插入嵌套表格。

 提示

当采用内嵌表格布局时，【表格宽度】通常设置为相对单位宽度，如百分比。

❷ 将光标置于表格二的第 2 列单元格中，在【插入】面板的【常用】选项卡中单击【表格】按钮，打开【表格】对话框，在【行数】文本框中输入"4"，在【列】文本框中输入"1"，在

【表格宽度】文本框中输入"100"，在其右侧的下拉框中选择【百分比】选项，其他选项保持默认，单击【确定】按钮插入嵌套表格。完成最终布局，如图 6-39 所示。

❸ 选中表格二的第 1 行第 1 列单元格，在单元格【属性】面板的【宽】文本框中输入"636px"，在【背景颜色】文本框中输入"#000"，在【垂直】下拉框中选择【顶端】选项。

❹ 选中表格二第 1 行的第 2 列单元格，在单元格【属性】面板的【宽】文本框中输入"295px"，在【背景颜色】文本框中输入"#000"，在【垂直】下拉框中选择【顶端】选项，效果如图 6-40 所示。

图 6-39

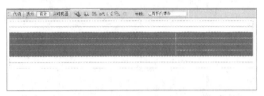

图 6-40

💡 提示

当单元格已经被所插入的元素占据时，难以使用鼠标指针选中单元格，此时可通过状态栏中的【标签选择器】找到对应标签，单击完成单元格选择。

3. 插入网页内容

❶ 将光标置于表格一的第 1 行单元格中，在【插入】面板的【常用】选项卡中单击【图像】按钮 ▣，打开【选择图像源文件】对话框，如图 6-41 所示，选择"课堂案例——江雨桥的博客>images>m1.gif"，单击【确定】按钮，完成图像 m1.gif 的插入。

❷ 采用同样的方式，在表格一的第 2 行单元格中插入图像 m2.gif，在表格三的第 1 行单元格中插入图像 link.jpg，在表格三的第 2 行单元格中插入图像 footer.gif，图像插入完成后，效果如图 6-42 所示。

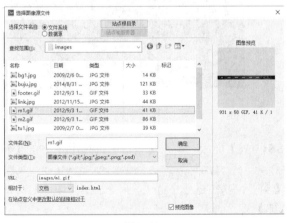

图 6-41

图 6-42

❸ 将光标置于左侧嵌套表格的第 1 行第 1 列单元格中，先将 text 文件中的标题复制到网页中，按<Enter>键后，然后在相应的位置上插入图像 tu1.jpg，再按<Enter>键，最后将相应的内容复制到其中。

❹ 采用同样的方式，在左侧嵌套表格的第 1 行第 2 列单元格中，插入相应的文字与图像 tu2.jpg。在右侧嵌套表格的各个单元格中，分别插入"相关博文""推荐博文""特色博文""归档"等相应文字。插入完成后，效果如图 6-43 所示。

❺ 在右侧嵌套表格的第 1 行第 1 列单元格中，选中除第 1 行以外的所有文字，在【属性】面板中单击【项目列表】按钮，为文字添加项目符号，如图 6-44 所示。

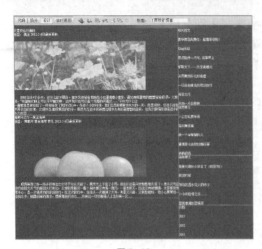

图 6-43

图 6-44

❻ 采用同样的方式，为右侧嵌套表格中的其他文字添加项目符号，完成后的效果如图 6-45 所示。

❼ 选中左侧嵌套表格，在【属性】面板的【间距】文本框中输入"10"。采用同样的方式，设置右侧嵌套表格间距为 10。完成后的效果如图 6-46 所示。

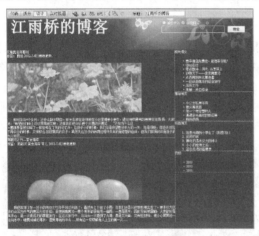

图 6-45

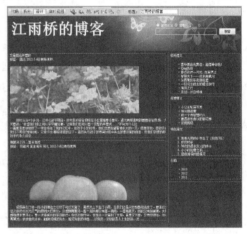

图 6-46

4. 设置文字样式

❶ 选择菜单【窗口】|【CSS 样式】，打开【CSS 样式】面板，单击【全部】选项卡下方的【新建 CSS 规则】按钮，打开【新建 CSS 规则】对话框，如图 6-47 所示。在【选择器类型】下拉框中选择【类（可应用于任何 HTML 元素）】选项，在【选择器名称】下拉框中输入".w1"，在【规则定义】下拉框中选择【（新建样式表文件）】选项。

❷ 单击【确定】按钮，打开【将样式表文件另存为】对话框，如图 6-48 所示。在【文件名】文本框中输入 mystyle，在【保存类型】下拉框中选择【样式表文件（*.css）】选项，单击【保存】按钮，将样式表文件存储在站点根目录中。

❸ 打开【.w1 的 CSS 规则定义】对话框，如图 6-49

图 6-47

所示。选择【分类】列表中的【类型】选项，在【Font-size】下拉框中输入"26"，在【Color】文本框中输入"#d77707"，在【Font-family】下拉框中选择【黑体】选项，在【Font-weight】下拉框中选择【bold】选项，单击【确定】按钮，完成.w1样式的设置。

| 图6-48 | 图6-49 |

❹ 采用同样的方式，打开【新建 CSS 规则】对话框，在【选择器类型】下拉框中选择【类（可应用于任何 HTML 元素）】选项，在【选择器名称】下拉框中输入".w2"，在【规则定义】下拉框中选择【mystyle.css】选项。

❺ 在【.w2 的 CSS 规则定义】对话框中选择【分类】列表中的【类型】选项，在【Font-size】下拉框中输入"20"，在【Color】文本框中输入"#FF9D11"，在【Font-weight】下拉框中选择【bold】选项，单击【确定】按钮，完成.w2样式的设置。

❻ 选中左侧嵌套表格中的标题文字，在文字【属性】面板中选择【HTML】选项卡，如图6-50所示，在【类】下拉框中选择【w1】选项，为该文字设置类样式。

图6-50

❼ 采用同样的方式，为右侧嵌套表格中的标题文字设置类样式w2，完成后的效果如图6-51所示。

5. 设置单元格样式

❶ 在【CSS 样式】面板的【全部】选项卡中单击【新建 CSS 规则】按钮 ，打开【新建 CSS 规则】对话框，在【选择器类型】下拉框中选择【类（可应用于任何 HTML 元素）】选项，在【选择器名称】下拉框中输入".t1"，在【规则定义】下拉框中选择【mystyle.css】选项。

❷ 单击【确定】按钮，打开【.t1 的 CSS 规则定义】对话框，选择【分类】列表中的【背景】选项，单击【Background-image】文本框右侧的【浏览…】按钮，打开【选择图像源文件】对话框，选择"课堂案例——江雨桥的博客>images>bg1.jpg"，在【Background-color】下拉框中输入"#0b0c06"，在【Background-repeat】下拉框中选择【no-repeat】选项，在【Background-position（X）】下拉框中选择【right】选项，在【Background-position（Y）】下拉框中选择【top】选项，如图6-52所示，单击【确定】按钮，完成.t1样式的设置。

❸ 分别选中左右两侧嵌套表格中的所有单元格，在单元格【属性】面板中选择【HTML】选项卡，在【类】下拉框中选择【t1】选项，为单元格设置类样式。

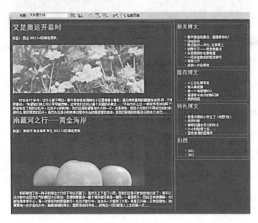

图 6-51

图 6-52

❹ 保存网页文档，按<F12>键预览效果。

6.3.2 表格的嵌套

在 Dreamweaver 中，表格的嵌套没有特别的限制，表格完全可以像文本和图像一样直接插入其他表格的单元格中，即表格的嵌套操作。嵌套的表格用于复杂页面布局时，一般会将表格边框线的宽度设置为 0，否则将会影响页面的美观。

将光标置于某个单元格内，选择菜单【插入】|【表格】，在【表格】对话框中设置新表格的属性，即可以在当前单元格内再插入一个表格，完成表格的嵌套操作。

1. 嵌套表格的大小

嵌套表格所在单元格的行高和列宽决定了嵌套表格的大小。在使用表格布局时，表格的宽度是固定的，表格中每一个单元格的宽度也是相对固定的，因此嵌套表格的宽度不会超过所在单元格的宽度，通常嵌套表格采用相对单位（如百分比）来设置其宽度。

2. 嵌套表格的位置

当嵌套表格的宽度或高度小于所在单元格的宽度或高度时，需要确定嵌套表格在单元格中的位置。把嵌套表格看成单元格中的一个元素，利用单元格【属性】面板中的【水平】和【垂直】选项来调整单元格的水平或垂直对齐方式，从而改变嵌套表格在单元格中的位置。例如，在【水平】下拉框中选择【居中对齐】选项，在【垂直】下拉框中选择【居中】选项，那么嵌套表格就位于所在单元格的中间位置。

6.3.3 单元格与表格背景

在 Dreamweaver 中，单元格【属性】面板中提供了单元格背景颜色的设置方法，设置表格的背景或设置单元格的背景图片，通常采用以下两种方法。

（1）通过添加 CSS 样式。建立 CSS 样式是修改表格和单元格样式的主要方法，不仅可以方便地更改背景样式，还可以修改有关背景的其他属性。

❶ 选择菜单【窗口】|【CSS 样式】，打开【CSS 样式】面板，单击【全部】选项卡中的【新建 CSS 规则】按钮 ，打开【新建 CSS 规则】对话框，如图 6-53 所示。在【选择器类型】下拉框中选择【类（可应用于任何 HTML

图 6-53

元素）】选项，在【选择器名称】下拉框中输入".t1"。

❷ 单击【确定】按钮，打开【.t1 的 CSS 规则定义】对话框，如图 6-54 所示。选择【分类】列表中的【背景】选项，进行背景相关属性的设置，如设置背景图像或背景颜色，单击【确定】按钮。

❸ 选中表格或单元格，如图 6-55 所示。在表格或单元格【属性】面板的【类】下拉框中选择【t1】选项，应用 CSS 样式，即可实现背景的更改。

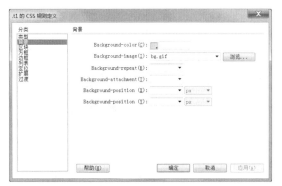

图 6-54

图 6-55

（2）直接修改代码。以设置表格背景图像为例，在【文档】窗口中单击【代码】按钮，切换到【代码】视图，找到要修改背景的<table>标签，在其尖括号">"前，如图 6-56 所示。添加参数 background="bg.gif"，即可设置表格的背景图片，效果如图 6-57 所示。若添加参数 bgcolor=颜色代码，即可设置表格的背景颜色。

图 6-56

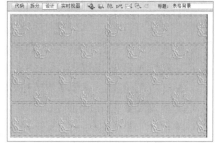

图 6-57

设置单元格背景的方法与设置表格背景的方法基本相同，找到要修改背景的<td>标签，在其尖括号">"前，添加参数 background=背景图片文件路径及名称，即可设置单元格的背景图片；添加参数 bgcolor=颜色代码，即可设置单元格的背景颜色。

6.3.4　细线表格

在很多网页制作中，设置表格内框线的细线效果可以强化表格的装饰性而使表格更加美观。但是，细线表格的设置方式不是简单地将表格边框宽度设置为 1px，因为此时表格边框的宽度和形状都不是细线效果。创建细线表格的方法是，当单元格之间的间距为 1px 时，分别对表格和单元格设置不同的背景颜色，内框线的细线效果即可显示出来。具体操作步骤如下。

❶ 在【插入】面板的【常用】选项卡中单击【表格】按钮▦，打开【表格】对话框，如图 6-58 所示。在【行数】文本框中输入"3"，在【列】文本框中输入"3"，在【表格宽度】文本框中输入"600"，在其右侧下拉框中选择【像素】选项，在【单元格间距】文本框中输入"1"，其他选项保持默认，单击【确定】按钮。

❷ 选中表格中的所有单元格，在单元格【属性】面板的【背景颜色】文本框中输入"#000"，

观察细线表格内框线的效果，如图 6-59 所示。

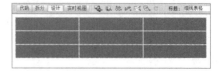

图 6-58　　　　　　　　　　　　　　　　　图 6-59

6.4　表格的数据功能

6-3　远景苑
小区

在实际制作网页的过程中，有时需要将在其他程序中创建的表格数据导入网页中，利用【导入表格式数据】命令可以很容易地实现这一操作。

6.4.1　课堂案例——远景苑小区

案例学习目标：学习使用表格表示数据。

案例知识要点：使用菜单【插入】|【表格对象】|【导入表格式数据】，在页面指定位置导入表格式数据。

素材所在位置：案例素材/ch06/课堂案例——远景苑小区。

案例效果如图 6-60 所示。

以素材"课堂案例——远景苑小区"为本地站点文件夹，创建名称为"远景苑小区"的站点。

1. 导入表格式数据

❶ 在【文件】面板中选中"远景苑小区"站点，双击打开文件 index.html，如图 6-61 所示。

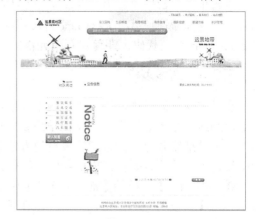

图 6-60　　　　　　　　　　　　　　　　　图 6-61

❷ 将光标置于网页中部的空白单元格中，如图 6-62 所示。选择菜单【插入】|【表格对象】|【导入表格式数据】，打开【导入表格式数据】对话框，如图 6-63 所示。

图 6-62

图 6-63

❸ 单击【数据文件】文本框右侧的【浏览…】按钮，打开【打开】对话框，如图 6-64 所示，选择本站点根文件夹下的"数据.txt"文件，单击【打开】按钮。

❹ 返回【导入表格式数据】对话框，如图 6-65 所示。在【定界符】下拉框中选择【逗点】选项，在【单元格边距】文本框中输入"0"，在【单元格间距】文本框中输入"1"，在【边框】文本框中输入"0"，单击【确定】按钮，完成后的效果如图 6-66 所示。

图 6-64

图 6-65

2. 格式化表格

❶ 选中数据表格中的所有单元格，在单元格【属性】面板的【高】文本框中输入"23px"。

❷ 分别选中数据表格中的第 1、2、3、4 列，在相应单元格【属性】面板的【宽】文本框中输入"40px""450px""80px""40px"。

❸ 选中数据表格的第 1 行的所有单元格，在单元格【属性】面板的【背景颜色】文本框中输入"#68A9BD"；隔行选中所有单元格，分别在单元格【属性】面板的【背景颜色】文本框中输入"#CCC"和"#999"，实现细线表格效果。

❹ 保存网页文档，按<F12>键预览效果。

图 6-66

6.4.2 导入 Word 或 Excel 数据

在网页制作过程中，有时需要将 Word 文档中的内容或 Excel 文档中的表格数据导入网页中进行发布，或将表格数据导出到 Word 文档或 Excel 文档中进行编辑，Dreamweaver 提供了可实现这种操作的功能。

1. 将 Word 文档中的数据导入网页表格中

选择菜单【文件】|【导入】|【Word 文档】，打开【导入 Word 文档】对话框，如图 6-67 所示，选择包含导入数据的 Word 文档，导入数据即可。

2. 将 Excel 文档中的数据导入网页表格中

选择菜单【文件】|【导入】|【Excel 文档】，打开【导入 Excel 文档】对话框，如图 6-68 所示，选择包含导入数据的 Excel 文档，导入数据即可。

图 6-67

图 6-68

6.4.3 排序

Dreamweaver 还具有为表格中的数据排序的功能，具体操作步骤如下。

❶ 打开网页文件"基本/ch06/排序.html"。

❷ 选中表格，如图 6-69 所示。选择菜单【命令】|【排序表格】，打开【排序表格】对话框，如图 6-70 所示。

❸ 在【排序按】下拉框中选择【列 3】选项，在【顺序】下拉框中选择【按字母排序】选项和【降序】选项，单击【确定】按钮，即可实现按年龄降序排列表格，效果如图 6-71 所示。

图 6-69

图 6-70

图 6-71

6.5 练习案例

6.5.1 练习案例——爱丽丝家具

案例练习目标：练习简单的网页排版。

案例操作要点如下。

（1）创建名称为 index.html 的新文档并存储于站点根文件夹中。

（2）设置页面属性：字体大小为 12px，颜色为白色，加粗，背景颜色为#897715。

（3）采用简单的表格进行布局。插入 6 行 2 列的布局表格，表格宽度为 900px，单元格间距为 5px，并根据案例布局图进行单元格合并。

（4）插入单元格的图像间用空格隔开。

（5）创建名称为 mystyle.css 的 CSS 样式文档，并将所有样式存储在该文档中。

（6）创建标题文字样式：名称为.w1，字体为黑体，字号为 16px，颜色为白色。创建部分正文文本样式：名称为.w2，字体为宋体，字号为 12px，颜色为#FF6，加粗。

素材所在位置：案例素材/ch06/练习案例——爱丽丝家具。案例布局效果如图 6-72 所示，案例效果如图 6-73 所示。

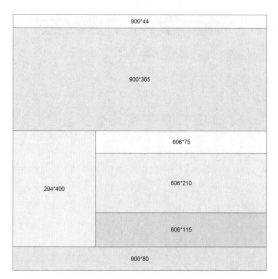

图 6-72

图 6-73

6.5.2 练习案例——逸购鲜花速递网

案例练习目标：练习复杂表格的布局。

案例操作要点如下。

（1）创建名称为 index.html 的新文档并存储于站点根文件夹中。

（2）采用多表格和嵌套表格进行网页布局。自上而下分别插入表格一（2 行 1 列）、表格二（1 行 2 列）、表格三（1 行 1 列），宽度均为 960px。

（3）在表格二的第 1 列中插入 3 行 3 列的嵌套表格，宽度均为 93%，居中对齐，并进行适当的单元格合并；在第 2 列中插入 3 行 1 列的嵌套表格，宽度均为 90%，居中对齐。

（4）创建名称为 mystyle.css 的 CSS 样式文档，并将所有样式存储在该文档中。

（5）建立表格二的背景样式：名称为.t，背景图片为 bg.gif，应用在整个表格二上。创建标题文字样式：名称为.w1，字体为黑体，字号为 24px，颜色为白色。创建正文文本样式：名称为.w2，字体为宋体，字号为 12px，颜色为白色。

素材所在位置：案例素材/ch06/练习案例——逸购鲜花速递网。案例布局效果如图 6-74 所示，案例效果如图 6-75 所示。

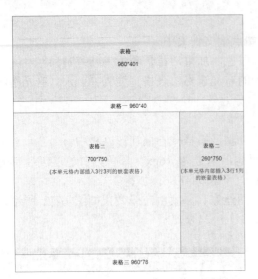

图 6-74

图 6-75

7 Chapter

第 7 章
CSS 样式

CSS 样式用于设置网页元素的格式或外观。CSS 样式独立于网页设计元素，实现了内容与表现形式的相互分离，成为网页设计技术的重要组成部分，代表了网页设计技术的发展趋势。

CSS 样式采用统一构造规则，由"对象""属性"和"属性值"组成。CSS 样式分为标签样式、ID 样式、类样式和复合样式 4 种类型。同时，CSS 样式通过在网站中创建样式表文件，实现对网站内所有网页元素的统一控制，极大地提高了网站的设计、制作和维护的效率。

【CSS 样式】面板中提供了 CSS 样式的一体化操作环境，其中选择器用于选择不同的样式，规则定义用于确定样式的应用范围。规则定义对话框用于定义样式的属性和属性值。

本章通过创建文本导航条和应用 CSS 过滤器，介绍 CSS 样式在网页制作中的应用方法。

 本章学习内容

1. CSS 样式概述
2. CSS 样式控制面板
3. CSS 样式的属性
4. CSS 过滤器

7.1　CSS 样式概述

CSS 称为层叠样式表，也称级联样式表。CSS 样式是描述网页元素格式的一组规则，用于设置和改变 HTML 网页的外观。

7.1.1　CSS 样式标准

CSS 样式是 W3C 组织定义的 HTML 网页外观描述的方法。CSS 样式将 HTML 网页中标签（或元素）的外观特性分离出来，形成独立于 HTML 的样式，克服了早期 HTML 中标签内容和外观混杂在一起，导致 HTML 的结构臃肿，网站制作和执行效率低下的缺点，体现了标签内容和外观相互分离的思想。

采用 CSS 样式不仅可以对一个网页的布局、字体、图像、背景及其他元素的外观进行精确控制，还可以对一个网站内的所有网页进行有效的统一控制。只要改变一个 CSS 样式表文件中的 CSS 样式就可以改变数百个网页的外观；CSS 样式与脚本技术相结合可以实现网站外观的动态变换；CSS 样式具有更强大的个性化表现能力，受到网站设计者和制作者的青睐。

7.1.2　CSS 样式构造规则

CSS 样式由 3 个要素：对象、属性和属性值构成。对象是 CSS 样式所作用和控制的网页元素，属性是 CSS 样式描述和设置对象性质的项目，属性值是属性的一个实例。

如果把网页上的文字作为对象，用 CSS 样式控制其外观，分别采用代码和文字描述 CSS 样式构造规则，可表达成如下形式：

Body
{
font-family: 宋体;
font-size: 15px;
color: red;
text-decoration: underline;
}
	页面文字
	{
	字体: 宋体;
	大小: 15 像素;
	颜色: 红色;
	装饰: 下画线
	}

其中，Body 就是对象，表示页面文字；大括号中的项目，如 font-family、font-size、color 和 text-decoration 等就是属性，分别表示对象的字体、大小、颜色和装饰；宋体、15px、red 和 underline 就是属性值，分别表示宋体字体、15 像素、红色和下画线。

7.1.3　CSS 样式种类

根据 CSS 样式所控制的网页元素不同，可以将 CSS 样式分为以下 4 种形式。

当所控制的网页元素是 HTML 中某一个特定标签时，为此标签设置的 CSS 样式称为标签样式，如 Body、th 等。在网站中，此类标签都具有此样式的外观。一个标签对应一个样式，这种关系可以比喻成为某一个人定制一款服装。

若把网页中或网站中的若干元素归为一类，作为一个整体来看待，为此类元素设置 CSS 样式称为类样式。使用类样式控制的一组元素具有相同外观。几个元素对应一个样式，这种关系可以比喻成为某几个人定制一款服装。

有时，一个标签或元素在网站中的不同网页中，或在一个网页中的不同位置上，若其外观效果不同，则需要先为该特定标签赋予唯一的 ID 号，然后为具有该 ID 号的标签设置样式，该样式称为 ID 样式，如<#apDiv1>。一种标签对应若干个 ID 标识，一个 ID 标识对应一个样式，这种关系可以比喻成为某一个人定制几款在不同场合穿的服装。

当设置若干个内容相同而名称不同的样式时，或者设置超链接样式时，可以使用复合样式，如#nav a:link，有些书里称为伪样式。

7.1.4　CSS 样式应用范围

应用 CSS 样式时涉及两个范围，一个是在一个网页中，另一个是在整个网站中。

当 CSS 样式只应用于一个网页时，常常将样式与网页存储在同一个网页文档中，该样式仅在一个网页中起作用，称为内部样式或内嵌样式。由于这种方法简单，因此在平时练习中经常使用。

若 CSS 样式存在于一个 CSS 样式文档中，独立于任何一个网页，为整个网站所有，则该样式在网站中所有的网页中都起作用，称为外部样式或外联样式。当任何一个网页需要此样式时，只需将该特定的网页与 CSS 样式文档链接即可。在实际应用中，一般采用外部样式，以保证整个网站外观风格和效果的一致性。

7.2　CSS 样式控制面板

【CSS 样式】控制面板中包含了创建 CSS 样式的各种功能。如选择器用于选择样式类型，规则定义用于确定样式的应用范围，规则定义对话框用于定义样式的属性和属性值。

7.2.1　CSS 样式选择器

选择菜单【窗口】|【CSS 样式】，打开【CSS 样式】面板，如图 7-1 所示。单击该面板中的【新建 CSS 规则】按钮，打开【新建 CSS 规则】对话框，如图 7-2 所示。

图 7-1

图 7-2

1．重建 HTML 标签样式

在【新建 CSS 规则】对话框中，选择【选择器类型】下拉框中的【标签（重新定义 HTML 元素）】选项，在【选择器名称】下拉框中选择某一个标签，如<body>，如图 7-3 所示，单击【确定】按钮，定义标签样式。

当重新定义某一个 HTML 标签样式后，网页中的该 HTML 标签样式都会自动更新，即修改了网页中该 HTML 标签的外观。

2．创建类样式

在【新建 CSS 规则】对话框中，选择【选择器类型】下拉框中的【类（可应用于任何 HTML 元素）】选项，在【选择器名称】下拉框中输入类样式名称，如.t1，如图 7-4 所示，单击【确定】按钮，定义类样式。

先创建一个类样式，再将该样式应用到网页中不同的元素上，为不同网页元素设置相同的样式。

图 7-3　　　　　　　　　　　　　　　　　　　图 7-4

⚙ 提示

类样式名称前必须有一个圆点，表示该样式为类样式。

3. 创建 ID 样式

在【新建 CSS 规则】对话框中，选择【选择器类型】下拉框中的【ID（仅应用于一个 HTML 元素）】选项，在【选择器名称】下拉框中输入 ID 样式名称，如#navi，如图 7-5 所示，单击【确定】按钮，定义 ID 样式。

如果为某一个网页元素设置了 ID 标识，就可以为该元素定义 ID 样式。一旦创建了 ID 样式，它就会自动应用到该元素上，该元素的外观会产生相应的变化。

⚙ 提示

ID 样式名称前必须有一个"#"号，表示该样式为 ID 样式。

4. 复合样式

在【新建 CSS 规则】对话框中，选择【选择器类型】下拉框中的【复合内容（基于选择的内容）】选项，在【选择器名称】下拉框中输入复合样式名称，如#navi a:link，如图 7-6 所示，单击【确定】按钮，定义复合样式。

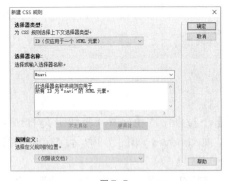

图 7-5　　　　　　　　　　　　　　　　　　　图 7-6

一般地，复合样式有两种使用方法。一是定义若干个内容相同而名字不同的类样式或 ID 样式，在【选择器名称】下拉框中，输入若干个样式名称并用逗号隔开。二是定义一个或若干个链接样式。

7.2.2　课堂案例——美好摄影

案例学习目标：学习使用各种 CSS 样式。

7-1　美好摄影

案例知识要点：在【CSS 样式】面板中，单击【新建 CSS 规则】按钮 ，打开【新建 CSS 规则】对话框，设置 ID 表格样式、类样式和复合样式，以及选定它们的存储位置；在【CSS 规则定义】对话框中完成属性的设置。

素材所在位置：案例素材/ch07/课堂案例——美好摄影。

案例效果如图 7-7 和图 7-8 所示。

图 7-7

图 7-8

以素材"课堂案例——美好摄影"为本地站点文件夹，创建名称为"美好摄影"的站点。

1. 设置文字类样式

❶ 在【文件】面板中选中"美好摄影"站点，双击打开文件 index1.html，如图 7-9 所示。

❷ 将光标置于左侧单元格中，输入文字"艺术风景摄影"，再将光标置于右侧单元格中，输入文字"静物摄影"，如图 7-10 所示。

图 7-9

图 7-10

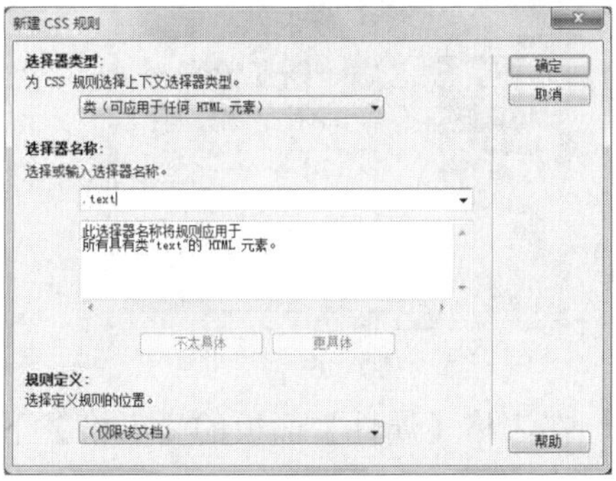

❸ 选择菜单【窗口】|【CSS 样式】，打开【CSS 样式】面板，单击【新建 CSS 规则】按钮 ，打开【新建 CSS 规则】对话框，如图 7-11 所示。在【选择器类型】下拉框中选择【类（可应用于任何 HTML 元素）】选项，在【选择器名称】下拉框中输入.text。

💠 提示

如果在【规则定义】下拉框中采用了默认设置"（仅限该文档）"，就表示该类样式为内部样式。

图 7-11

❹ 单击【确定】按钮，打开【.text 的 CSS 规则定义】对话框，如图 7-12 所示。选择【分类】

列表中的【类型】选项，在【Font-size】下拉框中输入"19"，在【Color】文本框中输入"#CCC"；在【分类】列表中选择【区块】选项，如图7-13所示，在【Text-indent】文本框中输入"12"，单击【确定】按钮，完成类样式的设置。

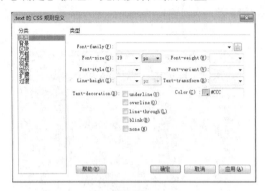
图 7-12

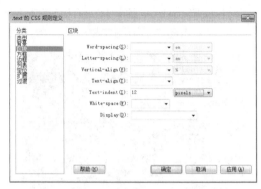
图 7-13

❺ 选中文字"艺术风景摄影"，选择【属性】面板中的【HTML】选项卡，在【类】下拉框中选择【.text】选项，如图7-14所示，为该文字设置类样式。同样，为文字"静物摄影"设置类样式.text。

图 7-14

2. 设置文字 ID 表格样式

❶ 将光标置于"艺术风景摄影"文字下方的单元格中，在单元格【属性】面板的【水平】下拉框中选择【居中对齐】选项，在【垂直】下拉框中选择【居中】选项，在【高】文本框中输入"86"，如图7-15所示。

❷ 在【插入】面板的【常用】选项卡中单击【表格】按钮圖，打开【表格】对话框，如图7-16所示，在【行数】文本框中输入"1"，在【列】文本框中输入"1"，在【表格宽度】文本框中输入"88"，在其右侧下拉框中选择"百分比"，其他选项保持默认。

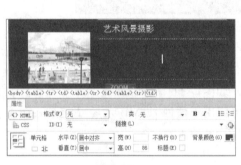
图 7-15

图 7-16

❸ 单击【确定】按钮，插入一个表格，如图7-17所示，在表格【属性】面板的【表格】下拉框中输入"text2"，作为该表格的 ID 标识。

❹ 将光标置于 text2 表格中，输入文字"'风景，既可以是和一个地域的历史与现状的对话，也可以是艺术家表达自我心理状态的载体。风景是不断被更新、改变的'感知'"，如图7-18所示。

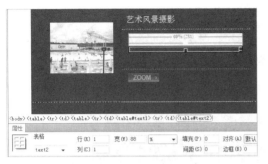

图 7-17   图 7-18

❺ 在【CSS 样式】面板的【全部】选项卡中单击【新建 CSS 规则】按钮，打开【新建 CSS 规则】对话框，如图 7-19 所示。在【选择器类型】下拉框中选择【ID（仅应用于一个 HTML 元素）】选项，在【选择器名称】下拉框中输入 "#text2"。

❻ 单击【确定】按钮，打开【#text2 的 CSS 规则定义】对话框，在【Font-size】下拉框中输入 "13"，在【Color】文本框中输入 "#CCC"，如图 7-20 所示。

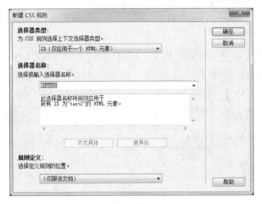

图 7-19   图 7-20

❼ 单击【确定】按钮，完成 ID 样式的设置，同时 text2 表格中的文本会自动更改外观，如图 7-21 所示。

3. 设置文字复合样式

❶ 将光标置于网页上部的导航条单元格中，在【插入】面板的【常用】选项卡中单击【表格】按钮，打开【表格】对话框，设置【行数】为 "1"，【列】为 "1"，【表格宽度】为 "100%"，其他选项保持默认，单击【确定】按钮，插入一个表格。在表格【属性】面板的【表格】下拉框中输入 navi 作为该表格的 ID 标识，如图 7-22 所示。

图 7-21   图 7-22

❷ 将光标置于 navi 表格中，输入文字 "首页 关于我们 服务 文件夹 联系我们"，在导航条中各项目之间添加适当的空格，如图 7-23 所示。

❸ 选中文字 "首页"，选择【属性】面板中的【HTML】选项卡，在【链接】下拉框中输入 "#"，如图 7-24 所示，为 "首页" 创建空链接。用同样的方法分别为 "关于我们""服务""文件夹""联系我们" 创建空链接，效果如图 7-25 所示。

图 7-23

图 7-24

图 7-25

❹ 在【CSS 样式】面板的【全部】选项卡中单击【新建 CSS 规则】按钮 ，打开【新建 CSS 规则】对话框，如图 7-26 所示。在【选择器类型】下拉框中选择【复合内容（基于选择的内容）】选项，在【选择器名称】下拉框中输入"#navi a:link"，单击【确定】按钮，打开【#navi a:link 的 CSS 规则定义】对话框，在【Color】文本框中输入"#FFF"，单击【确定】按钮，完成#navi a:link 复合样式的设置，效果如图 7-27 所示。

❺ 在【CSS 样式】面板的【全部】选项卡中单击【新建 CSS 规则】按钮 ，打开【新建 CSS 规则】对话框，如图 7-28 所示。设置复合样式，名称为#navi a:hover，单击【确定】按钮，打开【#navi a:hover 的 CSS 规则定义】对话框，在【Color】文本框中输入"#CCC"，单击【确定】按钮，完成#navi a:hover 复合样式的设置。

图 7-26

图 7-27

❻ 保存网页文档，按<F12>键预览效果。

4．CSS 样式的移动

❶ 在 index1.html 文档中，选择菜单【窗口】|【CSS 样式】，打开【CSS 样式】面板，如图 7-29 所示。

❷ 在【CSS 样式】面板的【全部】选项卡中，单击.text，在按住<Shift>键的同时，单击#navi a:hover，选中 4 个 CSS 样式，如图 7-30 所示。右击被选中的样式，弹出快捷菜单，如图 7-31 所示。

❸ 选择【移动 CSS 规则】选项，打开【移至外部样式表】对话框，如图 7-32 所示。选择【新样式表】单选按钮，单击【确定】按钮，打开【将样式表文件另存为】对话框，如图 7-33 所示，在【文件名】文本框中输入 photography。

❹ 单击【保存】按钮，创建样式表文件 photography.css，如图 7-34 所示。至此 4 个内部样式

均被移至该样式表文件中，成了外部样式。

图 7-28　　　　　　　　　　图 7-29　　　　　　　　图 7-30

图 7-31　　　　　　　　　　　　　　图 7-32

图 7-33　　　　　　　　　　　　　　图 7-34

5. CSS 样式的附加

❶ 在【文件】面板中双击文件 index2.html，如图 7-35 所示。

❷ 单击【CSS 样式】面板中的【附加样式表】按钮 ，打开【链接外部样式表】对话框，如图 7-36 所示。在【文件/URL】下拉框中输入 photography.css，单击【确定】按钮，将 photography.css 样式表文件链接到该网页。

❸ 分别选中文字"照相机"和"激光彩色打印机"，并选择【属性】面板的【HTML】选项卡，在【类】下拉框中选择【.text】选项，如图 7-37 所示。

❹ 选中"照相机"右侧的内嵌表格，如图 7-38 所示，并在表格【属性】面板的【表格】下拉框中输入"text2"，作为其 ID 标识，表格中的文字自动应用<#text2>样式。

图 7-35　　　　　　　　　　　　　　　　　图 7-36

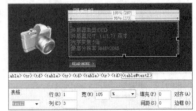

图 7-37　　　　　　　　　　　　　　　图 7-38

❺　选中导航条所在的内嵌表格，如图 7-39 所示，并在表格【属性】面板的【表格】下拉框中输入 navi，作为其 ID 标识，表格中的文字导航条自动应用<navi>样式。

图 7-39

❻　保存网页文档，按<F12>键预览效果。

7.2.3　CSS 样式的使用

1．定义内部样式

单击【CSS 样式】面板中的【新建 CSS 规则】按钮，打开【新建规则】对话框，如图 7-40 所示。在【规则定义】下拉框中选择【仅限该文档】选项，双击【确定】按钮，完成内部样式.text 的定义，如图 7-41 所示。

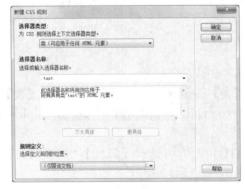

图 7-40　　　　　　　　　　　　　　图 7-41

仅限于一个网页文档使用的样式为内部样式。内部样式存储在<style>标签中，该标签位于网页的<head>和</head>标签中，因此内部样式只适用于一个网页。

2．移动 CSS 规则

移动 CSS 规则是指把内部样式移动到一个样式表文件中，将内部样式转换成为外部样式，具体操作步骤如下。

❶ 在【CSS 样式】面板的【全部】选项卡中，先选中<style>下方的若干个样式。

❷ 单击面板右上角的菜单按钮 ，打开面板菜单，如图 7-42 所示。

❸ 选择【移动 CSS 规则】选项，打开【移至外部样式表】对话框，如图 7-43 所示。

图 7-42

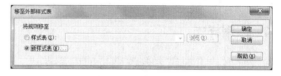

图 7-43

【移至外部样式表】对话框中各选项的含义如下。

【样式表】：将指定的 CSS 样式转移到一个已经存在的样式表文件中，可在【样式表】右侧的下拉框中选择已存在样式表文件。

【新样式表】：将指定的 CSS 样式转移到一个新建的样式表文件中。

选择【新样式表】单选按钮，单击【确定】按钮，打开【将样式表文件另存为】对话框，如图 7-44 所示。在【文件名】文本框中输入新建的 CSS 样式表文件名，如 test，单击【保存】按钮，则将内部样式存储到新的样式表文件中。

3．定义外部样式

将样式直接存储在 CSS 样式表文件中就生成了外部样式，外部样式可以应用于网站中的所有网页。

在【新建 CSS 规则】对话框的【规则定义】下拉框中选择【新建样式表文件】选项，如图 7-45 所示。单击【确定】按钮，打开【将样式表文件另存为】对话框，在【文件名】文本框中输入新建的 CSS 样式表文件名，单击【保存】按钮，则新建一个样式表文件。

图 7-44

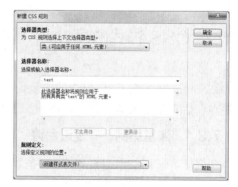

图 7-45

4．附加样式表

附加样式表用于将外部样式链接到网站中的某一个网页，具体操作步骤如下。

❶ 在站点中创建一个新网页。

❷ 单击【CSS 样式】面板中的【附加样式表】按钮 ，打开【链接外部样式表】对话框，如图 7-46 所示。

❸ 在【文件/URL】下拉框中选择一个样式表文件，如 test.css，单击【确定】按钮，将 test.css 样式表文件链接到新网页中。

【链接外部样式表】对话框中相关选项的含义如下。

【链接】：将外部 CSS 样式与网页关联，但不导入网页中，在网页中生成<link>标签，此链接方式为首选方式。

图 7-46

【导入】：将外部 CSS 样式信息导入网页中，在网页中生成<@import>标签。

当样式表文件链接成功后，就可以在新网页中使用样式表文件中的所有样式。

7.2.4 编辑样式

在网站设计时，有时需要修改网页的内部样式和网站的外部样式。如果修改内部样式，则会自动修改该网页中相关元素的格式或外观；如果修改外部样式，则会修改网站中所有网页中相关元素的格式或外观。

打开样式编辑对话框有以下 3 种方法。

（1）双击样式。

在【CSS 样式】面板的【全部】选项卡中双击要修改的样式，如.text，打开【.text 的 CSS 规则定义】对话框，如图 7-47 所示，设置和修改相关属性，单击【确定】按钮，完成修改工作。

图 7-47

（2）使用【编辑样式】按钮。

在【CSS 样式】面板的【全部】选项卡中，先选中要修改的样式，再单击【CSS 样式】面板中的【编辑样式】按钮 ✏ 即可。

（3）使用面板菜单。

在选中要修改的样式后，再单击面板右上角的菜单按钮 ▤，打开面板菜单，选择【编辑】选项即可。

7.3 CSS 样式的属性

CSS 样式属性是 CSS 样式的主要内容，它可以控制和改变网页元素的格式和外观，包括 9 类：类型、背景、区块、方框、边框、列表、定位、扩展和过渡。

7.3.1 课堂案例——走进台湾

案例学习目标：学习设置 CSS 样式的属性。

7-2 走进台湾

案例知识要点：在【CSS 规则定义】对话框中，灵活使用【类型】、【背景】、【区块】、【方框】和【边框】等样式中的 CSS 样式属性，完成网页元素的属性设置。

素材所在位置：案例素材/ch07/课堂案例——走进台湾。

案例效果如图 7-48 所示。

以素材"课堂案例——走进台湾"为本地站点文件夹，创建名称为"走进台湾"的站点。

1. 插入表格并输入文字

❶ 在【文件】面板中选中"走进台湾"站点，双击打开文件 index.html，如图 7-49 所示。

图 7-48

图 7-49

❷ 将光标置于左侧中部的单元格中，在【插入】面板的【布局】选项卡中单击【表格】按钮
田，打开【表格】对话框，如图 7-50 所示。在【行数】和【列】文本框中均输入"1"，在【表格
宽度】文本框中输入"100"，在其右侧的下拉框中选择【百分比】选项，其他选项保持默认。

❸ 单击【确定】按钮，插入一个表格，如图 7-51 所示。在【属性】面板的【表格】下拉框
中输入 navi，作为该表格的 ID 标识，如图 7-52 所示。在单元格中输入导航条文字"首页 地理 人
文 美食 节日 教育"，注意留空格。

图 7-50

图 7-51

图 7-52

❹ 选中文字"首页"，如图 7-53 所示。在【属性】面板中选择【HTML】选项卡，在【链接】
下拉框中输入"#"，如图 7-54 所示，为"首页"创建空链接。采用同样的方法，选中其他导航条
文字，并为它们创建空链接，如图 7-55 所示。

图 7-53

图 7-54

图 7-55

2. 设置 ID 表格的 a:link 和 a:visited 样式

❶ 单击【CSS 样式】面板中的【新建 CSS 规则】按钮，打开【新建 CSS 规则】对话框，如图 7-56
所示。在【选择器类型】下拉框中选择【复合内容（基于选择的内容）】选项，在【选择器名称】下拉框
中输入"#navi a:link,#navi a:visited"，在【规则定义】下拉框中选择【（新建样式表文件）】选项。

❷ 单击【确定】按钮，打开【将样式表文件另存为】对话框，如图 7-57 所示，在【文件名】
文本框中输入 taiwan，作为样式表文件名。

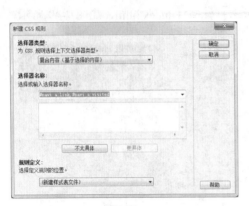

图 7-56　　　　　　　　　　　　　　　图 7-57

提示

如果在【规则定义】下拉框中选择了【(新建样式表文件)】选项，就表示该样式为外部样式。同时会把文字链接样式和访问过样式设置为同一种样式。

❸　单击【保存】按钮，打开【#navi a:link,#navi a:visited 的 CSS 规则定义（在 taiwan.css 中）】对话框，如图 7-58 所示。在【分类】列表中选择【类型】选项，在【Font-size】下拉框中输入 "14"，在【Color】文本框中输入 "#930"；在【分类】列表中选择【背景】选项，在【Background- image】下拉框中输入 "image/bg2.jpg"，如图 7-59 所示。

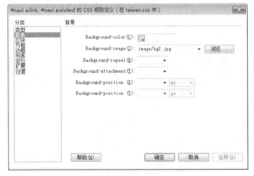

图 7-58　　　　　　　　　　　　　　　图 7-59

❹　选择【分类】列表中的【区块】选项，在【Text-align】下拉框中选择【center】选项，在【Display】下拉框中选择【block】选项，如图 7-60 所示；选择【分类】列表中的【方框】选项，勾选【Padding】下方的【全部相同】复选框，并在【Top】下拉框中输入 "2"，如图 7-61 所示。

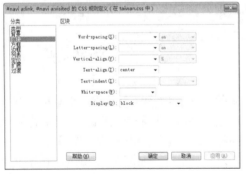

图 7-60　　　　　　　　　　　　　　　图 7-61

❺ 选择【分类】列表中的【边框】选项，勾选【Style】下方的【全部相同】复选框，在【Style】下拉框中选择【solid】选项，勾选【Width】下方的【全部相同】选项，并在【Width】下拉框中输入"2"，勾选【Color】下方的【全部相同】复选框，在【Color】文本框中输入"#FFF"，如图 7-62 所示。

❻ 单击【确定】按钮，完成链接样式的设置，效果如图 7-63 所示。

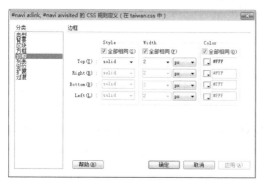

图 7-62　　　　　　　　　　　　　　　　　图 7-63

3. 设置 ID 表格的 a:hover 样式

❶ 单击【CSS 样式】面板中的【新建 CSS 规则】按钮，打开【新建 CSS 规则】对话框，如图 7-64 所示。在【选择器类型】下拉框中选择【复合内容（基于选择的内容）】选项，在【选择器名称】下拉框中输入"#navi a:hover"，在【规则定义】下拉框中选择已经存在的样式表文件 taiwan.css。

❷ 单击【确定】按钮，打开【#navi a:hover 的 CSS 规则定义（在 taiwan.css 中）】对话框，如图 7-65 所示。选择【分类】列表中的【背景】选项，在【Background-image】下拉框中输入"image/bg3.jpg"。

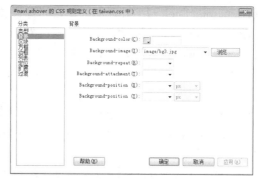

图 7-64　　　　　　　　　　　　　　　　　图 7-65

❸ 选择【分类】列表中的【边框】选项，取消勾选【Color】下方的【全部相同】复选框，在【Right】和【Bottom】的【Color】文本框中输入"#930"，如图 7-66 所示，单击【确定】按钮。

❹ 保存网页文档，按<F12>键预览效果。

7.3.2　类型

【类型】分类用于定义文本属性，如字体、字号、字体颜色等，【类型】分类面板如图 7-67 所示，各选项的含义如下。

图 7-66

【Font-family】：设置文本字体。在其右侧的下拉框中，可以选择已有的中、英文字体，还可以通过"编辑字体列表"功能添加其他字体。

【Font-size】：定义字体的大小。在其右侧的下拉框中，可以选择数值和度量单位，也可以输入具体数值，一般以 px 为单位。

【Font-style】：设置字体的风格，可以选择 normal（正常）、italic（斜体）或 oblique（偏斜体），默认设置为 normal。

【Line-height】：设置文本所在的行高。在其右侧的下拉框中，可以输入具体数值或选择 normal（正常）。normal 选项表示自动计算字体大小以适应行高。

图 7-67

【Text-decoration】：控制文本和链接文本的显示形态。可以选择 underline（下画线）、overline（上画线）、line-through（删除线）、blink（闪烁）或 none（无）。链接文本的默认设置为 underline（下画线）。

【Font-weight】：设置字体的粗细效果。可以选择 normal（正常）、bold（粗体）、bolder（特粗体）、lighter（细体）或具体数值。通常 normal 等于 400px 效果。

【Color】：设置文本颜色。

7.3.3　背景

【背景】分类用于为网页元素，如文本、表格或透明图像等添加背景图像或背景颜色，【背景】分类面板如图 7-68 所示，各选项的含义如下。

【Background-color】：设置网页元素的背景颜色。

【Background-image】：设置网页元素的背景图像。

【Background-repeat】：设置背景图像的平铺方式，包括 4 个选项，no-repeat（不重复）表示从起始点按原图大小显示图像，repeat（重复）表示从起始点沿水平和垂直方向平铺图像，repeat-X（水平方向重复）表示沿水平方向平铺图像，repeat-Y（垂直方向重复）表示沿垂直方向平铺图像。

图 7-68

【Background-attachment】：控制网页元素和背景图像之间的相对关系，包括两个选项，fixed（固定）表示背景图像固定在原始位置上，scroll（滚动）表示背景图像随元素一起滚动。

【Background-position(X)】：设置背景图像相对于网页元素的水平位置，可以选择 left（左对齐）、center（居中）、right（右对齐）或输入具体数值。

【Background-position(Y)】：设置背景图像相对于网页元素的垂直位置，可以选择 top（顶对齐）、center（居中）、bottom（底部对齐）或输入具体数值。

7.3.4　区块

【区块】分类用于控制网页中块元素的间距、对齐方式和文字缩进等，块元素可以是文本段落、图像和AP Div 等，【区块】分类面板如图 7-69 所示，各选项的含义如下。

【Word-spacing】：设置文字之间的距离，可选择

图 7-69

normal（正常）或输入具体数值。

【Letter-spacing】：设置字符之间的距离，可选择 normal（正常）或输入具体数值。

【Vertical-align】：控制文字或图像相对其上级元素的垂直位置，包括 baseline（基线）、sub（下标）、super（上标）、top（顶部）、text-top（文本顶部）、middle（中部）、bottom（底部）、text-bottom（文本底部）等多种对齐方式，还可以输入具体数值。

【Text-align】：设置块文本的对齐方式，可选择 left（左对齐）、center（居中对齐）、right（右对齐）和 justify（两端对齐）。

【Text-indent】：设置块文本的缩进，在文本框中输入具体数值，在右侧的下拉框中选择度量单位。

【Display】：控制若干个网页元素的显示方式，包括多个选项，其中 none（无）表示取消选项，inline（在行内）表示各个元素处于一行内，block（块）表示各个元素形成区块且不在一行内。

7.3.5　方框和边框

【方框】分类用于控制网页中块元素的内容、内边距和外边距的大小等，【边框】分类用于控制块元素的边框特性，如线型、颜色和大小。方框和边框属性都涉及盒子模型，如图 7-70 所示。

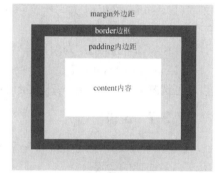

盒子模型包括 4 个部分：content（内容）、padding（内边距）、border（边框）和 margin（外边距）。每部分分为 4 个方向：left（左）、right（右）、top（上）和 bottom（底）。

【方框】分类面板如图 7-71 所示，各选项的含义如下。

【Width】和【Height】：设置网页元素的宽度和高度。

【Float】：设置网页元素的浮动效果，left（左）表示元素向左侧浮动，right（右）表示元素向右侧浮动，none（无）表示取消浮动。该属性在 CSS 样式布局中经常使用。

图 7-70

【Clear】：清除所设置的浮动效果，left（左）表示清除左侧浮动，right（右）表示清除右侧浮动，both（两者）表示清除左右两侧浮动，none（无）表示取消清除。该属性经常与【Float】配合使用。

【Padding】：控制网页元素内容与边框的距离，包括 top（顶部）、bottom（底部）、right（右侧）和 left（左侧）4 个选项。取消勾选【全部相同】复选框，则可单独设置元素内容与边框 4 条边的距离，否则 4 个内边距相同。

【Margin】：控制网页元素边框外侧的距离，包括 top（顶部）、bottom（底部）、right（右侧）和 left（左侧）4 个选项。取消勾选【全部相同】复选框，则可单独设置边框外侧的距离，否则 4 个外边距相同。

【边框】分类面板如图 7-72 所示，各选项的含义如下。

图 7-71

图 7-72

【Style】：设置边框线的线型，包括 9 个选项，分别为 none（无）、dotted（虚线）、dashed（点划线）、solid（实线）、double（双线）、groove（槽状）、ridge（脊状）、inset（凹陷）和 outset（凸起）。若取消勾选【全部相同】复选框，则可单独设置边框线型，否则各边框线型相同。

【Width】：设置边框线的宽度，包括 thin（细）、medium（中）、thick（粗）以及输入具体数值。若取消勾选【全部相同】复选框，则可单独设置边框线宽，否则边框线宽相同。

【Color】：设置边框线的颜色。若取消勾选【全部相同】复选框，则可单独设置边框颜色，否则边框颜色相同。

7.3.6　列表

【列表】分类用于设置项目符号及编码列表，【列表】分类面板如图 7-73 所示，各选项的含义如下。

【List-style-type】：设置项目符号或编号，包括 disc（实心圆）、circle（空心圆）、square（实心方块）、decimal（阿拉伯数字）、lower-roman（小写罗马数字）、super-roman（大写罗马数字）、lower-alpha（小写英文字母）、super-alpha（大写英文字母）和 none（无）9 个选项。

【List-style-image】：为项目符号指定自定义图像。

【List-style-Position】：用于描述项目符号的位置，可选择 inside（内侧）和 outside（外侧）。

图 7-73

7.3.7　定位

【定位】分类用于网页块状元素（如 AP Div 或<div>标签）的控制，【定位】分类面板如图 7-74 所示，各选项的含义如下。

【Position】：确定块状元素的定位类型，包括 absolute（绝对）、fixed（固定）、relative（相对）和 static（静态）4 个选项。

absolute 表示以网页中上级框的左上角点为坐标原点，通过给定的坐标值确定其在上级框中的位置。fixed 表示以窗口左上角点为坐标原点，确定位置，但当页面滚动时，其位置保持不变。relative 和 static 是另外一种定位方式，常用于 Div+CSS 布局。

【Width】和【Height】：设置块状元素的高度和宽度。

图 7-74

【Visibility】：确定元素的可见性，可选择 inherit（继承）、visible（可见）和 hidden（隐藏）。

【Z-Index】：用于确定 AP Div 的叠放顺序。

【Overflow】：用于处理 AP Div 的内容超出 AP Div 自身尺寸时的显示状态，包括 visible（可见）、hidden（隐藏）、scroll（滚动）和 auto（自动）4 个选项。

【Placement】：用于给定 AP Div 的坐标。

7.3.8　扩展

【扩展】分类主要用于控制鼠标指针的形状和打印分页，以及为网页元素添加滤镜效果。【扩展】分类面板如图 7-75 所示，各选项的含义如下。

图 7-75

【分页】：在打印期间为打印页面设置强行分页。

【Cursor】：设置网页元素显示不同的鼠标指针形状。

【Filter】：为网页元素应用指定的滤镜效果，常用元素包括图像、表格和 AP Div 等。

7.3.9　过渡

【过渡】用于为网页元素添加过渡的样式效果。【过渡】分类面板如图 7-76 所示，各选项的含义如下。

【所有可动画属性】：使用所有的动画过渡属性设置样式。

【属性】：可根据需要添加或删除相关属性。

【持续时间】：过渡效果的持续时间，单位为秒或毫秒。

【延迟】：过渡效果的延迟时间，单位为秒或毫秒。

【计时功能】：过渡效果计时的各种方式。

图 7-76

7.4　CSS 过滤器

CSS 过滤器也称 CSS 滤镜，分为静态过滤器和动态过滤器两种。

7-3　养生美容

7.4.1　课堂案例——养生美容

案例学习目标：学习使用 CSS 过滤器。

案例知识要点：在【CSS 样式】面板中，打开【CSS 规则定义】对话框，使用【分类】列表中的【扩展】选项完成 CSS 过滤器的设置。

素材所在位置：案例素材/ch07/课堂案例——养生美容。

案例效果如图 7-77 所示。

以素材"课堂案例——养生美容"为本地站点文件夹，创建名称为"养生美容"的站点。

1. 插入图形

❶ 在【文件】面板中选中"养生美容"站点，双击打开文件 index.html，如图 7-78 所示。

❷ 将光标置于左侧中部的单元格中，在【插入】面板的【常用】选项卡中单击【图像】按钮，打开【选择图像源文件】对话框，如图 7-79 所示。选择"课堂案例——养生美容>images>flower.jpg"，单击【确定】按钮，完成图像的输入，如图 7-80 所示。

图 7-77

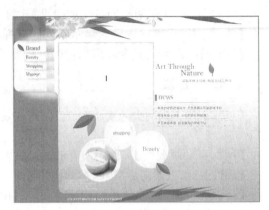

图 7-78

图 7-79

图 7-80

2. 添加 CSS 滤镜

❶ 在【CSS 样式】面板中单击【新建 CSS 规则】按钮，打开【新建 CSS 规则】对话框，如图 7-81 所示，在【选择器名称】下拉框中输入类名称为.img。

❷ 单击【确定】按钮，打开【.img 的 CSS 规则定义】对话框，如图 7-82 所示。选择【分类】列表中的【扩展】选项，在【Filter】下拉框中选择【Alpha】选项，并设置参数：Opacity=100、FinishOpacity=0、Style=2、StartX=0、StartY=0、FinishX=300、FinishY=200，单击【确定】按钮，完成.img 样式的设置。

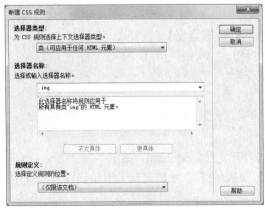

图 7-81

图 7-82

❸ 选中网页中插入的图像，出现图像【属性】面板，如图 7-83 所示，在【类】下拉框中选择【img】选项，为图像添加 img 样式。

图 7-83

❹ 保存网页文档，按<F12>键预览效果。

7.4.2　CSS 静态过滤器

静态过滤器用于为网页对象添加各种静态的过滤效果。

1.　Alpha 滤镜

该滤镜可使被控制的对象呈现渐变的半透明效果。

滤镜形式：Alpha(Opacity=?,FinishOpacity=?,Style=?,StartX=?, StartY=?, FinishX=?, FinishY=?)。

参数含义如下。

Opacity 表示对象的不透明度，值为 0～100，0 表示完全透明，100 表示完全不透明。

FinishOpacity 与 Opacity 一起使用，制作出透明渐变的效果，该参数指定结束位置的不透明度，其值为 0～100。

Style 指定渐变形状。0 表示无渐变，1 表示直线渐变，2 表示圆形渐变，3 表示矩形渐变。

（StartX，StartY）和（FinishX，FinishY）分别是渐变开始和结束处的坐标。

2.　DropShadow 滤镜

该滤镜可使被控制的对象呈现下落式阴影。

滤镜形式：DropShadow(color=?,offX=?,offY=?,positive=?)。

参数含义如下。

color 设置阴影颜色。

offX 和 offY 设置阴影相对被控制对象的偏移距离。

positive 设置阴影的透明度。

3.　shadow 滤镜

该滤镜可使被控制的对象呈现渐变阴影。

滤镜形式：shadow(color=?,direction=?)。

参数含义如下。

color 设置渐变阴影的颜色。

direction 设置渐变阴影的方向。

4.　blur 滤镜

该滤镜可使被控制的对象呈现快速移动的模糊效果。

5.　wave 滤镜

该滤镜可使被控制的对象产生波浪变形效果。

6.　glow 滤镜

该滤镜可使图像边缘产生光晕效果。

7.　gray 滤镜

该滤镜可使彩色图片产生灰色调效果。

8.　invert 滤镜

该滤镜可使颜色的饱和度和亮度值完全反转，产生类似照片底片的效果。

9. light 滤镜

该滤镜可模拟光源的投射效果。

10. mask 滤镜

该滤镜可为图片添加遮罩颜色。

11. flipH 和 flipV 滤镜

该滤镜可使被控制的对象分别产生水平和垂直翻转的效果。

12. Xray 滤镜

该滤镜可使图片产生类似 X 光片的效果。

13. Chroma 滤镜

该滤镜可将图片中的某种颜色变成透明色。

7.4.3 CSS 动态过滤器

动态过滤器也称转换过滤器，用于为网页切换提供各种动态效果。

1. BlendTrans 过滤器

该过滤器也称混合转换过滤器，用于为网页提供淡入淡出的效果。

2. RevealTrans 过滤器

该过滤器为网页提供了 24 种网页过渡的效果，基本囊括了各种常见的转换形式。

滤镜形式：revealTrans(duration=时间数值，transition=过渡类型)。

参数含义如下。

duration 表示执行滤镜所需要的时间，单位为秒。

transition 表示网页过渡类型，过渡类型的取值范围为 0～23。

7.5 练习案例

7.5.1 练习案例——航空旅游

案例练习目标：练习使用各种 CSS 样式。

案例操作要点如下。

（1）打开文档 index1.html，在导航条单元格中插入表格：行数、列数均为 1，宽度为 100%，ID 标识为 navi，并输入导航条文字"网站首页 旅游计划 服务中心 联系我们"（注意留空格）。

（2）设置导航条复合样式#navi a:link,#navi a:visited 的属性，字体大小为 12px，颜色为#666；设置#navi a:hover 属性，颜色为#999。

（3）直接输入标题文字"》推荐旅游景点"，设置类样式.title 的属性，字体为仿宋体，大小为 19px，颜色为#597FB4，文本缩进为 40px，字体粗细为 bolder。

（4）插入内容表格：行数为 4，列数为 1，宽度为 100%，ID 标识为 content，插入两段文字。

（5）设置 ID 表格样式#content 的属性，大小为 12px，颜色为#666。

（6）将文档 index1.html 的内部样式移动到样式表文件 travel 中，再将外部样式附加到文档 index2.html 中，并完成样式的应用。

素材所在位置：案例素材/ch07/练习案例——航空旅游。效果如图 7-84 所示。

图 7-84

7.5.2 练习案例——狗狗俱乐部

案例练习目标：练习设置 CSS 文字导航条。

案例操作要点如下。

（1）创建样式表文件 dogclub 并将所有 CSS 样式存放其中。

（2）在导航条单元格中插入表格：行数、列数均为 1，宽度为 100%，ID 标识为 navi。输入导航条文字"俱乐部介绍 会员注册 服务内容 图片展示 联系我们"（注意留空格）。

（3）设置#navi a:link,#navi a:visited 的属性：字体为黑体，大小为 16px，颜色为#FFF，没有下画线，文本对齐为 center，内边距上下为 7px，左右为 25px，右边框线型为 solid,宽度为 1px，颜色为#FFF。

（4）设置#navi a:hover 的属性，背景颜色为#900。

（5）导航条制作完成后，删除导航条文字之间的空格。

素材所在位置：案例素材/ch07/练习案例——狗狗俱乐部。效果如图 7-85 所示。

图 7-85

7.5.3 练习案例——鲜花店

案例练习目标：练习使用 CSS 过滤器。

案例操作要点如下。

（1）定义类样式.img1，选择 shadow 滤镜，设置参数：color=#b1b1b1,direction=135。将结果保存到 index1.html 中。

（2）定义类样式.img2，选择 DropShadow 滤镜，设置参数：color=#b1b1b1,offX=5,offY=5,positive=50。将结果保存到 index2.html 中。

素材所在位置：案例素材/ch07/练习案例——鲜花店。效果如图 7-86 所示。

图 7-86

第 8 章
CSS+Div 布局

与表格布局方法相比，CSS+Div 布局方法具有结构简洁、定位灵活、代码效率高等优点，因此该技术在网站设计制作中得到了越来越多的应用，同时也成了网站制作者的必会技术。

CSS+Div 布局以盒子模型为基础，定义和规定了网页元素矩形区域的各种 CSS 属性。<div>作为块状容器类标签，可以作为独立的块状元素为 CSS 样式所控制，还可以容纳段落、表格、图片，甚至大段的文本等各种 HTML 元素，是实现布局的基础元素。

CSS+Div 布局技术涉及 CSS 样式的两个重要属性：position 和 float。position 定位属性决定了<div>标签的前后排列顺序，float 属性决定了<div>标签的浮动方式，两者控制<div>标签在网页中的排列与定位。

"上中下"布局和"左中右"布局是两种基本布局形式，体现了 CSS+Div 布局技术的精髓。通过对这两种布局方法的剖析和学习，读者应达到对 CSS+Div 布局技术的灵活运用。

本章学习内容

1. 盒子模型
2. 布局方法
3. "上中下"布局
4. "左中右"布局

8.1　盒子模型

盒子模型是 CSS 样式布局的重要概念。只有掌握了盒子模型及其使用方法，才能够控制网页中的各种元素。

网页中的元素都占据一定空间，除了元素内容之外还包括元素周围的空间，一般把元素和它周围空间所形成的矩形区域称为盒子（Box）。从布局角度看，网页是由很多个盒子组成的，根据需要将诸多盒子在网页中进行排列和分布，就形成了网页布局。

8.1.1　盒子结构

盒子模型通过定义模型结构，描述网页元素的显示方式和元素之间的相互关系，确定网页元素在网页布局中的空间和位置。模型结构由 4 个部分组成：content（内容）、padding（内边距或填充）、border（边框）和 margin（外边距），如图 8-1 所示。

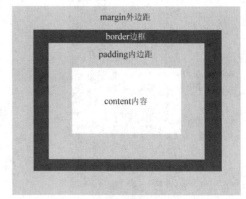

在盒子结构中，元素内容被包含在边框中，边框也是具有一定宽度的区域，内容与边框之间的区域称为内边距或内填充，边框向外伸展的区域称为外边距。因此一个盒子模型实际占有的空间，可以通过其总宽度和总高度来描述。

盒子的总宽度=左外边距+左边框+左内边距+内容宽度+右内边距+右边框+右外边距。

盒子的总高度=上外边距+上边框+上内边距+内容高度+下内边距+下边框+下外边距。

图 8-1

8.1.2　盒子属性

在 CSS 样式中，为方便对网页元素区域的控制，将盒子模型的内边距、边框和外边距按 top、bottom、left、right 4 个方向，分别进行定义和设置，如图 8-2 所示。

网页元素大小是基本属性，确定了元素内容的矩形区域，由 width 属性和 height 属性决定，其单位可以是绝对单位，如像素（px），也可以是相对单位，如百分比（%）等。

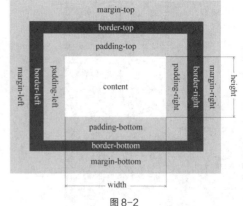

内边距是基于元素内容宽度和高度的一个属性，可以使元素大小在宽度和高度的基础上向外扩展，或使元素内容与边框之间留有空白。内边距包括 padding-top、padding-bottom、padding-left 和 padding-right 4 个属性，分别控制 4 个方向的内边距。

边框是内边距和外边距的分隔区域，一般也认为它分隔了不同元素区域，边框有 3 个属性：border-width 描述边框的宽度，border-color 描述边框的颜色，border-style 描述了边框的形式。

图 8-2

外边距属性的定义与内边距基本相同，包括 margin-top、margin-bottom、margin-left 和 margin-right 4 个属性，分别控制 4 个方向的外边距。

例如，在网页中创建一个 apDiv，其 ID 标识为 apDiv1，并在其中插入一张图像，宽度为 300px，高度为 181px，如图 8-3 所示。设置 border 属性宽度为 30px，线型为 solid，颜色为#333；设置 padding

属性上下内边距均为 15px，左右内边距均为 18px。系统生成的 CSS 样式代码如下：

```
#apDiv1 {
    position:absolute;
    left:638px;
    top:76px;
    width:300px;
    height:181px;
```

```
    padding-top: 15px;
    padding-right: 18px;
    padding-bottom: 15px;
    padding-left: 18px;
    border: 30px solid #333;
}
```

这个 apDiv 的宽度为 300px+2×18px +2×30px=396px，高度为 181px+2×15px+2×30px=271px。

图 8-3

8.2 布局方法

在 CSS+Div 布局中，<div>标签是盒子模型的主要载体，具有分割网页的功能。CSS 样式中的 position 属性和 float 属性用于决定这些<div>标签的相互关系和排列位置。

8.2.1 <div>标签

<div>是一个块状容器类标签，即在<div>和</div>标签之间可以容纳各种 HTML 元素，同时构成一个独立的矩形区域。

在网页中插入若干个<div>标签，可以将网页分割成若干个区域。有时，还需要在某一个<div>标签中插入另一个<div>标签，进一步分割该区域。<div>标签的自身属性以及它们之间的相互关系由 CSS 样式控制。

例如，在网页中插入 ID 标识为 box1 和 box3 的<div>标签，然后，在 box1 标签中插入 ID 标识为 box2 的<div>标签，效果如图 8-4 所示。

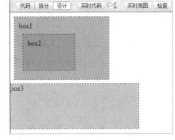

图 8-4

网页代码如下：

```
<html
xmlns="http://www.w3.org/1999/ xhtml">
    <head>
    <meta http-equiv="Content-Type"
content= "text/html; charset=utf-8" />
    <title>使用 div</title>
    <style type="text/css">
#box1 {
    height: 80px;
    width: 200px;
    background-color: #C93;
    margin: 10px;
    padding: 10px;
```

```
}
#box2 {
    height: 60px;
    width: 100px;
    background-color: #F63;
    margin: 10px;
    padding: 10px;
}
#box3 {
    height: 100px;
    width: 300px;
    background-color: #6CF;
}
```

```
</style>
</head>
<body>
<div id="box1">box1
<div id="box2">box2</div>
```

```
</div>
<div id="box3">box3</div>
</body>
</html>
```

代码分为两部分：CSS 样式代码包含在<style>和</style>标签之间，位于<head>和</head>标签之间；<div>标签包含在<body>和</body>标签之间。

从<div>标签代码中可以看出，box1 和 box3 的<div>标签没有相互包含，它们之间具有并列关系；而 box2 的<div>标签内嵌在 box1 的<div>标签中，它们之间具有嵌套关系。在 box1 的<div>标签中还包含文本"box1"，它与 box2 的<div>标签具有并列关系。因此，无论在页面中使用多少个标签，<div>标签之间仅存在并列关系和嵌套关系。

从 CSS 样式代码中可以看出，box1 的<div>标签的外边距，使 box1 与窗口和 box3 之间相隔 10px，其内边距使文本"box1"与边框之间相隔 10px；box2 的<div>标签的外边距，使 box2 与文本"box1"之间相隔 10px。

8.2.2　position 属性

在 CSS 样式中，position（定位）属性定义元素区域的相对位置，可以相对于其上级元素，或相对于另一个元素，或相对于浏览器窗口，position 属性包括了 static、relative、absolute 和 fixed 4 个属性值，它们决定了元素区域的布局方式。

static（静态定位）为默认值，网页元素遵循 HTML 的标准定位规则，即各种网页元素按照"前后相继"的顺序进行排列和分布。

relative 用于设置相对定位，网页元素也遵循 HTML 的标准定位规则，但需要为网页元素相对于原始的标准位置设置一定的偏移距离。在这种定位方式下，网页元素定位仍然遵循标准定位规则，只是会产生偏移量而已。

CSS+Div 的布局方式采用了标准定位规则的布局方式，这也是系统的默认方式。

absolute 用于设置绝对定位，网页元素不再遵循 HTML 的标准定位规则，脱离了"前后相继"的定位关系，以该元素的上级元素为基准设置偏移量进行定位。在此定位方式下，网页元素的位置相互独立，没有影响，因此元素间可以重叠，可以随意移动。

apDiv 也称 AP 元素，采用了绝对定位方式。在网页中绘制一个 ID 标识为 apDiv1 的 apDiv，在 apDiv 的 ID 样式中，position 属性值自动设置为 absolute。

代码如下：

```
#apDiv1
    {
    position:absolute;
    left:157px;
    top:47px;
```

```
    width:202px;
    height:137px;
    z-index:1;
    }
```

fixed 用于设置固定定位，它与绝对定位类似，也脱离了"前后相继"的定位规则，但元素的定位以浏览器窗口为基准进行。当拖曳浏览器窗口中的滚动条时，该元素始终保持位置不变。

总之，网页元素的布局有两种基本方式，由 position 属性决定。一种是遵循标准规则方式，网页元素以"前后相继"的顺序排列布局，static 和 relative 都支持此类方式，类似于多个船只在一个狭窄的水道中鱼贯而行；另一种是元素脱离了"前后相继"的定位规则，以其上级元素或文档窗口为基准进行定位，absolute 和 fixed 都支持此类方式，类似于各种船只在一个广阔的湖面中航行。

8.2.3　浮动方式

1. float 属性和 clear 属性

float 属性定义元素浮动方向，应用于图像时可以使文本环绕在图像的周围。在标准定位规则中，它使网页元素进行左右浮动，可以产生多个网页元素并行排列的效果。可以理解为在一个狭长的水道中，两个及以上的船只并列通行，但仍然保持鱼贯而行的顺序。

　　float 属性包含 3 个属性值：left 控制网页元素向左浮动，right 控制网页元素向右浮动，none 表示不浮动。clear 属性与 float 属性配合使用时可以清除各种浮动设置。clear 属性包括 3 个属性值：left 清除向左浮动，right 清除向右浮动，none 表示不清除浮动。

2. 浮动关系

　　在页面中，插入 ID 标识为 box1、box2 和 box3 的<div>标签，并设置其 CSS 样式，在没有设置 float 属性和 clear 属性时，CSS 样式代码如下：

```
#box1 {
    height: 100px;
    width: 150px;
    background-color: #F90;
}
#box2 {
    height: 100px;
    width: 200px;
    background-color: #C30;
}
#box3 {
    height: 100px;
    width: 250px;
    background-color: #3FF;}
```

　　相应的布局效果如图 8-5 所示。<div>标签在网页中独占一行，并呈现"前后相继"的排列效果。

　　在 CSS 样式中，既设置 float 属性的左侧浮动，又设置其右侧浮动，代码如下：

```
#box1 {
    height: 100px;
    width: 150px;
    background-color: #F90;
    float: left;
}
#box2 {
    height: 100px;
    width: 200px;
    background-color: #C30;
    float: left;
}
#box3 {
    height: 100px;
    width: 250px;
    background-color: #3FF;
    float: right;
}
```

　　相应的布局效果如图 8-6 所示。在 CSS 样式中，设置 box1 和 box2 的 float 属性为向左浮动，box3 的 float 属性为向右浮动，只要<div>标签没有占满一行，box1 和 box2 的<div>标签就向左浮动占据该行的空白位置，box3 的<div>标签则向右浮动占据该行的其他空白位置，3 个<div>标签位于同一行中。

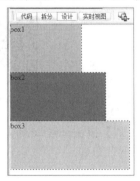

图 8-5

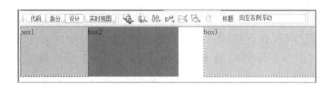

图 8-6

　　在 CSS 样式中，只设置 float 属性向左侧浮动，代码如下：

```
#box1 {
    height: 100px;
    width: 150px;
    background-color: #F90;
    float: left;
}
#box2 {
    height: 100px;
    width: 200px;
    background-color: #C30;
    float: left;
}
#box3 {
    height: 100px;
    width: 250px;
    background-color: #3FF;
    float: left;
}
```

相应的布局效果如图 8-7 所示。在 CSS 样式中，将 3 个<div>标签的 float 属性全部设置为向左侧浮动，只要<div>标签没有占满一行，其相继的<div>标签就向左浮动占据该行的空白位置，3 个<div>标签位于同一行中。

在 CSS 样式中，添加 clear 属性清除浮动设置，代码如下：

```
#box1 {                                float: left;
    height: 100px;                 }
    width: 150px;                  #box3 {
    background-color: #F90;            height: 100px;
    float: left;                       width: 250px;
}                                      background-color: #3FF;
#box2 {                                float: left;
    height: 100px;                     clear: left;
    width: 200px;                  }
    background-color: #C30;
```

相应的布局效果如图 8-8 所示。在 CSS 样式中，设置了 box3 的<div>标签的 clear 属性，清除了向左浮动，则表示将该标签恢复到不浮动状态，按照"前后相继"的顺序排列到下一行中。

图 8-7

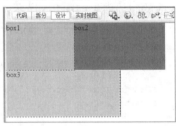

图 8-8

8.3 "上中下"布局

在"上中下"布局中，<div>标签按照"前后相继"的顺序排列，分割网页空间不需要使<div>标签浮动，其大小和外观由 CSS 样式控制。

8-1　网页设
计大赛

8.3.1　课堂案例——网页设计大赛

案例学习目标：学习"上中下"布局的方法。

案例知识要点：在【插入】面板的【布局】选项卡中，使用【插入 Div 标签】按钮创建网页布局结构；在【CSS 样式】面板中，使用【新建 CSS 规则】按钮创建<div>标签的 ID 样式，并采用默认的【position】和【float】属性完成网页的"上中下"布局。

素材所在位置：案例素材/ch08/课堂案例——网页设计大赛。

案例布局要求如图 8-9 所示，案例效果如图 8-10 所示。

以素材"课堂案例——网页设计大赛"为本地站点文件夹，创建名称为"网页设计大赛"的站点。

1. 插入<div>标签并设置 CSS 样式布局

❶ 在【文件】面板中选中"网页设计大赛"站点，创建名称为 index.html 的新文档，并在文档工具栏的【标题】文本框中输入"网页设计大赛"。

❷ 将光标置于网页中，选择【插入】面板中的【布局】选项卡，单击【插入 Div 标签】按钮圖，打开【插入 Div 标签】对话框，如图 8-11 所示。在【插入】下拉框中选择【在插入点】选项，在【ID】下拉框中输入 container。单击【确定】按钮，打开【新建 CSS 规则】对话框，如图 8-12 所示。在【选择器名称】下拉框中自动出现"#container"，在【规则定义】下拉框中选择【(新建样式表文件)】。

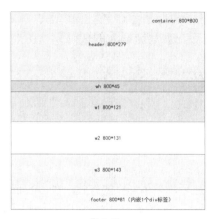

图 8-9

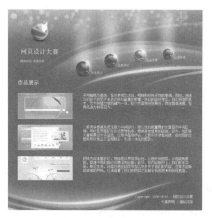

图 8-10

图 8-11

图 8-12

❸ 单击【确定】按钮，打开【将样式表文件另存为】对话框，如图 8-13 所示。在【文件名】文本框中输入 contest，单击【保存】按钮，打开【#container 的 CSS 规则定义（在 contest.css 中）】对话框，如图 8-14 所示。在【分类】列表中选择【方框】选项，在【Width】下拉框中输入 "800"，取消【Margin】下方【全部相同】复选框的勾选，在【Right】和【Left】下拉框中选择【auto】选项，保证 container 标签及其嵌入的<div>标签在网页中居中对齐。

图 8-13

图 8-14

 提示

在 CSS+Div 布局中，一般会将所有的<div>标签都嵌入到 ID 名称为 container 的<div>标签中，【Height】属性值为空，表示 container 标签的高度可变。

❹ 单击【确定】按钮，返回到【插入 Div 标签】对话框，再单击【确定】按钮，完成 container 标签的插入和设置。单击【文档】窗口中的【拆分】按钮后，观察新插入的代码和视图效果，如图 8-15 所示。

图 8-15

❺ 将光标置于文字"此处显示 id "container" 的内容"之后，采用同样的方式，在 container 标签中插入 ID 为 header 的<div>标签，定义 ID 样式#header，并存储在 contest.css 样式文档中，如图 8-16 所示。设置【Width】为 800px、【Height】为 279px，完成 header 标签的插入和设置，如图 8-17 所示。

图 8-16

图 8-17

🌥 提示

由于该<div>标签没有设置盒子的边框和内、外边距，所以<div>标签盒子的总宽度就是内容的宽度 800px，<div>标签盒子的总高度就是内容的高度 279px。

❻ 将光标置于"此处显示 id"header"内容"之后，选择【插入】面板中的【布局】选项卡，单击【插入 Div 标签】按钮，打开【插入 Div 标签】对话框，如图 8-18 所示。在【插入】右侧第一个下拉框中选择【在标签之后】选项，在第二个下拉框中选择【<div id="header">】选项，在【ID】下拉框中输入 wh。

❼ 单击【确定】按钮，打开【新建 CSS 规则】对话框，在【选择器名称】下拉框中会自动出现"#wh"，在【规则定义】下拉框中选择【contest.css】选项，单击【确定】按钮，打开【#wh 的 CSS 规则定义（在 contest.css 中）】对话框，如图 8-19 所示。在【分类】列表中选择【方框】选项，在【Width】下拉框中输入"800"，在【Height】下拉框中输入"45"，单击【确定】按钮，返回到【插入 Div 标签】对话框，再单击【确定】按钮，完成 wh 标签的插入和设置，如图 8-20 所示。

图 8-18

图 8-19

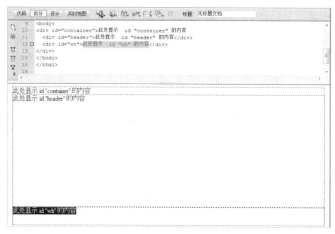

图 8-20

❽ 采用同样的方式，在 container 标签中的 wh 标签后，顺序插入 w1、w2、w3 和 footer 标签，代码如图 8-21 所示；创建#w1、#w2、#w3 和#footer 样式，并存储在 contest.css 样式文档中，如图 8-22 所示，设置这些样式的【Height】分别为 121px、131px、143px 和 81px。

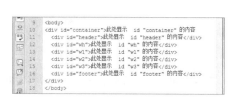

图 8-21

图 8-22

💡 提示

如果【Width】的属性值为空，则表示这些<div>标签的宽度以包含它们的 container 标签的宽度为准，均为 800px。

❾ 采用同样的方式，在 footer 标签中插入 ID 名称为 navi 的<div>标签，创建#navi 样式，并存储在 contest.css 样式文档中，设置【Width】为 360px，【Height】为 81px，取消勾选【Margin】下方的【全部相同】复选框，设置【Left】为 400px，完成 navi 标签的插入和设置，效果如图 8-23 所示。

图 8-23

2. 在<div>标签中插入内容并设置 CSS 样式外观

❶ 在 container 标签中，选中并删除文字"此处显示 id "container" 的内容"。

❷ 选中并删除 header 标签中的文字"此处显示 id "header" 的内容"，单击【插入】面板的【常用】选项卡中的【图像】按钮🖼️，插入图像"课堂案例——网页设计大赛>images >header.jpg"，

完成 header 标签的内容插入，如图 8-24 所示。

❸ 选中并删除 wh 标签中的文字"此处显示 id "wh" 的内容"，并输入"作品展示"。在【CSS 样式】面板的【全部】选项卡中，展开 contest.css 文档，选择并双击#wh，打开【#wh 的 CSS 规则定义（在 contest.css 中）】对话框，在【分类】列表中选择【类型】选项，在【Font-size】下拉框中输入"22"；选择【分类】列表中的【背景】选项，在【Background-image】下拉框中输入"images/wh.gif"；选择【分类】列表中的【方框】选项，在【Width】下拉框中输入"760"，在【Height】下拉框中输入"45"，取消勾选【Padding】下方的【全部相同】复选框，在【Left】下拉框中输入"40"，如图 8-25 所示，单击【确定】按钮，完成#wh 样式的设置。

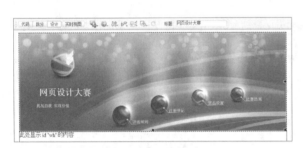

图 8-24　　　　　　　　　　　　　　　　　　图 8-25

提示

<div>标签盒子的总宽度 800px 等于内容的宽度 760px 与左侧内边距 40px 之和。

❹ 选中并删除 w1 标签中的文字"此处显示 id "w1" 的内容"。在【插入】面板的【常用】选项卡中单击【表格】按钮，打开【表格】对话框，如图 8-26 所示。在【行数】文本框中输入"1"，在【列】文本框中输入"2"，在【表格宽度】文本框中输入"100"，其他选项保持默认，单击【确定】按钮，插入一个表格。

❺ 将光标置于表格左侧单元格中，单击【插入】面板的【常用】选项卡中的【图像】按钮，插入图像"课堂案例——网页设计大赛>images>wk1.jpg"。将光标置于表格右侧的单元格中，在单元格【属性】面板中，如图 8-27 所示，在【垂直】下拉框中选择【顶端】选项，在【宽】文本框中输入"63%"，并将 text 文档中的相应文本复制到网页中。

图 8-26　　　　　　　　　　　　　　　　　　图 8-27

❻ 在【CSS 样式】面板的【全部】选项卡中双击#w1，打开【#w1 的 CSS 规则定义（在 contest.css

中)】对话框,选择【分类】列表中的【背景】选项,在【Background-image】下拉框中输入"images/w1.gif",选择【分类】列表中的【方框】选项,如图 8-28 所示。在【Height】下拉框中输入"111",取消勾选【Padding】下方的【全部相同】复选框,在【Top】下拉框中输入"10",在【Right】和【Left】下拉框中输入"40",单击【确定】按钮,完成#w1 样式的设置,效果如图 8-29 所示。

图 8-28　　　　　　　　　　　　　　　　图 8-29

提示

<div>标签盒子的总宽度 800px 等于内容的宽度 720px 与左、右侧内边距 40px 之和,<div>标签盒子的总高度 121px 等于内容的高度 111px 与顶部内边距 10px 之和。

❼ 采用同样的方式,先在 w2 标签中插入表格,再将 wk2 图像和相应文字插入表格中。设置#wk2 的【Background-image】为 images/w2.gif,【Height】为 116px,取消勾选【Padding】下方的【全部相同】复选框,设置【Top】为 15px,【Right】和【Left】分别为 40px,完成#w2 样式的设置。

❽ 采用的同样方式,先在 w3 标签中插入表格,再将 wk3 图像和相应文字插入表格中。设置#wk3 的【Background- image】为 images/w3.gif,【Height】为 133px,取消【Padding】的【全部相同】复选框,设置【Top】为 10px,【Right】和【Left】分别为 40px,完成#w3 样式的设置。

❾ 选中并删除 footer 标签中的文字"此处显示 id "footer" 的内容"。双击#footer,打开【#footer 的 CSS 规则定义】对话框,选择【分类】列表中的【背景】选项,在【Background-image】下拉框中输入"images/footer.jpg",单击【确定】按钮,完成#footer 样式的设置。

❿ 选择网页【属性】面板中的【页面属性】选项,在【Font-size】下拉框中输入"14",在【Color】文本框中输入"#FFF",在【左边距】、【右边距】、【上边距】和【下边距】文本框中均输入"0",单击【确定】按钮,完成页面属性的设置。

3. 在 navi 标签中插入内容并设置 CSS 样式外观

❶ 选中并删除 navi 标签中的文字"此处显示 id "navi"的内容",将 text 文档中的相应文本复制到网页中。双击#navi,打开【#navi 的 CSS 规则定义(在 contest.css 中)】对话框,选择【分类】列表中的【类型】选项,在【Line-height】下拉框中输入"150";选择【分类】列表中的【区块】选项,在【Text-align】下拉框中选择【right】选项;选择【分类】列表中的【方框】选项,如图 8-30 所示。在【Width】下拉框中输入"360",在【Height】下拉框中输入"65",取消勾选【Padding】下方的【全

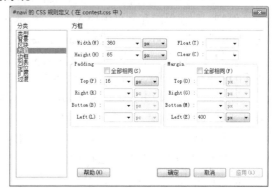

图 8-30

部相同】复选框，在【Top】下拉框中输入"16"，单击【确定】按钮，完成#navi 样式的设置。

❷ 选中文字"大赛声明"，在文字【属性】面板中选择【HTML】选项卡，在【链接】下拉框中输入"#"，为"大赛声明"创建空链接。同样地，为"隐私政策"创建空链接，效果如图 8-31 所示。

❸ 在【CSS 样式】面板的【全部】选项卡中单击【新建 CSS 规则】按钮，打开【新建 CSS 规则】对话框，在【选择器类型】下拉框中选择【复合内容（基于选择的内容）】选项，在【选择器名称】下拉框中输入"#navi a:link, #navi a:visited"，在【规则定义】下拉框中选择【contest.css】选项，单击【确定】按钮，打开【#navi a:link, #navi a:visited 的 CSS 规则定义（在 contest.css 中）】对话框，如图 8-32 所示。勾选【Text-decoration】下方的【none】复选框，在【Color】文本框中输入"#FFF"，单击【确定】按钮，完成#navi a:link, #navi a:visited 复合样式的设置，效果如图 8-33 所示。

图 8-31

图 8-32

❹ 在【CSS 样式】面板的【全部】选项卡中单击【新建 CSS 规则】按钮，打开【新建 CSS 规则】对话框，设置复合样式#navi a:hover 并存储在 contest.css 中，单击【确定】按钮，打开【#navi a:hover 的 CSS 规则定义（在 contest.css 中）】对话框，在【Text-decoration】下方勾选【underline】复选框，单击【确定】按钮，完成#navi a:hover 复合样式的设置。

图 8-33

❺ 保存网页文档，按<F12>键预览效果。

8.3.2 在 Dreamweaver 中插入<div>标签

插入<div>标签的步骤如下。

❶ 将光标置于网页中的指定位置。

❷ 选择【插入】面板中的【布局】选项卡，单击【插入 Div 标签】按钮，或者选择菜单【插入】|【布局对象】|【Div 标签】，打开【插入 Div 标签】对话框。

❸ 各种选项设置完成后，插入<div>标签。

例如，假设已经在网页中插入了一个<div>标签，<div>标签的 ID 标识为 box1，<div>标签的内容为"box1"，通过#box1 样式设置<div>标签的宽度为 200px、高度为 100px，如图 8-34 所示。

当将光标置于文本"box1"之后，单击【插入 Div 标签】按钮，打开【插入 Div 标签】对话框，在【ID】下拉框中输入"box2"，如图 8-35 所示。单击展开【插入】右侧第一个下拉框，如图 8-36 所示。

如果选中文本"box1"，单击【插入 Div 标签】按钮，打开【插入 Div 标签】对话框，单击展开【插入】右侧第一个下拉框，如图 8-37 所示。

【插入 Div 标签】对话框中各个选项的含义如下。

【ID】：可以在下拉框中直接输入或选择一个名称，为<div>标签设置在网页中的唯一标识。

【类】：可以在下拉框中直接输入或选择一个名称，为<div>标签设置一个类样式，设置网页的布局和外观。

【新建 CSS 规则】：为<div>标签新建一个 ID 样式或类样式。

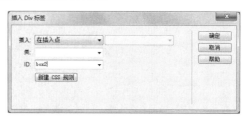

图 8-34　　　　　　　　　　　　　　　　　　图 8-35

图 8-36　　　　　　　　　　　　　　　　　　图 8-37

【插入】：其中各种选项决定了<div>标签之间是并列关系还是嵌套关系，其中的选项及含义如下。

【在插入点】选项表示在插入点插入一个<div>标签，嵌入已经存在的<div>标签中，如果插入点前有内容，那么换行插入。

【在选定内容旁换行】选项表示在该文字所在行插入一个<div>标签，嵌入已经存在的<div>标签中，保留原内容。

【在标签之前】选项表示插入一个<div>标签，与指定的<div>标签形成并列关系，并置于指定标签之前，指定的<div>标签由右侧的下拉框确定。

【在标签之后】选项表示插入一个<div>标签，与指定的<div>标签形成并列关系，并置于指定标签之后，指定的<div>标签由右侧的下拉框确定。

【在开始标签之前】选项表示在</body>标签之前，插入一个<div>标签，与<body>和</body>标签中的<div>标签形成并列关系。

【在开始标签之后】选项表示在<body>标签之后，插入一个<div>标签，与<body>和</body>标签中的<div>标签形成并列关系。

8.4 "左中右"布局

在"左中右"布局中，首先在页面中插入若干个<div>标签，并按照"前后相继"顺序排列；然后，设置 CSS 样式的【float】和【clear】属性，使<div>标签浮动，实现"左中右"的布局；最后，设置 CSS 样式的其他属性来控制<div>标签的外观。

8-2　连锁餐厅

8.4.1　课堂案例——连锁餐厅

案例学习目标：学习"左中右"布局的方法。

案例知识要点：在【插入】面板的【布局】选项卡中，使用【插入 Div 标签】按钮插入<div>标签；在【插入 Div 标签】对话框中，使用【新建 CSS 规则】按钮创建<div>标签的相关样式，设置【position】、【float】和【clear】属性，完成"左中右"的网页布局。

素材所在位置：案例素材/ch08/课堂案例——连锁餐厅。

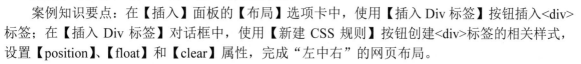

案例布局要求如图 8-38 所示，案例效果如图 8-39 所示。

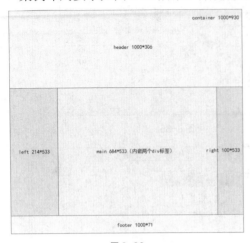

图 8-38

图 8-39

以素材"课堂案例——连锁餐厅"为本地站点文件夹，创建名称为"连锁餐厅"的站点。

1. 插入<div>标签并设置 CSS 样式布局

❶ 在【文件】面板中选中"连锁餐厅"站点，并创建名称为 index.html 的新文档，并在文档工具栏的【标题】文本框中输入"连锁餐厅"。选择【属性】面板中的【页面属性】选项，设置【左边距】、【右边距】、【上边距】和【下边距】均为"0"。

❷ 将光标置于页面中，选择【插入】面板中的【布局】选项卡，单击【插入 Div 标签】按钮，打开【插入 Div 标签】对话框，如图 8-40 所示。在【ID】下拉框中输入 container，单击【确定】按钮，打开【新建 CSS 规则】对话框，如图 8-41 所示。【选择器名称】下拉框中会自动出现#container，在【规则定义】下拉框中选择【（新建样式表文件）】选项。

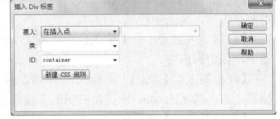

图 8-40

❸ 单击【确定】按钮，打开【将样式表文件另存为】对话框，如图 8-42 所示。在【文件名】文本框中输入 restaurant，单击【保存】按钮，打开【#container 的 CSS 规则定义（在 restaurant.css 中）】对话框，如图 8-43 所示。在【分类】列表中选择【方框】选项，在【Width】下拉框中输入"1000"，取消勾选【Margin】下方的【全部相同】复选框，在【Right】和【Left】下拉框中选择【auto】选项。

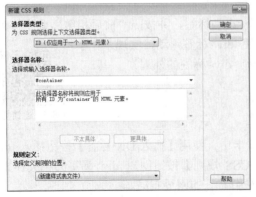

图 8-41

图 8-42

❹ 单击【确定】按钮，返回到【插入 Div 标签】对话框，再单击【确定】按钮，完成 container 标签的插入和设置。

❺ 采用同样的方式，在 container 标签中插入 ID 为 header 的<div>标签，定义 ID 样式#header，并存储在 restaurant.css 文档中，设置【Width】为 1000px、【Height】为 306px，效果如图 8-44 所示。

❻ 将光标置于文字"此处显示 id"header"内容"之后，选择【插入】面板中的【布局】选项卡，单击【插入 Div 标签】按钮，打开【插入 Div 标签】对话框，如图 8-45 所示。在【插入】右侧第一个下拉框中选择【在标签之后】选项，在第二个下拉框中选择【<div id="header">】选项，在【ID】下拉框中输入"left"。

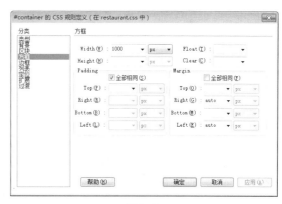

图 8-43

图 8-44

图 8-45

❼ 单击【确定】按钮，将该样式存储于 restaurant.css 中，再单击【确定】按钮，打开【#left 的 CSS 规则定义（在 restaurant.css 中）】对话框，如图 8-46 所示。在【分类】列表中选择【方框】选项，在【Width】下拉框中输入"214"，在【Height】下拉框中输入"533"，在【Float】右侧的下拉框中选择【left】选项，单击【确定】按钮，完成#left 样式的设置。

图 8-46

❽ 采用同样的方式，在 left 标签后插入 ID 为 main 的<div>标签，定义 ID 样式#main 并存储于 restaurant.css 中，设置【Width】为 686px、【Height】为 533px、【Float】为 left，完成#main 样式的设置。在 main 标签后插入 ID 为 right 的<div>标签，定义 ID 样式#right 并存储于 restaurant.css 中，设置【Width】为 100px、【Height】为 533px、【Float】为 left，完成#right 样式的设置，效果如图 8-47 所示。

提示

当设定<div>标签的【Float】属性为 left 时，只要 container 标签有足够的宽度，该标签就向左浮动与前序标签排列在同一行中，实现"左中右"布局。

❾ 采用同样的方式，在 right 标签后插入 ID 为 footer 的<div>标签，定义 ID 样式#footer 并存储于 restaurant.css 中。打开【#footer 的 CSS 规则定义（在 restaurant.css 中）】对话框，如图 8-48 所示，在【Height】下拉框中输入"71"，在【Clear】下拉框中选择【left】选项，完成#footer 样式的设置。

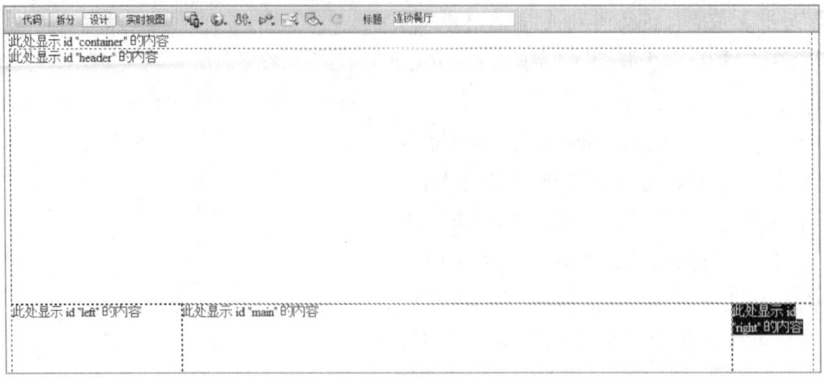

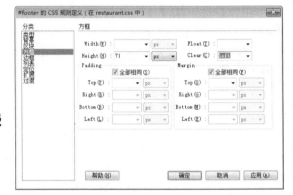

图 8-47

⚙ **提示**

当设定<div>标签的【Clear】属性为 left 时，该标签将清除向左浮动，重新回到"前后相继"的排列顺序中。

2. 在 ID 为 main 的<div>标签中插入内嵌标签

❶ 单击【文档】窗口中的【拆分】按钮后，出现代码和视图效果。

❷ 将光标置于文字"此处显示 id"main"内容"

图 8-48

之后，选择【插入】面板中的【布局】选项卡，单击【插入 Div 标签】按钮▦，打开【插入 Div 标签】对话框，如图 8-49 所示。在【类】下拉框中输入"m1"，单击【新建 CSS 规则】按钮，打开【新建 CSS 规则】对话框，如图 8-50 所示。在【选择器类型】下拉框中会自动出现【类（可应用于任何 HTML 元素）】，在【选择器名称】下拉框中会自动出现【.m1】，在【规则定义】下拉框中选择【restaurant.css】选项。

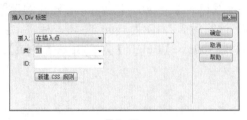

图 8-49

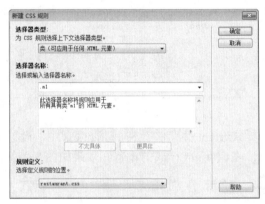

图 8-50

❸ 单击【确定】按钮，打开【.m1 的 CSS 规则定义（在 restaurant.css 中）】对话框，如图 8-51 所示。在【分类】列表中选择【方框】选项，在【Width】下拉框中输入"173"，在【Float】下拉框中选择【left】选项，单击【确定】按钮，再单击【确定】按钮，完成.m1 样式的设置和<div>标签的插入，效果如图 8-52 所示。

图 8-51

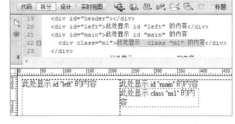

图 8-52

❹ 采用同样的方式，在 ID 为 main 的标签<div>中，将光标置于文字为 "此处显示 class"m1"的内容" 的<div>标签之后，插入类样式.m2 的<div>标签，并将.m2 样式存储于 restaurant.css 中。打开【.m2 的 CSS 规则定义（在 restaurant.css 中）】对话框，在【Width】下拉框中输入 "483"，在【Float】下拉框中选择【left】选项，完成.m2 样式的设置和<div>标签的插入，效果如图 8-53 所示。

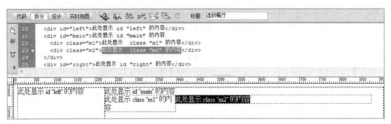

图 8-53

💡 提示

在采用<div>标签+类样式布局时，无法通过 "在标签之前" 或 "在标签之后" 方式确定<div>标签的顺序关系，必须在 "在插入点" 方式下，通过光标指定插入点的位置，实现<div>标签的先后排序。有时，这些工作需要在代码中完成。

3. 在<div>标签中插入内容并设置 CSS 样式外观

❶ 选中并删除 container 标签中的文字 "此处显示 id"container"的内容"。

❷ 在 header 标签中，选中并删除文字 "此处显示 id"header"的内容"。单击【插入】面板的【常用】选项卡中的【图像】按钮🖼，插入图像 "课堂案例——连锁餐厅>images>header.jpg"，完成 header 标签内容的插入，如图 8-54 所示。采用同样的方式，完成 footer 标签内容的插入。

图 8-54

❸ 在<left>标签中，选中并删除文字 "此处显示 id"left"的内容"。单击【插入】面板中【常用】

选项卡中的【图像】按钮 🖳 ，插入图像"课堂案例——连锁餐厅>images>pic1.gif"。将光标置于图像 pic1 的后面，按<Enter>键，再插入图像"课堂案例——连锁餐厅>images>pic2.gif"，如图 8-55 所示。

❹ 在【CSS 样式】面板的【全部】选项卡中，双击#left，打开【#left 的 CSS 规则定义（在 restaurant.css 中）对话框，在【分类】列表中选择【背景】选项，如图 8-56 所示。在【Background-image】下拉框中输入"images/leftb.gif"；在【分类】列表中选择【区块】选项，在【Text-intent】下拉框中选择【center】选项，单击【确定】按钮，完成#left 样式的设置，效果如图 8-57 所示。

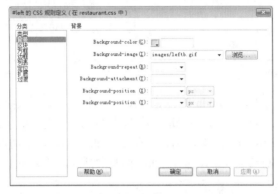

图 8-55　　　　　　　　　　　　　図 8-56　　　　　　　　　　　　　图 8-57

❺ 采用同样的方式，在 right 标签中插入图像 images/pic4.gif。打开【#right 的 CSS 规则定义（在 restaurant.css 中）对话框，在【Background-image】下拉框中输入"images/rightb.gif"，在【Width】下拉框中输入"90"，在【Height】下拉框中输入"518"，在【Float】下拉框中选择【left】选项，取消勾选【Padding】下方的【全部相同】复选框，在【Top】和【Left】下拉框分别输入"15"和"10"，完成#right 样式的设置，效果如图 8-58 所示。

❻ 在 main 标签中，选中并删除文字"此处显示 id"main"的内容"。再选中并删除文字"此处显示 class"m1"的内容"，单击【插入】面板的【常用】选项卡中的【图像】按钮 🖳 ，插入图像"课堂案例——连锁餐厅>images>pic3.jpg"。在【CSS 样式】面板的【全部】选项卡中双击.m1，打开【.m1 的 CSS 规则定义（在 restaurant.css 中）】对话框，如图 8-59 所示。在【Width】下拉框中输入"173"，在【Float】下拉框中选择【left】选项，取消勾选【Margin】下方的【全部相同】复选框勾选，在【Top】下拉框中输入"18"，完成.m1 样式的设置。

图 8-58　　　　　　　　　　　　　图 8-59

❼ 选中并删除文字"此处显示 class "m2"的内容"，将 text 文档中的公司介绍文字复制到本标签中，如图 8-60 所示。创建文字类样式.text1、.text2 和.text3，并存储在 restaurant.css 中。设置.text1 样式的属性，【Font-size】为 32px、【Color】为#F90，并应用到公司文字介绍的大标题上；设置.text2 样式的属性，【Font-size】为 18px、【Color】为#F90，并应用到公司文字介绍的副标题上；设置.text3 样式的属性，

【Font-size】为 8px、【Color】为#666，并应用到公司文字介绍的正文上，效果如图 8-61 所示。

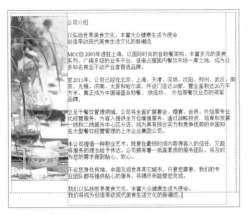

图 8-60

图 8-61

❽ 在【CSS 样式】面板的【全部】选项卡中双击.m2，打开【.m2 的 CSS 规则定义（在 restaurant.css 中）】对话框，如图 8-62 所示。在【分类】列表中选择【方框】选项，在【Width】下拉框中输入"483"，在【Float】下拉框中选择【left】选项，取消勾选【Margin】下方的【全部相同】复选框，在【Left】下拉框中输入"20"，单击【确定】按钮，完成.m2 样式的设置。

❾ 保存网页文档，按<F12>键预览效果。

图 8-62

8.4.2　使用 CSS 样式布局

1. 在 Dreamweaver 中<div>标签的浮动设置

一般地，首先为<div>标签定义 ID 样式或类样式，然后在样式中设置其【Float】和【Clear】属性。定义<div>标签样式有以下两种方法。

（1）选择【插入】面板中的【布局】选项卡，单击【插入 Div 标签】按钮，在【插入 Div 标签】对话框中单击【新建 CSS 规则】按钮，为<div>标签创建 ID 样式或类样式。

图 8-63

（2）在【CSS 样式】面板的【全部】选项卡中单击【新建 CSS 规则】按钮，在【新建 CSS 规则】对话框中，选择 ID 样式或类样式，输入样式名称，为<div>标签创建样式。

例如，<div>标签的 ID 标识为 content，定义 ID 样式#content，打开【#content 的 CSS 规则定义】对话框，在【分类】列表中选择【方框】选项，如图 8-63 所示。其中【Width】和【Height】表示<div>标签内容的宽度和高度，【Float】表示标签的浮动方向，可选 left 或 right，【Clear】表示取消标签的浮动，可选 left、right 或 both。

2. 常用布局形式

CSS+Div 布局将网页版面分割成左侧、中部和右侧 3 个部分，如图 8-64 所示，是较常见的布局形式。

例如，左侧部分<div>标签的 ID 为 left，中间部分<div>标签的 ID 为 content，右侧部分<div>标签的 ID 为 right。将#left、#content 和#right 样式的【Float】属性均设置为 left，保证这 3 个<div>标签向左浮动并在一行中。为了保证它们后继的 ID 为 footer 的<div>标签能够回到正常排列状态，需要设置#footer 样式的【Clear】属性为 left，取消向左浮动，完成此类布局。

另一种较为常见的形式是将网页分割成左右两个部分，如图 8-65 所示。左侧部分<div>标签的 ID 为 link，右侧部分的<div>标签的 ID 为 content，将#link 和#content 样式的【Float】属性均设置为 left，同时设置#footer 样式的【Clear】属性为 left，完成此类布局。

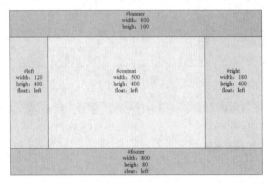

图 8-64

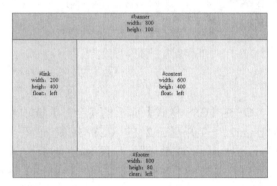

图 8-65

在本例中，为了在网页效果中增加黑色框线，需要通过 CSS 样式为<div>标签加边框属性，并设置其宽度为 1px、颜色为黑色。为保证整体布局效果不变，需要在 container 的<div>标签的 CSS 样式中增加宽度和高度值，以满足添加边框线带来的宽度和高度的变化。这充分说明，在 CSS+Div 布局中，即使边框线的宽度只有 1px，也会对网页的精确布局产生影响。

在页面代码不做任何变化的情况下，只要调整 CSS 样式，设置#content 样式的【Float】属性为 left，#link 样式的【Float】属性为 right，就可以将图 8-65 所示的布局形式改变成图 8-66 所示的布局形式，即左、右部分互换位置。这也充分展现了 CSS+Div 布局的灵活性。

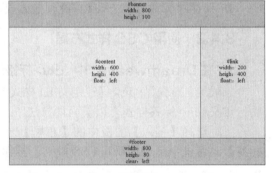

图 8-66

8.5 练习案例

8.5.1 练习案例——电子产品

案例练习目标：练习"上中下"布局的方法。

案例操作要点如下。

（1）创建名称为 index.html 的新文档，并将所有样式都存放在 product 样式文档中。插入 ID 名称为 container 的<div>标签，宽度为 1000px，并居中对齐。

（2）在 container 的<div>标签中，插入 ID 名称为 header、menu、banner、info 和 footer 的 5 个<div>标签，宽度均为 1000px，高度分别为 38px、34px、468px、165px 和 64px。

（3）在 menu 的<div>标签中，插入名称为 navi 的<div>标签，宽度为 450px，高度为 34px，左外边距为 550px。

（4）利用#menu 样式为 menu 的<div>标签添加图像背景。在 navi 标签中，输入文字"公司介绍　产品展示　客户服务　人员招募　互动社区"，并设置#navi 样式，字体大小为 16px，行高度为 30px，颜色为#FFF。

（5）设置#navi a:link,#navi a:visited 样式属性，颜色为#FFF，文字装饰为无。设置#navi a:hover 样式属性，文字装饰为下画线，完成导航条的制作。

（6）在 ID 名称为 info 的<div>标签中，插入一个 1 行 3 列表格，宽度为 100%，将 3 个图像分别插入单元格中，设置#info 样式背景为黑色。

素材所在位置：案例素材/ch08/练习案例——电子产品。

案例布局要求如图 8-67 所示，案例效果如图 8-68 所示。

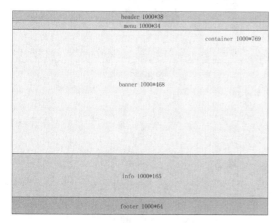

图 8-67

图 8-68

8.5.2　练习案例——装修公司

案例练习目标：练习"左中右"布局的方法。

案例操作要点如下。

（1）创建名称为 index.html 的新文档，并将所有样式存放在 decoration 演示文档中。插入 ID 名称为 container 的<div>标签，宽度为 1000px，并居中对齐。

（2）在 container 的<div>标签中，插入 ID 名称为 menu、info1、info2、info3 和 footer 的 5 个<div>标签，宽度和高度分别为 1000px 和 107px、330px 和 670px、340px 和 670px、330px 和 670px、1000px 和 83px。将 ID 名称为 info1、info2、info3 的<div>标签设置为向左浮动，将 ID 名称为 footer 的<div>标签取消向左浮动。

（3）在 footer 标签中插入两个<div>标签，其类样式名称分别为.f1 和.f2，宽度分别为 580px 和 280px，并设置它们为左浮动。

（4）设置页面属性的背景颜色为#CCC，边距为 0，字体大小为 12px，文字颜色为#999。设置#container 样式的背景颜色为白色。

（5）设置标题样式.text1，文本大小为 30px，颜色为#451B08，居中；设置副标题样式.text2，文本大小为 18px；设置职位标题文本样式.text3，文本大小为 14px，下部内边距为 5px，下部边框为实线，宽度为 1px，颜色为#999。

（6）设置#info1 样式的左、右内边距都为 85px；#info2 样式的左、右内边距都为 10px；#info3 样式的左、右内边距都为 10px，上部内边距为 10px；.f1 样式的上部和左侧外边距分别为 20px 和

60px；.f2 样式的上部和左侧外边距分别为 30px 和 60px，字体为黑体，大小为 20px，颜色为#66250F。

素材所在位置：案例素材/ch08/练习案例——装修公司。

案例布局要求如图 8-69 所示，案例效果如图 8-70 所示。

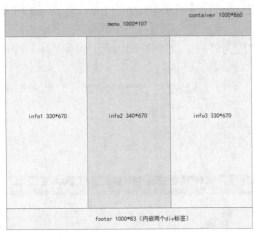

图 8-69

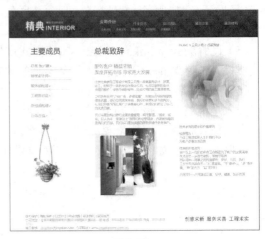

图 8-70

第 9 章
AP Div 和 Spry

在网站设计中，不仅文本、图像、多媒体和链接等能够作为网页设计元素，而且 AP Div 在网页设计中也能充当设计元素的角色。AP Div 作为一种容器类元素，还可以承载其他各种设计元素，如文本、图像、插件和表单等。与其他元素相比，AP Div 具有在网页中定位自由、多个 AP Div 可重叠等特点，因此，AP Div 又兼具网页排列和布局的功能。

Spry 是 Dreamweaver CS6 中出现的布局技术，它是通过预置 JavaScript 语言实现的。Spry 技术提供 Spry 菜单栏、Spry 选项卡面板和 Spry 可折叠式面板等功能，能帮助用户通过可视化操作设计出具有交互效果的网页。

 本章学习内容

1. AP Div 的基本操作
2. 使用 AP Div 布局
3. Spry 菜单栏
4. 其他 Spry

9.1 AP Div 的基本操作

AP Div 是网页中的一个矩形区域，可以将文本、图像、表格甚至另一个 AP Div 等插入其中。在网页中创建 AP Div 时，系统会自动生成一对<div>和</div>标签以及 AP Div 的 ID 样式。通过 AP Div 的【属性】面板或 ID 样式，用户可以对 AP Div 属性进行调整和修改，实现 AP Div 的不同外观效果。

9-1 少儿培训

9.1.1 课堂案例——少儿培训

案例学习目标：学习 AP Div 的基本操作。

案例知识要点：在【插入】面板【布局】的选项卡中，单击【绘制 AP Div】按钮创建 AP Div，并使用 AP Div【属性】面板进行属性设置。

素材所在位置：案例素材/ch09/课堂案例——少儿培训。

案例效果如图 9-1 所示。

以素材"课堂案例——少儿培训"为本地站点文件夹，创建名称为"少儿培训"的站点。

1. 创建 AP Div 并插入内容

❶ 在【文件】面板中选中"少儿培训"站点，双击打开文件 index.html，如图 9-2 所示。

图 9-1

图 9-2

❷ 选择菜单【窗口】|【CSS 样式】，打开【CSS 样式】面板，选择【全部】选项卡，如图 9-3 所示。

❸ 选择菜单【窗口】|【插入】，打开【插入】面板，并选择【布局】选项卡，单击【绘制 AP Div】按钮 ，在网页左上方绘制一个 AP Div，如图 9-4 所示。同时可以观察到，【CSS 样式】面板中出现了该 AP Div 的 ID 样式#apDiv2。

⚙ **提示**

在 Dreamweaver 中，在通过可视化操作创建 AP Div 的同时，系统会自动创建其 ID 样式并显示在【CSS 样式】面板中。

图 9-3

❹ 将光标置于该 AP Div 中，在【插入】面板中选择【常用】选项卡，单击【图像】按钮 ，打开【选择图像源文件】对话框，如图 9-5 所示。选择"课堂案例——少儿培训>images> index_03.gif"，单击【确定】按钮，完成图像的插入，如图 9-6 所示。

❺ 在【插入】面板中选择【布局】选项卡，单击【绘制 AP Div】按钮 ，按住<Ctrl>键的同时，在网页上绘制 4 个 AP Div，如图 9-7 所示，同时观察【CSS 样式】面板中内容的变化。

❻ 分别将站点 images 文件夹中的 index_04.gif、index_08.gif、index_09.gif 和 index_10.gif 4

个图像文件插入相应的 AP Div 中，如图 9-8 所示。

图 9-4

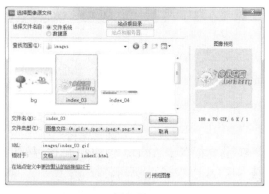

图 9-5

图 9-6

图 9-7

2. 设置 AP Div 的大小及位置

❶ 单击位于网页上部的 AP Div 中的图像，如图 9-9 所示，同时出现了图像【属性】面板，如图 9-10 所示。

图 9-8

图 9-9

图 9-10

❷ 单击该 AP Div 的边框，如图 9-11 所示。在 AP Div 边框上出现了 8 个控制点和该 AP Div 的【属性】面板，如图 9-12 所示。

图 9-11

图 9-12

❸ 将光标置于 AP Div 的控制点上，按住鼠标左键并向上拖曳，使 AP Div 的大小与其中的图像基本重合，如图 9-13 所示。

图 9-13

❹ 分别单击选中网页下方的 3 个 AP Div 边框，如图 9-14 所示。对 AP Div 的大小进行调整，使 AP Div 与 AP Div 内的元素大小基本一致，并通过拖曳将 AP Div 移动到适当的位置，如图 9-15 所示。

图 9-14

图 9-15

❺ 保存网页文档，按<F12>键预览效果。

9.1.2 创建 AP Div

创建 AP Div 主要有两种方式：一是直接绘制 AP Div，该方法形象直观，方便灵活；二是插入 AP Div，该方法能创建大小精确的 AP Div，并可以实现 AP Div 的嵌套。

1. 绘制 AP Div

选择菜单【窗口】|【插入】，或按<Ctrl+F2>组合键，打开【插入】面板。

在【插入】面板中选择【布局】选项卡，单击【绘制 AP Div】按钮。此时网页中的鼠标指针变成"+"，按住鼠标左键并拖曳，可以绘制出一个 AP Div；如果在按住<Ctrl>键的同时，按住鼠标左键并拖曳，可以反复绘制若干个 AP Div。

2. 使用菜单插入 AP Div

将光标置于网页窗口中的指定位置，选择菜单【插入】|【布局对象】|【AP Div】，在该位置插入一个大小固定的 AP Div，如图 9-16 所示。

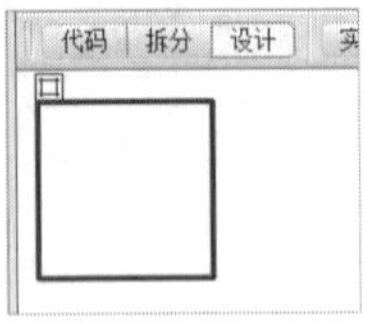

图 9-16

3. 拖曳按钮插入 AP Div

选择【插入】面板中的【布局】选项卡，将【绘制 AP Div】按钮拖曳到网页窗口中，释放鼠标左键，在网页中插入一个大小固定的 AP Div。

4. 设置 AP Div 的默认属性

选择菜单【编辑】|【首选参数】，打开【首选参数】对话框，如图 9-17 所示。在【分类】列表中选择【AP 元素】选项，右侧显示了 AP Div 的默认参数，其中【高】和【宽】文本框用于设置使

用菜单插入的 AP Div 和拖曳按钮插入的 AP Div
的高与宽，单击【确定】按钮，确定相关参数。

9.1.3　选择 AP Div

1. 在网页窗口中选择 AP Div

选择 AP Div 有以下 3 种方法。

（1）单击一个 AP Div 的边框，可以选中该
AP Div。

（2）在按住<Ctrl+Shift>组合键的同时，单击
一个 AP Div 的内部元素，可以选中该 AP Div。

（3）如果在按住<Shift>键的同时，单击若干
个 AP Div 的边框，就可以选中多个 AP Div。

图 9-17

2. 使用【Ap 元素】面板选择 AP Div

选择 AP Div 的步骤如下。

❶ 在网页中绘制 3 个 AP Div，如图 9-18 所示。

❷ 选择菜单【窗口】|【AP 元素】，打开【AP 元素】面板。

❸ 在【AP 元素】面板中，单击一个 AP Div 名称，就可以选中该 AP Div；如果在按住<Shift>
键的同时，先单击一个 AP Div 名称，再单击另一个 AP Div 名称，就可以选中多个 AP Div。

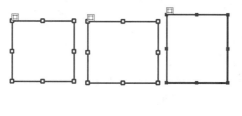

图 9-18

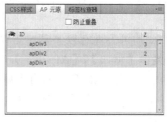

> **提示**
>
> 在网页中，AP Div 有 3 种呈现形式：一是表示网页中存在一个 AP Div；二是将光标置于 AP Div
> 的内部，可以向 AP Div 中插入各种元素；三是单击 AP Div 的边框，选中 AP Div 本身，可以对
> AP Div 的自身属性进行设置和修改。

9.1.4　AP Div 的大小和位置

当采用拖曳的方式改变 AP Div 的大小和位置不能满足精度要求时，可以使用 AP Div 的【属
性】面板对 AP Div 的大小和位置进行精确控制，具体操作步骤如下。

❶ 单击 AP Div 的边框，选中 AP Div。

❷ 在 AP Div【属性】面板的【左】、【上】文本框中输入数值，如 200px 和 340px，表示该
AP Div 到窗口左边框的距离为 200 像素，到窗口上边框的距离为 340 像素。

❸ 在 AP Div【属性】面板的【宽】、【高】文本框中输入数值，如 140px 和 120px，表示该矩
形 AP Div 的宽度为 140 像素，高度为 120 像素，如图 9-19 所示。

> **提示**
>
> 选择菜单【窗口】|【属性】，或按<Ctrl+F3>组合键可以打开【属性】面板。

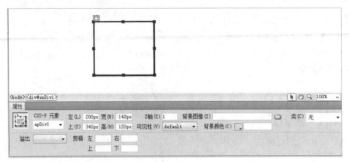

图 9-19

9.1.5　AP Div 的背景颜色和图像

利用 AP Div 的【属性】面板或 ID 样式可以为 AP Div 添加背景图像和颜色，具体操作步骤如下。

❶ 单击 AP Div 的边框，选中 AP Div。

❷ 在 AP Div【属性】面板中单击【背景图像】文本框右侧的 按钮，选择作为背景的图像，即可为 AP Div 添加背景图像。或在【背景颜色】文本框中输入颜色值，即可为 AP Div 添加背景颜色。

9.1.6　AP Div 的可见性

AP Div 的可见性控制 AP Div 是可见还是隐藏。根据需要可以设置在网页中显示 AP Div 或暂时隐藏 AP Div，这体现了 AP Div 操作的灵活性。下面将通过设置和调整可见属性，实现 AP Div 的显示或隐藏。

控制 AP Div 的可见性有以下两种方法。

（1）选择菜单【窗口】|【AP 元素】，打开【AP 元素】面板，如图 9-20 所示。最左侧为 AP Div 的可见属性：可见 👁、隐藏 🙈 和默认（空白）。当单击可见属性图标时，可以在显示、隐藏和默认 3 个属性值之间进行切换。

图 9-20

（2）先选中某一个 AP Div，在 AP Div【属性】面板的【可见性】下拉框中选择属性值选项，对 AP Div 的可见性进行控制，该属性包括以下 4 个选项。

【Default】（默认）：表示 AP Div 可见，当在网页中绘制或插入 AP Div 时，AP Div 具有该属性值。

【Inherit】（继承）：当该 AP Div 嵌套在父 AP Div 中时，它与父 AP Div 具有相同的可见性。

【Visible】（可见）：表示该 AP Div 为可见。

【Hidden】（隐藏）：表示该 AP Div 被隐藏，即该 AP Div 不可见，但 AP Div 在网页中依然存在。

9.1.7　AP Div 溢出

当插入 AP Div 中的元素超出 AP Div 的大小时，会出现溢出情况，由 AP Div【属性】面板中的【溢出】属性进行控制，该属性包括以下 4 个选项。

【Visible】（可见）：表示当 AP Div 内的元素大于 AP Div 本身时，超出部分和未超出部分都要显示出来，即全部显示。

【Hidden】（隐藏）：表示当 AP Div 内的元素大于 AP Div 本身时，超出部分被隐藏，未超出部分被显示。

【Scroll】（滚动）：表示当 AP Div 内的元素大于 AP Div 本身时，在 AP Div 的边框上自动添加滚动条，可以滚动显示全部内容。

【Auto】（自动）：表示当 AP Div 内的元素比 AP Div 小时，正常显示；当 AP Div 内的元素比 AP Div 大时，自动添加滚动条，等同【Scroll】显示方式；在实际使用中，如果 AP Div 内的元素可能溢出，那么选择此选项为最佳。

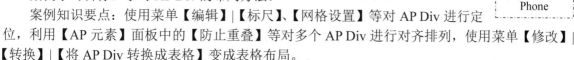

9.2　使用 AP Div 布局

AP Div 定位自由，大小调整灵活，因此可以利用 AP Div 进行元素的排列，再将 AP Div 转换成表格，完成网页的布局。

9.2.1　课堂案例——Windows Phone

案例学习目标：学习 AP Div 的布局方法。

案例知识要点：使用菜单【编辑】|【标尺】、【网格设置】等对 AP Div 进行定位，利用【AP 元素】面板中的【防止重叠】等对多个 AP Div 进行对齐排列，使用菜单【修改】|【转换】|【将 AP Div 转换成表格】变成表格布局。

素材所在位置：案例素材/ch09/课堂案例——Windows Phone。

案例效果如图 9-21 所示。

以素材"课堂案例——Windows Phone"为本地站点文件夹，创建名称为 Windows Phone 的站点。

1. 设置网页布局环境

❶ 在【文件】面板中选中 Windows Phone 站点，双击打开文件 index.html，如图 9-22 所示。

图 9-21

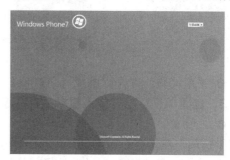

图 9-22

❷ 选择菜单【查看】|【标尺】|【显示】，或按<Ctrl+Alt+R>组合键启用标尺，并确定标尺单位为像素，如图 9-23 所示。

❸ 选择菜单【查看】|【网格设置】或按<Ctrl+Alt+G>组合键，打开【网格设置】对话框，如图 9-24 所示。勾选【显示网格】和【靠齐到网格】复选框，单击【确定】按钮，打开网格线功能。

❹ 选择菜单【查看】|【辅助线】|【编辑辅助线】，打开【辅助线】对话框，如图 9-25 所示。勾选【显示辅助线】、【靠齐辅助线】和【辅助线靠齐元素】复选框，单击【确定】按钮，打开辅助线功能。

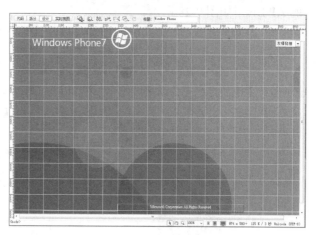

图 9-23

❺ 将光标置于上边缘标尺中，按住鼠标左键并拖曳到 130 处，松开鼠标左键，生成一条辅助线。用同样的方法，在 188 的位置上，再生成一条辅助线。

图 9-24　　　　　　　　　　　　　　　　　　　　图 9-25

2. 创建文字 AP Div 并移动定位

❶ 选择菜单【编辑】|【首选参数】，在【首选参数】对话框的【分类】列表中选择【AP 元素】选项，在【宽】和【高】文本框中分别输入"108""28"，单击【确定】按钮。

❷ 将光标置于窗口左上角，选择菜单【插入】|【布局对象】|【AP Div】，在光标处插入一个 108px × 28px 的 AP Div，如图 9-26 所示。在 AP Div 中输入 Start，选中该 AP Div，并将其移动到相应位置，如图 9-27 所示。

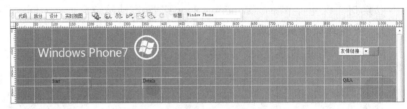

图 9-26　　　　　　　　　　　　　图 9-27

❸ 采用同样的方式，插入两个 108px × 28px 的 AP Div，分别输入 Details 和 Q&A。

3. 创建 AP Div 并插入鼠标指针经过图像超链接

❶ 选择菜单【编辑】|【首选参数】，打开【首选参数】对话框，在【分类】列表中选择【AP 元素】选项，在【宽】和【高】文本框中分别输入"108""106"，单击【确定】按钮。

❷ 将光标置于窗口左上角，选择菜单【插入】|【布局对象】|【AP Div】，插入一个 108px × 106px 的 AP Div，如图 9-28 所示。

❸ 将光标置于该 AP Div 的内部，选择【插入】面板中的【常用】选项卡，单击【鼠标经过图像】按钮🖼，打开【插入鼠标经过图像】对话框，单击【原始图像】文本框右侧的【浏览…】按钮，选择"课堂案例——Windows Phone>images>b1.jpg"，单击【鼠标经过图像】文本框右侧的【浏览…】按钮，选择"课堂案例——Windows Phone >images>b1p.jpg"，在【按下时，前往的 URL】文本框中输入空链接"#"，如图 9-29 所示。单击【确定】按钮，插入鼠标指针经过图像超链接，并移动该 AP Div 到相应位置，如图 9-30 所示。

图 9-28　　　　　　　　　　　　　　　图 9-29

❹ 选择菜单【窗口】|【AP 元素】，打开【AP 元素】面板，勾选【防止重叠】复选框。采用同样

的方式，在网页中插入一个 AP Div，并在 AP Div 中插入鼠标指针经过图像超链接，原始图像为 b2.jpg，鼠标指针经过后的图像为 b2p.jpg，拖曳此 AP Div，向已存在的 AP Div 靠拢对齐，如图 9-31 所示。

图 9-30

图 9-31

❺ 采用同样的方式，插入多个 AP Div 及鼠标指针经过图像超链接，并把它们排列对齐，如图 9-32 所示。

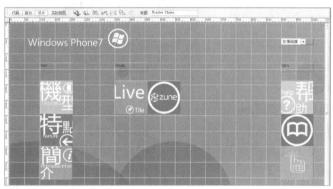

图 9-32

4．创建 AP Div 并插入图像

❶ 选择菜单【编辑】|【首选参数】，打开【首选参数】对话框，在【分类】列表中选择【AP 元素】选项，在【宽】和【高】文本框中分别输入"216""106"，单击【确定】按钮。

❷ 将光标置于窗口左上角，选择菜单【插入】|【布局对象】|【AP Div】，插入一个 216px×106px 的 AP Div。

❸ 将光标置于该 AP Div 的内部，选择【插入】面板中的【常用】选项卡，单击【图像】按钮📷，打开【选择图像源文件】对话框，选择"课堂案例——Window Phone >images>b13.jpg"，单击【确定】按钮，并拖曳该 AP Div 到相应位置，如图 9-33 所示。

图 9-33

❹ 根据不同情况，分别采用"创建 AP Div 并插入鼠标指针经过图像超链接"和"创建 AP Div 并插入图像"方法，完成对其余 AP Div 的操作，如图 9-34 所示。

❺ 选择菜单【查看】|【标尺】|【显示】，关闭标尺显示。选择菜单【查看】|【网格设置】|【显示网格】，或按<Ctrl+Alt+G>组合键关闭网格线。选择菜单【查看】|【辅助线】|【编辑辅助线】，打开【辅助线】对话框，如图 9-35 所示。单击【清除全部】按钮，再单击【确定】按钮清除辅助线，效果如图 9-36 所示。

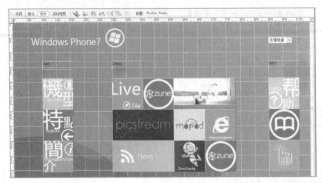

图 9-34

图 9-35

图 9-36

5．将 AP Div 布局转换成表格

❶ 选择菜单【修改】|【转换】|【将 AP Div 转换为表格】，打开【将 AP Div 转换为表格】对话框，如图 9-37 所示。选择【最精确】单选按钮，勾选【使用透明 GIFs】、【置于页面中央】和【防止重叠】复选框，单击【确定】按钮，网页内容将居中显示，效果如图 9-38 所示。

图 9-37

图 9-38

❷ 选择菜单【窗口】|【CSS 样式】，选择【CSS 样式】面板中的【全部】选项卡，双击【全部】列表中的 body 样式，打开【body 的 CSS 规则定义】对话框，如图 9-39 所示。选择【分类】列表中的【背景】选项，在【Background-position（X）】下拉框中选择【center】选项，在【Background-position（Y）】下拉框中选择【top】选项，单击【确定】按钮，网页背景将居中显示。

❸ 在【CSS 样式】面板的【全部】选项卡中单击【新建 CSS 规则】按钮，打开【新建 CSS 规则】对话框，如图 9-40 所示。在【选择器类型】下拉框中选择【类（可应用于任何 HTML 元素）】选项，在【选择器名称】下拉框中输入 ".t1"，在【规则定义】下拉框中选择【(新建样式表文件)】选项，单击【确定】按钮。

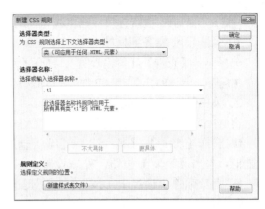

图 9-39   图 9-40

❹ 打开【将样式表文件另存为】对话框，如图 9-41 所示。在【文件名】文本框中输入 phone，单击【保存】按钮，打开【.t1 的 CSS 规则定义（在 phone.css 中）】对话框，如图 9-42 所示。选择【分类】列表中的【类型】选项，在【Font-size】下拉框中输入"24"，在【Color】文本框中输入"#FFF"，单击【确定】按钮，完成.t1 样式的设置。

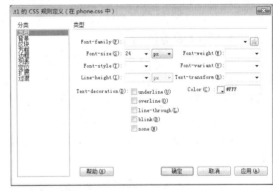

图 9-41   图 9-42

❺ 选中 AP Div 中的文字 Start，选择【属性】面板中的【HTML】选项卡，如图 9-43 所示。在【类】下拉框中选择【.t1】选项，为该文本设置样式。采用同样的方法，为 AP Div 中的文本 Detail 和 Q&A 设置.t1 样式。

图 9-43

❻ 定义类样式.t2 并保存到 phone.css 样式表文件中，在【.t2 的 CSS 规则定义（在 phone.css 中）】对话框中，选择【分类】列表中的【类型】选项，设置【Font-size】为 12，【Color】为#FFF；选择【分类】列表中的【区块】选项，设置【Text-align】为 center，完成.t2 样式的设定，并应用到页脚版权信息文字上。

❼ 保存网页文档，按<F12>键预览效果。

9.2.2 靠齐到网格

在网页设计中，AP Div 可以自由绘制和移动，为用户提供便利和灵活性，但也存在定位不准确的缺点。通过在网页中设置标尺、网格线和辅助线等方式，用户可为 AP Div 操作提供直观的定位参考。

1. AP Div 靠齐到网格

选择菜单【查看】|【网格设置】，打开【网格设置】对话框，勾选【靠齐网格】复选框，完成设置。选中并拖曳一个 AP Div，当 AP Div 靠近网格但还有一定距离时，该 AP Div 会自动跳到该网格线上。

2. AP Div 靠齐到辅助线

将 AP Div 靠齐到辅助线的操作步骤如下。

❶ 选择【查看】|【辅助线】|【编辑辅助线】，打开【辅助线】对话框，勾选【靠齐辅助线】复选框，单击【确定】按钮，完成设置。

❷ 将光标置于标尺中，按下鼠标左键并将其拖曳到窗口中，生成辅助线。

❸ 选择并拖曳一个 AP Div，当 AP Div 靠近辅助线但还有一定距离时，该 AP Div 会自动跳到该辅助线上。

3. 辅助线靠齐 AP Div

选择菜单【查看】|【辅助线】|【编辑辅助线】，打开【辅助线】对话框，勾选【辅助线靠齐元素】复选框，完成设置。生成并拖曳辅助线，当辅助线靠近 AP Div 时，该辅助线会自动跳到 AP Div 的边框上。

9.2.3　AP Div 叠放

AP Div 既可以重叠，也可以相互对齐靠拢，这体现了 AP Div 操作的灵活性。如果和其他功能相结合，如显示或隐藏 AP Div，可以产生许多种特殊效果。

1. AP Div 的重叠顺序

AP Div 重叠会产生前后遮蔽现象。利用【AP 元素】面板或【属性】面板中的【Z】属性，可以确定 AP Div 的重叠顺序，具体操作步骤如下。

❶ 选择菜单【窗口】|【AP 元素】，打开【AP 元素】面板，如图 9-44 所示，右侧的【Z】属性值表示 AP Div 的重叠顺序。该属性值越大，AP Div 就越靠前，值越小，AP Div 就越靠后。

❷ 双击 apDiv2 的【Z】属性值，将"2"改成"4"，3 个 AP Div 的顺序会发生改变，如图 9-45 所示。

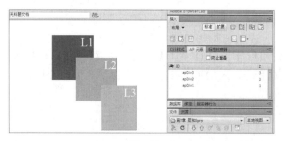
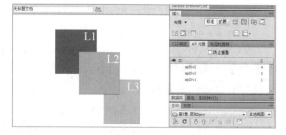

图 9-44　　　　　　　　　　　　　　　　　图 9-45

在 AP Div 的【属性】面板中，改变【Z 轴】属性值，同样可以改变 AP Div 的重叠顺序。

2. 防止 AP Div 重叠

当不需要 AP Div 相互重叠时，在【AP 元素】面板中勾选【防止重叠】复选框，或者选择菜单【修改】|【排列顺序】|【防止 AP 元素重叠】，都可以屏蔽 AP Div 的重叠功能。

 提示

对于已经重叠放置的 AP Div 来说，勾选【防止重叠】复选框以后，它们仍然保持重叠状态，但若再移动这些 AP Div，AP Div 就不能够发生重叠现象。

9.2.4　对齐 AP Div

AP Div 对齐功能提供了多个 AP Div 在同一个页面窗口中进行精确对齐的方法。

按住<Shift>键，按顺序选中多个 AP Div，然后选择菜单【修改】|【排列顺序】|【上对齐】，如图 9-46 所示。以最后选中的 AP Div 为基准，所有 AP Div 按上边框水平对齐，如图 9-47 所示。

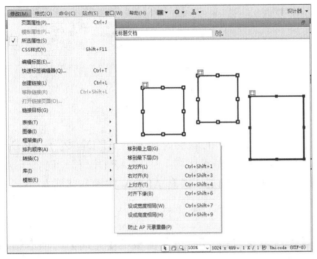

图 9-46

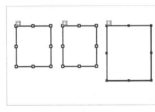

图 9-47

在子菜单【修改】|【排列顺序】中，选择【右对齐】、【左对齐】和【对齐下缘】选项，可以实现若干个 AP Div 的右对齐、左对齐和沿下边框对齐。

9.2.5　AP Div 与表格的相互转换

AP Div 布局元素虽然排列灵活、操作便利，但使网页无法居中；表格布局元素虽然排列规整，但当元素排列分散时，布局不易实现。因此，AP Div 与表格的相互转换为两种布局方式架起了桥梁，为设计者提供了更灵活的布局方案。

1. 将 AP Div 转换为表格

在绘制 AP Div 后，选择菜单【修改】|【转换】|【将 AP Div 转换为表格】，打开【将 AP Div 转换为表格】对话框，如图 9-48 所示，各选项的含义如下。

【最精确】：为每个 AP Div 创建一个单元格，而且为 AP Div 之间的空间添加单元格。

【最小】：当 AP Div 之间的距离小于指定像素值，选择该选项进行转换时，将忽略这些空间，不转换成单元格，以免出现过于烦琐的表格结构；尤其在 AP Div 之间没有完全对齐时，使用该选项能得到更好的效果。

【使用透明 GIFs】：用透明的 GIF 填充表的最后一行，以保证该表在所有浏览器中以相同的列宽显示。

【置于页面中央】：将表格放置在网页中央。

【防止重叠】：由于相互重叠的 AP Div 无法转换成表格，因此一般必须勾选此选项。

2. 将表格转换为 AP Div

选择菜单【修改】|【转换】|【将表格转换为 AP Div】，打开【将表格转换为 AP Div】对话框，如图 9-49 所示。当勾选【防止重叠】复选框时，才能由表格创建不重叠的 AP Div。

💡 提示

只有网页中的 AP Div 不重叠，才能被转换成表格。如果网页中含有重叠或嵌套的 AP Div，那么转换为表格操作均无法完成。另外，网页中只有 AP Div 能参加转换成为表格，而其他元素，如图像、表格等将保持原来的状态。

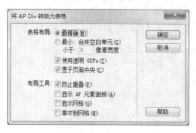

图 9-48

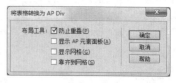

图 9-49

9.2.6 AP Div 嵌套

在一个 AP Div 中插入另一个 AP Div，称为 AP Div 的嵌套，插入的 AP Div 为子 AP Div，被插入的 AP Div 为父 AP Div。子 AP Div 以父 AP Div 为基准定位，当父 AP Div 移动时，子 AP Div 会随之移动；当子 AP Div 移动时，父 AP Div 的位置不变。嵌套 AP Div 的操作步骤如下。

❶ 在网页中，绘制或插入一个 AP Div，如 apDiv1。

❷ 将光标置于该 AP Div 中。

❸ 选择菜单【插入】|【布局对象】|【AP Div】，或将【插入】面板的【布局】选项卡中的【绘制 AP Div】按钮 拖曳到 AP Div 中，在该 AP Div 中插入了一个子 AP Div，如图 9-50 所示。

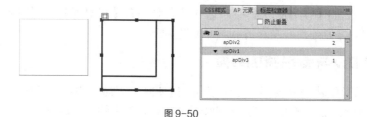

图 9-50

💡 **提示**

AP Div 嵌套的本质是一个 AP Div 的代码位于另外一个 AP Div 的代码之间，而且会形成缩进关系。但在外观效果上，子 AP Div 可以在父 AP Div 之内，也可以在父 AP Div 之外，而且可以随意移动，这取决于 AP Div 样式属性的设置和调整。

9.3 Spry 菜单栏

Spry 菜单栏是可用于制作导航条的一组菜单按钮，其特点是能够在比较紧凑的空间中置入比较多的导航信息，同时便于浏览者了解网站的内容与结构。

9-3 西式餐厅

9.3.1 课堂案例——西式餐厅

案例学习目标：学习使用 Spry 菜单栏。

案例知识要点：使用菜单【插入】|【Spry】|【Spry 菜单栏】，在网页指定位置插入 Spry 菜单栏，并对其文字内容进行调整；根据网页设计的需求，在【CSS 样式】面板中设置和调整内嵌样式，完成网页外观的设计。

素材所在位置：案例素材/ch09/课堂案例——西式餐厅。

案例效果如图9-51所示。

以素材"课堂案例——西式餐厅"为本地站点文件夹，创建名称为"西式餐厅"的站点。

1. 插入Spry菜单栏

❶ 在【文件】面板中选中"西式餐厅"站点，双击打开文件index.html，如图9-52所示。

图9-51　　　　　　　　　　　　　图9-52

❷ 将光标置于顶部导航条单元格中，选择菜单【插入】|【Spry】|【Spry菜单栏】，打开【Spry菜单栏】对话框，如图9-53所示。选择【水平】单选按钮，单击【确定】按钮，插入默认名称为MenuBar1的Spry菜单栏，如图9-54所示。

图9-53　　　　　　　　　　　　　图9-54

❸ 选中该菜单栏，打开Spry菜单栏【属性】面板，在【菜单条】文本框中输入"MenuBar1"，设置一级菜单项为"公司介绍""产品展示""预定座位""联系我们"，如图9-55所示。

❹ 设置"公司介绍"的二级菜单项为"企业文化""发展历程""连锁经营"，如图9-56所示。

图9-55　　　　　　　　　　　　　图9-56

❺ 在Spry菜单栏【属性】面板中选择【预定座位】选项，如图9-57所示。将其下级菜单项全部删除，效果如图9-58所示。

图9-57　　　　　　　　　　　　　图9-58

2. 设置菜单栏样式

❶ 在网页文档窗口中单击【实时视图】按钮，观察 CSS 样式的作用效果。

❷ 选择菜单【窗口】|【CSS 样式】，打开【CSS 样式】面板，在【全部】选项卡中双击 SpryMenu BarHorizontal.css，如图 9-59 所示。

❸ 双击 ul.MenuBarHorizontal a，打开【ul.MenuBarHorizontal a 规则定义】对话框，在【Font-size】下拉框中输入"14"，在【Color】文本框中输入"#FFF"，在【Background-color】下拉框中输入 "#1C0303"，单击【确定】按钮，完成菜单栏文本和背景的设置，如图 9-60 所示。

图 9-59

图 9-60

❹ 双击 ul.MenuBarHorizontal a.MenuBarItemHover，打开【ul.MenuBarHorizontala.MenuBarItem Hover 规则定义】对话框，在【Color】文本框中输入"#1C0303"，在【Background- color】下拉框中输入"#EAC14F"，单击【确定】按钮，完成对鼠标指针经过的文本和背景的设置。

❺ 双击 ul.MenuBarHorizontal li，打开【ul.MenuBarHorizontal li 规则定义】对话框，选择【方框】选项，在【Width】下拉框中输入"9"，再在右侧下拉框中选择【em】选项，单击【确定】按钮，完成主菜单项目宽度的设置，如图 9-61 所示。

❻ 双击 ul.MenuBarHorizontal ul li，打开【ul.MenuBarHorizontal ul li 规则定义】对话框，选择【方框】选项，在【Width】下拉框中输入"9"，再在右侧下拉框中选择【em】选项，单击【确定】按钮，完成下拉菜单项目宽度的设置。

❼ 双击 ul.MenuBarHorizontal ul，打开【ul.MenuBarHorizontal ul 规则定义】对话框，选择【边框】选项，在【Style】下方的【Top】下拉框中选择【none】选项，在【Width】下方的【Top】下拉框中输入"0"，单击【确定】按钮，完成下拉菜单项目边框的设置，如图 9-62 所示。

图 9-61

图 9-62

❽ 保存网页文档，按<F12>键预览效果。

9.3.2 了解 Spry 菜单栏

1. 创建 Spry 菜单栏

创建 Spry 菜单栏的操作步骤如下。

❶ 创建一个名称为 spry_menu.html 的网页文档，并保存在站点中。

❷ 将光标置于网页中，选择菜单【插入】|【Spry】|【Spry 菜单栏】，或在【插入】面板的【布局】选项卡中单击【Spry 菜单栏】按钮，或在【插入】面板的【Spry】选项卡中单击【Spry 菜单栏】按钮，打开【Spry 菜单栏】对话框，如图 9-63 所示。

❸ 在该对话框中，选择【垂直】单选按钮，单击【确定】
按钮，插入 Spry 菜单栏。

Spry 菜单栏包括两种类型：垂直菜单栏和水平菜单栏。

当某个菜单项右侧显示一个小三角图标时，表明该菜单包
含子菜单。

图 9-63

 提示

Spry 菜单栏与一个 CSS 样式文件和一组 JavaScript 文件相
关联。CSS 样式文件中包含了所有菜单项所需的各种样式，JavaScript 文件赋予了菜单栏各种功能。

2．Spry 菜单栏属性

在网页中选中 Spry 菜单栏，打开菜单栏【属性】面板，如图 9-64 所示，可以设置菜单栏属性。

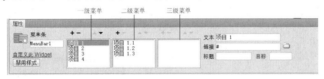

图 9-64

菜单栏【属性】面板中各选项的含义如下。

【菜单条】：Spry 菜单栏在网页中的唯一 ID 标识。

在一级菜单、二级菜单和三级菜单列表中，【+】表示添加菜单项目，【-】表示删除菜单项目，
【▼】表示下移菜单项目，【▲】表示上移菜单项目。

【文本】：指定菜单项目的编辑和修改区域。

【链接】：指定菜单项目的添加链接区域。

【标题】：设置当鼠标指针经过指定菜单项目时显示的提示信息。

【目标】：设置打开指定菜单项目链接的目标位置。

【禁用样式】：禁止 Spry 菜单栏使用所有已经设置的样式。

3．Spry 菜单栏样式

Spry 菜单项目的外观效果由相关 CSS 样式表文件中的样式决定，因此需要找到相应的 CSS
样式，并设置相应属性和属性值，如表 9-1 所示。

表 9-1

水平菜单栏样式	垂直菜单栏样式	样式类别	相关属性
ul.MenuBarHorizontal a	ul.MenuBarVertical a	菜单项文字与背景	Font-size、Color、Background-color 等
ul.MenuBarHorizontal a.MenuBarItemHover	ul.MenuBarVertical a.MenuBarItemHover	鼠标指针经过的菜单项文字和背景	Font-size、Color、Background-color 等
ul.MenuBarHorizontal li	ul.MenuBarVertical li	主菜单项宽度等	Width 等
ul.MenuBarHorizontal ul li	ul.MenuBarVertical ul li	下拉菜单项宽度等	Width 等
ul.MenuBarHorizontal ul	ul.MenuBarVertical ul	下拉菜单项边框等	Style、Width、Color 等

9.4　其他 Spry

9.4.1　Spry 选项卡面板

浏览者可通过单击 Spry 选项卡面板中不同的选项卡标签，在一个空间中分别显示不同的内

容，以充分利用网页空间。

1. 创建 Spry 选项卡面板

创建 Spry 选项卡面板的操作步骤如下。

❶ 创建一个名称为 spry_panel.html 的网页文档，并保存在站点中。

❷ 将光标置于网页中，选择菜单【插入】|【Spry】|【Spry 选项卡面板】，或在【插入】面板的【布局】选项卡中单击【Spry 选项卡面板】按钮，或在【插入】面板的【Spry】选项卡中单击【Spry 选项卡面板】按钮，插入选项卡，效果如图 9-65 所示。同时出现【属性】面板，并在【面板】列表中添加"标签 3"，如图 9-66 所示。

图 9-65

提示

Spry 选项卡面板的默认宽度为 100%，充满整个窗口。当把其置放在表格单元中，可以实现固定宽度的 Spry 选项卡面板。

图 9-66

❸ 在 Spry 选项卡面板 TablePanels1 中，将"标签 1"更改为"房产"，将"标签 2"更改为"二手房"，将"标签 3"更改为"家具"，如图 9-67 所示。删除文字"内容 1"，插入 house.jpg 和 text 文档中的相关内容。

图 9-67

❹ 在【文档】窗口中单击【拆分】按钮，如图 9-68 所示。选中 house.jpg，在代码 img src="images/house.jpg" width="98"之后添加 hspace="5" vspace="5" align="left"，完成图文混排工作，如图 9-69 所示。用同样的方式，完成"二手房"和"家具"的替换工作，完成选项卡面板的制作。

图 9-68

❺ 在【CSS 样式】面板中，展开 SpryTabbed Panels.css 列表。选中.TabbedPanelsTab 样式，设置【Font-family】为微软雅黑，【Font-size】为 14px，【Color】为#FFF，【Background-color】为#F93。

选中.TabbedPanelsTabHover 样式，设置【Background- color】为#39C，【Text-decoration】为 underline。
选中.TabbedPanelsTabSelected 样式，设置【Background-color】为#F93，如图 9-70 所示。完成选项
卡面板中标签的设置。

图 9-69

图 9-70

❻ 选中.TabbedPanelsContent 样式，设置【Font-family】为微软雅黑，【Font-size】为 14px，【Color】
为#333，【Line-height】为 20px，【Background-color】为#FFF，如图 9-71 所示，完成选项卡面板
中内容的设置。

2. Spry 选项卡面板属性

在网页中选中 Spry 选项卡面板，打开选项卡【属性】面板，如图 9-72 所示，可以设置选项卡属性。

图 9-71

图 9-72

选项卡【属性】面板中各选项的含义如下。
【选项卡式面板】：Spry 选项卡面板在网页中的唯一 ID 标识。
【面板】：显示和设置选项卡面板中的选项卡项目列表。
【默认面板】：在网页中默认打开的选项卡项目。

3. Spry 选项卡面板样式

Spry 选项卡面板的外观效果由 Spry 选项卡面板中的 CSS 样式表文件决定，因此需要找到相
应的 CSS 样式，并设置相应属性和属性值，如表 9-2 所示。

表 9-2

选项卡面板样式	样 式 类 别	相 关 属 性
.TabbedPanelsTab	标签文字与背景	Font-family、Font-size、Color、Background-color 等
.TabbedPanelsTabHover	鼠标指针经过的标签文字和背景	Background-color、Text-decoration 等
.TabbedPanelsTabSelected	已选择的标签文字和背景	Background-color 等
.TabbedPanelsContent	内容的文本和背景	Font-family、Font-size、Color、Line-height、Background-color 等

9.4.2 Spry 折叠式面板

Spry 折叠式面板可使浏览者通过单击不同的选项卡标签，显示或隐藏其中的内容，达到充分

利用网页空间的目的。

1. 创建 Spry 折叠式面板

创建 Spry 折叠面板的操作步骤如下。

❶ 创建一个名称为 spry_accordion.html 的网页文档，并保存在站点中。

❷ 将光标置于网页中，选择菜单【插入】|【Spry】|【Spry 折叠式】，或在【插入】面板的【布局】选项卡中单击【Spry 折叠式】按钮▣，或在【插入】面板的【Spry】选项卡中单击【Spry 折叠式】按钮▣，插入折叠式面板，如图 9-73 所示。

❸ 在 Spry 折叠卡 Accordion 1 中，将默认标签更改成"圣诞树 1"和"圣诞树 2"，并在相应位置插入图像 Christmas1.jpg 和 Christmas2.jpg。

❹ 在【CSS 样式】面板中，展开 SpryAccordion.css 文件，找到 .AccordionPanelTab、.AccordionPanelTabHover 和 .AccordionPanelContent 样式，并设置相关样式的属性。

2. Spry 折叠式面板属性

在网页中选中 Spry 折叠式面板，出现折叠式【属性】面板，如图 9-74 所示，可以设置折叠式属性。

图 9-73

图 9-74

折叠式【属性】面板中各选项的含义如下。

【折叠式】：Spry 折叠式面板在网页中的唯一 ID 标识。

【面板】：设置折叠式面板中的选项卡项目列表以及默认选项卡。

9.5 练习案例

9.5.1 练习案例——产品设计

案例练习目标：练习 AP Div 的基本操作。

案例操作要点如下。

（1）绘制一个 AP Div 后，使用【属性】面板设置该 AP Div 的宽和高分别为 81px 和 77px，然后通过复制和粘贴得到其他大小相同的 AP Div。采用同样的方式，得到多个宽和高都为 104px 的 AP Div。

（2）将文字置于 AP Div 中，利用 AP Div【属性】面板中的【背景颜色】选项，为文字 AP Div 添加灰色背景。

（3）利用文字【属性】面板中的【大小】和【颜色】选项，设置上部文字的大小为 12px，颜色为黑色；下部文字的大小为 16px，颜色为白色。

素材所在位置：案例素材/ch09/练习案例——产品设计。效果如图 9-75 所示。

图 9-75

9.5.2 练习案例——摄影作品集

案例练习目标：练习 AP Div 布局。

案例操作要点如下。

（1）AP Div 的对齐可以采用【查看】菜单中的标尺、网格设置和辅助线方式，或【修改】菜单中的排列顺序方式完成。

（2）创建的 AP Div 的宽和高分别为 89px 和 89px、65px 和 58px、296px 和 223px，"作品展示"文字大小为 18px，颜色为白色。

（3）经过排列的图像必须位于背景图像之内，否则无法进行表格的转换。检查方法是查看 AP Div【属性】面板中的【左】和【下】属性值。

（4）将 AP Div 转换成表格后，需居中对齐。

素材所在位置：案例素材/ch09/练习案例——摄影作品集。效果如图 9-76 所示。

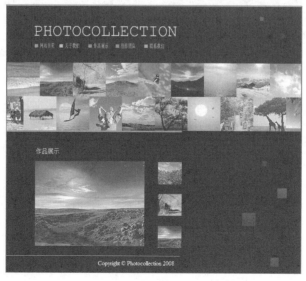

图 9-76

9.5.3　练习案例——高尔夫俱乐部

案例练习目标：练习使用 Spry 菜单栏。

案例操作要点如下。

（1）在 ul.MenuBarHorizontal a 样式中，菜单项的文本大小为 12px，颜色为#FFF，背景颜色为#7CC6EB，完成菜单栏的设置。

（2）在 ul.MenuBarHorizontal a.MenuBarItemHover 样式中，背景为颜色#0074BD，完成鼠标指针经过菜单项效果的设置。

（3）在 ul.MenuBarHorizontal li 和 ul.MenuBarHorizontal ul li 样式中，菜单栏项目的宽度为 6em，分别完成主菜单和下拉菜单的设置。

（4）在 ul.MenuBarHorizontal ul 样式中，设置边框类型为 none，宽度为 0，完成去除下拉菜单边框的设置。

素材所在位置：案例素材/ch09/练习案例——高尔夫俱乐部。效果如图 9-77 所示。

图 9-77

第 10 章
行为

行为是 Dreamweaver 内置的一组 JavaScript 代码，为网页添加行为（Behaviors）能够使页面产生各种动感效果。

行为由事件（Event）和动作（Action）两个要素组成。在 Dreamweaver 中，为网页元素添加行为就是为该元素设置相应的事件和动作。制作图像特效、启用浏览器窗口和效果等是网页制作中经常使用的行为。

本章学习内容

1. 行为概述
2. 制作图像特效
3. 拖动 AP 元素概述
4. 启用浏览器窗口
5. 效果
6. JavaScript 代码

10.1 行为概述

网页行为实际上就是网页源码中一系列的 JavaScript 代码，用于实现网页的动感效果或某些特殊功能。

为网页元素或对象添加行为，就是向网页中添加 JavaScript 程序。由于只有专业技术人员才能编写 JavaScript 程序代码，所以 Dreamweaver 预先内置了一组 JavaScript 程序代码，以便用户通过简单的可视化操作，为网页中的特定元素或对象添加一组 JavaScript 程序代码。

一个完整的 Dreamweaver 行为由两大要素组成：事件和动作。事件是由浏览器定义的消息，可以附加在网页元素或者 HTML 标签上。动作是行为的内容本身，由一组 JavaScript 程序代码组成。

对于一个特定的网页元素或对象来说，添加行为需要确定事件和动作，并将动作和相应的事件关联起来。

10.1.1 事件

事件可以理解成行为中各种动作的触发条件，常用的事件包括 onClick、onDblClick、onMouseOver、onMouseOut 和 onLoad 等，分别表示鼠标单击、鼠标双击、鼠标指针经过、鼠标指针移开和页面加载等。

Dreamweaver 中的常用事件如表 10-1 所示，通过事件名称、事件触发方式和事件适用对象对其加以说明。

表 10-1

	事件名称	事件触发方式	事件适用对象
一般事件	onClick	单击选中对象（如超链接、图像、图像映像、按钮），将触发该事件	常用 HTML 标签
	onDblClick	双击选中对象，将触发该事件	
	onMouseUp	当用户按下鼠标按钮并释放时，将触发该事件	
	onMouseDown	当用户按下鼠标按钮（不释放鼠标按钮）时，将触发该事件	
	onMouseMove	当鼠标指针停留在对象的边界内时，触发该事件	
	onMouseOut	当鼠标指针离开对象的边界时，将触发该事件	
	onMouseOver	当鼠标指针首次移动指向特定对象时，将触发该事件	
	onKeyDown	当用户按下任意键时，将触发该事件	
	onKeyPress	当用户按下并释放任意键时，将触发该事件。它相当于 onKeyDown 与 onKeyUp 事件的联合	
	onKeyUp	当用户按下任意键后并释放该键时，将触发该事件	
页面相关事件	onResize	当用户调整浏览器窗口或框架的尺寸时，将触发该事件	文档或框架
	onScroll	当用户拖曳上、下滚动条时，将触发该事件	
	onAbort	当用户在加载一幅图像时，单击浏览器的【停止】按钮，将触发该事件	
	onLoad	当图像或页面完成加载后，将触发该事件	
	onUnload	离开页面时，将触发该事件	
	onError	在页面或图像发生加载错误时，将触发该事件	
	OnMove	移动窗口、框架或对象时，将触发该事件	常用 HTML 标签

续表

事 件 名 称		事件触发方式	事件适用对象
表单相关事件	onChange	改变页面中数值时,将触发该事件。例如,当用户在菜单栏中选择了一个项目,或者修改了文本区中的数值,然后在页面任意位置单击均可触发该事件	文本框或列表/菜单
	OnFocus	选中指定对象时,将触发该事件	
	OnBlur	取消选中对象时,将触发该事件	文档或框架
	onSubmit	提交表单时,将触发该事件	表单
	onReset	当表单被复位到其默认值时,将触发该事件	
编辑事件	onRowEnter	当捆绑数据源的当前记录指针改变时,将触发该事件	常用 HTML 标签
	onRowExit	当捆绑数据源的当前记录指针将要改变时,触发该事件	
	onSelect	在文本区域选定文本时,将触发该事件	
	onAfterUpdate	当页面中的数据元素完成了数据源更新后,将触发该事件	
	onBeforeUpdate	当页面中的数据元素被修改时,将触发该事件	
滚动字幕事件	onBounce	当编辑框中的内容到达其边界时,将触发该事件	MARQUEE 标签
	onStart	当编辑框中的内容开始循环时,将触发该事件	
	onFinish	当选取框中的内容已经完成了一个循环后,将触发该事件	
其他事件	onReadyStateChange	当指定对象的状态改变时,将触发该事件	
	onHelp	当用户单击浏览器的【帮助】按钮或从菜单中选择【帮助】选项时,将触发该事件	

10.1.2 动作

动作是行为的具体实现过程。不同动作执行不同的任务或工作,展示不同的效果。针对不同元素或对象可以添加不同的行为,如针对 AP Div 的行为和针对图像的行为等。

Dreamweaver 中的动作如表 10-2 所示,通过动作名称和功能描述对其加以说明。

表 10-2

动 作 名 称	动作功能描述
交换图像	通过改变 IMG 标签的 SRC 属性来改变图像,利用该动作可创建活动按钮或其他图像效果
弹出信息	此动作可以很方便地在网页上显示带指定信息的 JavaScript 对话框
恢复交换图像	用于将在交换图像动作中设置的后一张图像恢复为前一张图像。此动作会自动添加在链接了交换图像动作的对象中
打开浏览器窗口	在触发该行为时打开一个新的浏览器窗口,并在新窗口中打开 URL 地址指定的网页
拖动 AP 元素	允许用户用该动作完成拖动 AP 元素的操作
改变属性	通过设定的动作触发行为,动态改变对象属性值
效果	使得网页元素显示各种特效
显示-隐藏元素	显示、隐藏一个或多个元素,这个动作在与浏览者交互信息时是非常有用的
检查插件	根据浏览者是否安装需要的插件,而显示不同的页面
检查表单	检查指定的文本框中的内容,以确保浏览者输入的数据格式准确无误
设置文本	将指定的文本内容显示在不同区域
调用 JavaScript	执行输入的 JavaScript 代码
跳转菜单	创建网页上的跳转菜单
转到 URL	用于在当前窗口或指定的框架中打开一个新的页面
预先载入图像	在浏览器的缓冲存储器中载入不立即在网页上显示的图像,这样在下载较大的图像文件时可以避免浏览者长时间等待

10.1.3 行为面板

在网页中添加和修改行为由【行为】面板来完成。选择菜单【窗口】|【行为】，或按<Shift + F4>组合键，打开【行为】面板，如图 10-1 所示。

【行为】面板中各选项的含义如下。

【添加行为】：可打开【动作】菜单，在其中选择动作。

【删除行为】：可将选择的行为删除。

【显示设置事件】：可显示当前网页元素上加载的所有事件。

【显示所有事件】：可显示当前网页中可加载的所有事件。

【调整事件次序】：可调整同一事件不同动作的先后次序。

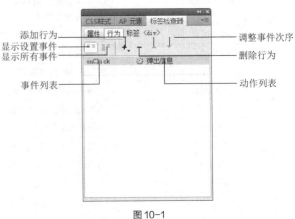

图 10-1

【事件列表】：显示所有行为的事件。

【动作列表】：显示所有行为的动作。

为网页元素添加行为的关键是在【行为】面板中进行"动作"和"事件"的设置，设置完成后的"事件"和"动作"分别显示在【事件列表】和【动作列表】中，用户可以很方便地对它们进行查看和修改。为网页元素添加行为的步骤如下。

❶ 选中相应网页元素。

❷ 单击【行为】面板上方的【添加行为】按钮 **+**，弹出动作菜单，如图 10-2 所示。根据需要选择其中一种动作，并在对话框中设置该动作的参数。

❸ 添加动作后，在【事件列表】中显示了当前动作的默认事件，单击该事件右侧的下拉按钮，显示事件菜单，如图 10-3 所示。用户可从该菜单中选择一种事件来代替默认事件。

图 10-2

图 10-3

10.2 制作图像特效

添加适当的图像特效，能使网页内容更加生动，常用的图像特效有交换图像、显示-隐藏元素等。

10.2.1　课堂案例——吉太美食

案例学习目标：学习图像特效的制作。

案例知识要点：在【行为】面板中，单击 **+** 按钮，在动作菜单中选择相应的图片特效动作进行设置。

素材所在位置：案例素材/ch10/课堂案例——吉太美食。

案例效果如图 10-4 所示。

以素材"课堂案例——吉太美食"为本地站点文件夹，创建名称为"吉太美食"的站点。

1. 设置交换图像特效

❶ 在【文件】面板中选中"吉太美食"站点，双击打开文件 index.html，如图 10-5 所示。

❷ 选中网页左侧的"日式料理"图像，选择菜单【窗口】|【行为】，打开【行为】面板，如图 10-6 所示。

❸ 在【行为】面板中单击【添加行为】按钮 **+**，在动作菜单中选择【交换图像】选项，如图 10-7 所示。打开【交换图像】对话框，如图 10-8 所示。单击【设定原始文档为】文本框右侧的【浏览…】按钮，打开【选择图像源文件】对话框，如图 10-9 所示。选择"课堂案例——吉太美食>images>tu1-1.jpg"，单击【确定】按钮。

图 10-4

图 10-5

图 10-6

图 10-7

图 10-8

❹ 返回到【交换图像】对话框，再勾选【预先载入图像】和【鼠标滑开时恢复图像】复选框，单击【确定】按钮。在【行为】面板中出现针对"日式料理"图像的两个行为，分别是交换图像和恢复交换图像，如图 10-10 所示。

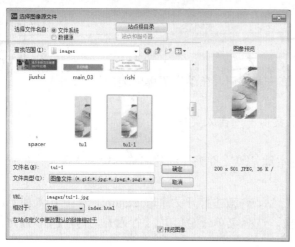

图 10-9

图 10-10

 提示

实际上，鼠标指针经过图像功能就是通过"交换图像"和"回复交换图像"这两个行为实现的。

❺ 采用同样的方式，设置图像"韩式料理""西式简餐""中式简餐""酒水类"的交换图像，分别为 tu2-1.jpg、tu3-1.jpg、tu4-1.jpg 和 tu5-1.jpg。

2. 设置【显示-隐藏元素】特效

❶ 选择菜单【编辑】|【首选参数】，打开【首选参数】对话框，如图 10-11 所示。在【分类】列表中选择【AP 元素】选项，在【宽】文本框中输入"379"，在【高】文本框中输入"125"，单击【确定】按钮，设置菜单插入 AP Div 和拖曳按钮插入 AP Div 大小的默认值。

❷ 将光标定位于网页下方空白单元格中，如图 10-12 所示。选择【插入】面板中的【布局】选项卡，拖动【绘制 AP Div】按钮🔳至空白单元格中，插入 apDiv1，如图 10-13 所示。该 apDiv1 自动设定的宽为 379px，高为 125px。

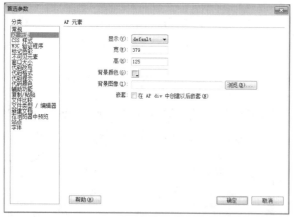

图 10-11

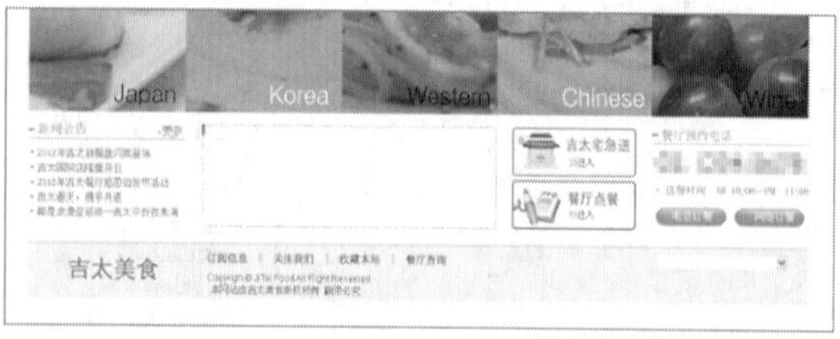

图 10-12

❸ 将光标置于 apDiv1 中，选择【插入】面板中的【常用】选项卡，单击【图像】按钮🖼，打开【选择图像源文件】对话框，插入图像"课堂案例——吉太美食>images>rishi.jpg"，单击【确定】按钮，效果如图 10-14 所示。

❹ 选择菜单【窗口】|【AP 元素】，打开【AP 元素】面板，如图 10-15 所示。单击 apDiv1 左侧的可见性设置，出现👁图标，设置 apDiv1 为隐藏状态。

| 图 10-13 | 图 10-14 |

❺ 采用同样的方式，在同一位置分别插入 apDiv2、apDiv3、apDiv4 和 apDiv5，并在相应 AP Div 中分别插入名称为 hanshi.jpg、xishi.jpg、zhongshi.jpg 和 jiushui.jpg 的图像，再将相应的 AP Div 隐藏起来。但保持 apDiv5 为显示状态，效果如图 10-16 所示。

❻ 单击选中网页左侧的"日式料理"图像，选择菜单【窗口】|【行为】，打开【行为】面板，单击【添加行为】按钮╋，在动作菜单中选择【显示-隐藏元素】选项，打开【显示-隐藏元素】对话框，如图 10-17 所示。

| 图 10-15 | 图 10-16 | 图 10-17 |

❼ 在【元素】列表中，设置 apDiv1 为显示、apDiv2～apDiv5 为隐藏，单击【确定】按钮，完成显示-隐藏元素的设置。【行为】面板中会出现针对"日式料理"图像的第三个行为，如图 10-18 所示。在【事件列表】中显示了当前动作的默认事件为 onClick，单击【onClick】选项后的下拉按钮，从弹出菜单中选择【onDbClick】选项代替默认事件，如图 10-19 所示。

| 图 10-18 | 图 10-19 |

⚙ 提示

这里"日式料理"图像的 onDbClick 事件触发了 apDiv1 显示效果，而其他所有的 AP Div 都被隐藏了起来。同时，onMouseOut 和 onMouseOver 事件触发了图像本身的翻转效果。

❽ 采用同样的方式，分别设置图像"韩式料理""西式简餐""中式简餐""酒水类"的显示-隐藏 AP Div 的行为。

❾ 保存网页文档，按<F12>键预览效果。

10.2.2　交换图像

交换图像动作主要用于创建当鼠标指针经过时产生动态变化的图片对象。添加交换图像行为的具体操作步骤如下。

❶ 选中一个要交换的图像。

❷ 选择菜单【窗口】|【行为】，打开【行为】面板。

❸ 在【行为】面板中单击【添加行为】按钮 **+**，在动作菜单中选择【交换图像】选项，打开【交换图像】对话框，如图 10-20 所示。

【交换图像】对话框中各选项的含义如下。

【图像】：列出了当前网页中所有能够更改的图像 ID，用户可选中其中一个源图像，进行交换图像的设置。

【设定原始档为】：显示交换后的目标图像的路径，用户可通过单击【浏览…】按钮，在【打开】对话框中选择磁盘上的文件。

【预先载入图像】：设置是否在载入网页时将新图像载入浏览器缓存中。

图 10-20

【鼠标滑开时恢复图像】：设置是否在鼠标指针离开时恢复图像；勾选该复选框后，会自动添加恢复交换图像动作。

单击【确定】按钮后，在【行为】面板中对默认事件进行调整。

⚙ **提示**

因为只有图像的 src 属性受此动作的影响，所以目标图像应与原图像具有相同宽度和高度，否则载入的图像将被压缩或拉伸，从而产生变形。

10.2.3　显示-隐藏元素

显示-隐藏元素动作能够通过用户响应事件改变一个或多个网页元素的可见性。添加显示-隐藏元素行为的具体操作步骤如下。

❶ 选中用于触发显示-隐藏动作的网页元素。

❷ 选择菜单【窗口】|【行为】，打开【行为】面板。

❸ 在【行为】面板中单击【添加行为】按钮 **+**，在动作菜单中选择【显示-隐藏元素】选项，打开【显示-隐藏元素】对话框，如图 10-21 所示。

【显示-隐藏元素】对话框中各选项的含义如下。

【元素】：列出所有可用于显示或隐藏的网页元素；设置完成后，列表中显示的是事件触发后网页元素的显示或隐藏状态。

【显示】：设置某一个元素为显示状态。

【隐藏】：设置某一个元素为隐藏状态。

【默认】：设置某一个元素为默认状态。

图 10-21

❹ 单击【确定】按钮，在【行为】面板中对默认事件进行调整。

提示

网页中的显示或隐藏元素通常由两个行为组成，第一个行为通过事件触发显示或隐藏网页元素，第二个行为用以恢复网页元素之前的显示或隐藏状态。

10.3 拖动 AP 元素概述

拖动 AP 元素功能允许网页浏览者拖动 AP Div，改变其位置。该动作常用于拼图游戏、滑块控件等可移动的网页元素。

10.3.1 课堂案例——卡通人物

案例学习目标：学习在网页中设置拖动 AP Div 的方法。

案例知识要点：在【行为】面板中，单击【添加行为】按钮➕，在动作菜单中选择【拖动 AP 元素】选项进行设置。

素材所在位置：案例素材/ch10/课堂案例——卡通人物。

案例效果如图 10-22 所示。

以素材"课堂案例——卡通人物"为本地站点文件夹，创建名称为"卡通人物"的站点。

1. 插入 AP Div 元素

❶ 在【文件】面板中选中"卡通人物"站点，创建名称为 index.html 的新文档，并在文档工具栏的【标题】文本框中输入"卡通人物"。

图 10-22

❷ 将光标置于网页中，选择【插入】面板中的【布局】选项卡，单击【绘制 AP Div】按钮，在网页任意位置绘制 apDiv1。

❸ 将光标置于该 AP Div 中，选择【插入】面板中的【常用】选项卡，单击【图像】按钮，打开【选择图像源文件】对话框，如图 10-23 所示。插入图像"课堂案例——卡通人物>images>tu1.jpg"，单击【确定】按钮，效果如图 10-24 所示。

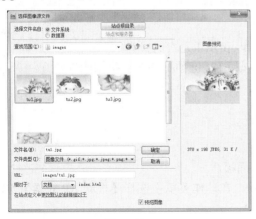
图 10-23

图 10-24

❹ 使用同样的方式，绘制另外 3 个 AP Div 中的 apDiv2、apDiv3 和 apDiv4，将名称为 tu2.jpg、tu3.jpg 和 tu4.jpg 的 3 个图像文件分别插入相应的 AP Div 中，如图 10-25 所示。

❺ 分别选中 3 个 AP Div，将它们移动到合适的位置，拼合出完整的图形效果，完成后的效果如图 10-26 所示。

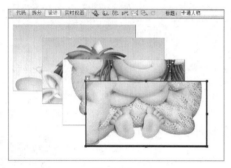

图 10-25

图 10-26

2. 添加拖动 AP 元素行为

❶ 将光标置于页面中，选择菜单【窗口】|【行为】，打开【行为】面板，单击【添加行为】按钮 ✚，在动作菜单中选择【拖动 AP 元素】选项，打开【拖动 AP 元素】对话框，如图 10-27 所示。

提示

准确地说，拖动 AP 元素行为是添加在页面上的。

❷ 在【AP 元素】下拉框中选择【div "apDiv1"】选项，在【移动】下拉框中选择【不限制】选项，单击【取得目前位置】按钮，【靠齐距离】文本框中会自动显示为 50，单击【确定】按钮。此时，在【行为】面板中，【事件列表】中显示 onLoad 事件，【动作列表】中显示拖动 AP 元素，如图 10-28 所示。

图 10-27

图 10-28

❸ 采用同样的方式添加拖动 apDiv2、apDiv3 和 apDiv4 元素的行为。

❹ 将 AP Div 的位置打乱后，保存网页文档，按<F12>键预览并进行拼图操作。

10.3.2 拖动 AP 元素

添加拖动 AP 元素行为的具体操作步骤如下。

❶ 将光标置于页面中。

❷ 选择菜单【窗口】|【行为】，打开【行为】面板。

❸ 在【行为】面板中单击【添加行为】按钮 ✚，在动作菜单中选择【拖动 AP 元素】选项，打开【拖动 AP 元素】对话框，如图 10-29 所示。

在【拖动 AP 元素】对话框中，【基本】选项卡中各选项的含义如下。

【AP 元素】：选择要拖动的 AP 元素。

【移动】：是否限制 AP 元素的移动范围。如果选择【限制】选项，则需输入限制坐标，以确定限制移动的矩形区域范围。如果选择【不限制】选项，则不限制 AP Div 的移动。

【放下目标】：设置放下 AP 元素时的自动坐标。

【取得目前位置】：单击后自动在【左】和【上】文本框中显示 AP 元素的当前坐标。

【靠齐距离】：设置 AP 元素自动靠齐到目标时与目标的最小距离。

图 10-29

单击【高级】选项卡，如图 10-30 所示，显示【拖动 AP 元素】对话框中的【高级】选项卡，该选项卡中各选项的含义如下。

【拖动控制点】：设置是否要单击 AP Div 的特定区域才能拖动 AP Div。

【拖动时】选项组：设置 AP Div 拖动后的堆叠顺序。

【呼叫 JavaScript】：输入在拖动 AP Div 时重复选择的 JavaScript 代码或函数名称。

【放下时：呼叫 JavaScript】：输入在放下 AP Div 时重复选择的 JavaScript 代码或函数名称。

【只有在靠齐时】：设置是否只有在 AP Div 达到拖动目标时才执行【放下时呼叫 JavaScript】文本框中的代码。

图 10-30

10.4 启用浏览器窗口

10.4.1 课堂案例——儿童摄影

10-3 儿童摄影

案例学习目标：学习添加启用浏览器窗口行为。

案例知识要点：在【行为】面板中，单击【添加行为】按钮，在动作菜单中选择添加浏览器行为。

素材所在位置：案例素材/ch10/课堂案例——儿童摄影。

案例效果如图 10-31 所示。

以素材"课堂案例——儿童摄影"为本地站点文件夹，创建名称为"儿童摄影"的站点。

❶ 在【文件】面板中选中"儿童摄影"站点，双击打开文件 index.html，如图 10-32 所示。

❷ 选择菜单【窗口】|【行为】，打开【行为】面板，单击【添加行为】按钮 ✚，在弹出的动作菜单中选择【打开浏览器窗口】选项，打开【打开浏览器窗口】对话框，如图 10-33 所示。

图 10-31　　　　　　　　　　　　　　　　　　图 10-32

❸ 在【要显示的 URL】文本框中输入 index1.html，在【窗口宽度】文本框中输入"300"，在【窗口高度】文本框中输入"300"，单击【确定】按钮，完成设置。该行为采用默认触发事件 onLoad，打开浏览器窗口，如图 10-34 所示。

图 10-33

图 10-34

🌥 **提示**

该事件在浏览网页时被触发，即使当前网页打开时自动执行，以获得打开窗口的效果。

❹ 保存网页文档，按<F12>键预览效果。

10.4.2　打开浏览器窗口

打开浏览器窗口行为主要用于控制在一个新窗口中打开指定网页。添加打开浏览器窗口行为的具体操作步骤如下。

❶ 选择菜单【窗口】|【行为】，打开【行为】面板。

❷ 在【行为】面板中单击【添加行为】按钮➕，在动作菜单中选择【打开浏览器窗口】选项，打开图 10-35 所示的对话框。

【打开浏览器窗口】对话框中各选项的含义如下。

【要显示的 URL】：设置要打开网页窗口的 URL 地址，可通过单击【浏览...】按钮在本地站点中选择。

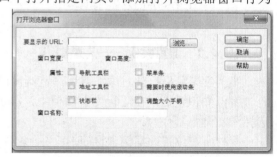

图 10-35

【窗口宽度】：以像素为单位设置打开窗口的宽度。

【窗口高度】：以像素为单位设置打开窗口的高度。

【属性】：设置打开窗口的状态属性。

【窗口名称】：新窗口的名称。

❸ 单击【确定】按钮后，在【行为】面板中对默认事件进行调整。

10.4.3 转到 URL

转到 URL 动作主要用于在当前窗口指定的框架下打开一个新网页，可通过一次操作更改多个框架的内容。添加转到 URL 行为的具体操作步骤如下。

❶ 选择菜单【窗口】|【行为】，打开【行为】面板。

❷ 在【行为】面板中单击【添加行为】按钮 **+**，在动作菜单中选择【转到 URL】选项，打开【转到 URL】对话框，如图 10-36 所示，各选项的含义如下。

【打开在】：列出当前框架集中所有框架的名称及主窗口。

图 10-36

【URL】：设置要打开网页窗口的 URL 地址，可通过单击【浏览…】按钮在本地站点中选择 URL 地址。

❸ 单击【确定】按钮，在【行为】面板中对默认事件进行调整。

10.5 效果

效果行为属于视觉增强功能，通常用于在一段时间内修改网页元素的视觉效果。效果包括增大收缩、显示渐隐、晃动、挤压和滑动等，还可以组合两个或多个效果来创建复合特效。该行为可以应用于网页中几乎所有的元素上。

10.5.1 课堂案例——绿野网站建设

案例学习目标：学习设置图像效果的方法。

案例知识要点：在【行为】面板中单击【添加行为】按钮，在动作菜单中选择【效果】选项进行设置。

素材所在位置：案例素材/ch10/课堂案例——绿野网站建设。

案例效果如图 10-37 所示。

图 10-37

以素材"课堂案例——绿野网站建设"为本地站点文件夹，创建名称为"绿野网站建设"的站点。

❶ 在【文件】面板中选中"绿野网站建设"站点，双击打开文件 index.html，如图 10-38 所示。

❷ 选中网页中左侧的图像，选择菜单【窗口】|【行为】，打开【行为】面板。单击【添加行为】按钮 **+**，在弹出的动作菜单中选择【效果】|【增大/收缩】，打开【增大/收缩】对话框，如图 10-39 所示。

图 10-38   图 10-39

❸ 在【目标元素】下拉框中选择【<当前选定内容>】选项，在【效果持续时间】文本框中输入"1000"，在【收缩自】文本框中输入"100"，在【收缩到】文本框中输入"90"，在【收缩到】下拉框中选择【居中对齐】选项，勾选【切换效果】复选框，单击【确定】按钮，【行为】面板中将出现该图像的行为，如图 10-40 所示。

❹ 选中网页中的中间图像，单击【添加行为】按钮 **+**，在动作菜单中选择【效果】|【晃动】选项，打开【晃动】对话框，如图 10-41 所示。在【目标元素】下拉框中选择【<当前选定内容>】选项，单击【确定】按钮，完成该图像的行为设置。

图 10-40   图 10-41

❺ 选中网页中的右侧图像，单击【添加行为】按钮 **+**，在弹出的动作菜单中选择【效果】|【显示/渐隐】选项，打开【显示/渐隐】对话框，如图 10-42 所示。

❻ 在【目标元素】下拉框中选择【<当前选定内容>】选项，在【效果持续时间】文本框中输入"1000"，在【渐隐自】文本框中输入"100"，在【渐隐到】文本框中输入"50"，单击【确定】按钮，【行为】面板中将出现该图像的行为，如图 10-43 所示。

图 10-42   图 10-43

❼ 保存网页文档，按<F12>键预览效果。

10.5.2 增大/收缩

为网页元素添加增大/收缩效果行为的具体操作
步骤如下。

❶ 选择菜单【窗口】|【行为】，打开【行为】
面板。

❷ 在【行为】面板中单击【添加行为】按钮 ➕，
在动作菜单中选择【效果】|【增大/收缩】，打开【增大/
收缩】对话框，如图 10-44 所示。

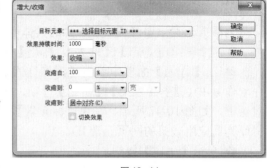

图 10-44

【增大/收缩】对话框中各选项的含义如下。

【目标元素】：选择要为其应用效果的网页元素 ID。

【效果持续时间】：定义出现此效果所需的时间。

【效果】：选择要应用的效果是"增大"还是"收缩"。

【收缩自】：定义元素在效果开始时的大小，该值为百分比大小或像素值。

【收缩到】：定义元素在效果结束时的大小，该值为百分比大小或像素值。

【收缩到】：选择收缩后的位置。

【切换效果】：设置效果是否可逆，如连续单击网页元素即可从"增大"切换为"收缩"，反之亦然。
单击【确定】按钮后，在【行为】面板中对默认事件进行调整。

10.5.3 显示/渐隐

为网页元素添加显示/渐隐效果行为的具体操作步骤如下。

❶ 选择菜单【窗口】|【行为】，打开【行为】面板。

❷ 在【行为】面板中单击【添加行为】按钮 ➕，
在动作菜单中选择【效果】|【显示/渐隐】选项，打
开【显示/渐隐】对话框，如图 10-45 所示。

图 10-45

【显示/渐隐】对话框中各选项的含义如下。

【目标元素】：选择要为其应用效果的网页元素 ID。

【效果持续时间】：定义此效果持续的时间，用毫
秒表示。

【效果】：选择要应用的效果是"渐隐"还是"显示"。

【渐隐自】：定义显示此效果所需的不透明度百分比。

【渐隐到】：定义要渐隐到的不透明度百分比。

【切换效果】：设置效果是否可逆；如连续单击网页元素即可从"渐隐"转换为"显示"或从
"显示"转换为"渐隐"。

❸ 单击【确定】按钮后，在【行为】面板中对默认事件进行调整。

10.5.4 晃动

为网页元素添加晃动效果行为的具体操作步骤如下。

❶ 选择菜单【窗口】|【行为】，打开【行为】面板。

❷ 在【行为】面板中单击【添加行为】按钮 ➕，
在动作菜单中选择【效果】|【晃动】选项，打开【晃
动】对话框，如图 10-46 所示，在【目标元素】下拉框

图 10-46

中选择要为其应用效果的网页元素 ID。

❸ 单击【确定】按钮。

10.5.5 挤压

为网页元素添加挤压效果行为的具体操作步骤如下。

❶ 选择菜单【窗口】|【行为】，打开【行为】面板。

❷ 在【行为】面板中单击【添加行为】按钮 ✚，
在动作菜单中选择【效果】|【挤压】选项，打开【挤压】
对话框，如图 10-47 所示，在【目标元素】下拉框中选
择要为其应用效果的网页元素 ID。

图 10-47

❸ 单击【确定】按钮。

10.5.6 滑动

要正确设置滑动效果，就必须将目标元素封装在具有唯一 ID 的容器标签中，此类容器标签包
括<blockquote>、<dd>、<form>、<div>、<center>等。本例以图像为目标元素，<div>标签为封装
容器进行效果设置，具体操作步骤如下。

❶ 打开素材文件"基本素材/ch10/slip/slip.html"。

❷ 在页面中选中图 apDiv1，选择菜单【窗口】|【行为】，打开【行为】面板。

❸ 在【行为】面板中单击【添加行为】按钮 ✚，在动作菜单中选择【效果】|【滑动】选项，
打开【滑动】对话框，如图 10-48 所示。

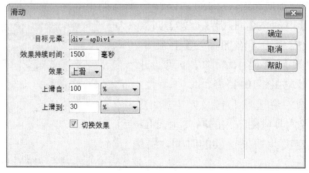

图 10-48

❹ 在【目标元素】下拉框中选择【div "apDiv1"】选项，在【效果持续时间】文本框中输入
"1500"，在【效果】下拉框中选择【上滑】选项，在【上滑自】文本框中输入"100"，在【上滑
到】文本框中输入"30"，勾选【切换效果】复选框，单击【确定】按钮。

❺ 在【行为】面板中对默认事件进行调整后，保存网页文档，按<F12>键预览效果。

【滑动】对话框中各选项的含义如下。

【目标元素】：选择要为其应用效果的网页元素 ID。

【效果持续时间】：定义此效果持续的时间，用毫秒表示。

【效果】：选择要应用的效果是"上滑"或"下滑"。

【上滑自】：定义显示滑动效果的起始位置。

【上滑到】：定义显示滑动效果的终止位置。

【切换效果】：设置效果是否可逆，如连续单击网页元素即可连续滑动。

10.6　JavaScript 代码

调用 JavaScript 行为可以指定在事件发生时要执行的自定义函数或者 JavaScript 代码。这些 JavaScript 代码可以自己书写，也可以使用网络上免费发布的各种 JavaScript 库。调用 JavaScript 代码的具体操作步骤如下。

❶ 在新建空白页面中选择菜单【插入】|【表单】|【按钮】，分别插入两个按钮。

❷ 分别选中按钮，在按钮的【属性】面板的【值】文本框中分别输入"弹出窗口"和"关闭窗口"，完成后的效果如图 10-49 所示。

图 10-49

❸ 选择菜单【窗口】|【行为】，打开【行为】面板，单击【添加行为】按钮➕，在动作菜单中选择【效果】|【调用 JavaScript】选项，打开【调用 JavaScript】对话框，如图 10-50 所示。

❹ 在【JavaScript】文本框中输入 JavaScript 代码或用户想要触发的函数的名称。例如，当用户单击"弹出窗口"按钮时弹出警告窗口，可以输入"window.alert("警告")"；当用户单击"关闭窗口"按钮时关闭窗口，可以输入"window.close()"

❺ 单击【确定】按钮，观察【行为】面板，【事件列表】中显示了 onClick 事件，【动作列表】中显示了调用 JavaScript，如图 10-51 所示。

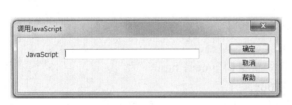

图 10-50

图 10-51

❻ 在【行为】面板中对默认事件进行调整后，保存网页文档，按<F12>键预览效果。

10.7　练习案例

10.7.1　练习案例——甜品饮料吧

案例练习目标：练习制作图像特效。
案例操作要点如下。
（1）在"热卖产品"下方，分别为图像"茉莉花香""冰火两重天""生命之绿""巨杯甜饮"添加显示-隐藏元素特效，实现当鼠标指针经过这些图片时，在"巨杯甜饮"右侧显示其放大图片（即将 AP Div 插入其右侧单元格中），放大图片分别为 big1-1.jpg、big2-1.jpg、big3-1.jpg 和 big4-1.jpg。

（2）在"特色产品"下方，从左向右、从上到下，分别插入图像 a-1.jpg～f-1.jpg，并添加交换图像特效，交换图像分别为 a.jpg～f.jpg。

素材所在位置：案例素材/ch10/练习案例——甜品饮料吧。效果如图 10-52 所示。

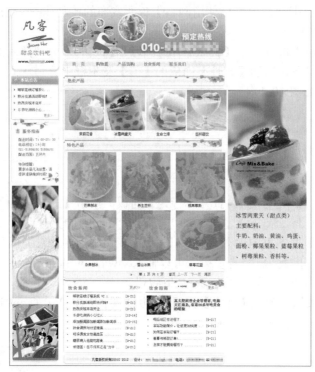

图 10-52

10.7.2　练习案例——美达人寿

案例练习目标：练习制作启用浏览器窗口效果。

案例操作要点如下。

（1）在打开网页 index.html 的同时，启动新窗口 index1.html。

（2）启动窗口宽度为 300px、高度为 500px。

素材所在位置：案例素材/ch10/练习案例——美达人寿。效果如图 10-53、图 10-54 所示。

图 10-53

图 10-54

10.7.3　练习案例——我们爱猫网

案例练习目标：练习制作各种效果。

案例操作要点如下。

（1）为网页的前 4 幅图片分别添加增大/收缩、显示/渐隐、晃动和挤压等效果，并通过 onDbClick 事件触发。

（2）为第 5 幅图片添加滑动效果，通过 onClick 事件触发。

素材所在位置：案例素材/ch10/练习案例——我们爱猫网。效果如图 10-55 所示。

图 10-55

Dreamweaver CS6

第 11 章
模板和库

模板和库是网页设计者设计和制作网页时不可缺少的工具。在创建一批具有相似外观格式的网页之前，通常会先建立一个模板，再利用模板生成其他网页。这样当更改模板时，基于模板的其他网页也会自动更新。

对于需要在多个网页中使用的网页元素，可以先建立一个库项目，当网页需要使用该元素时直接从库中调用该项目。只要修改库项目，就可以更新所有项目元素。

利用模板和库建立网页可以使创建网页与维护网站变得更方便、快捷。它们可以帮助设计者统一整个网站的风格，节省网页制作的时间，提高工作效率，并给管理整个网站带来很大的便利。

 本章学习内容

1. 模板
2. 库

11.1 模板

在网页制作过程中，常常会制作很多布局结构和版式风格相似而内容不同的页面，如果每个页面都从头开始制作，不仅工作乏味而且效率低下。因此需要预先定义多个网页的相同部分，将它们存入相应文件中，这就构成了模板。套用模板可以迅速生成多个风格一致的网页，避免了很多重复性工作，提高了工作效率。

11.1.1 课堂案例——花仙子园艺

案例学习目标：学习模板的使用。

案例知识要点：新建模板文件，选择菜单【插入】|【模板对象】|【可编辑区域】，在模板文件中插入可编辑区域，通过模板文件创建网页，在【资源】面板中对模板文件进行编辑。

素材所在位置：案例素材/ch11/课堂案例——花仙子园艺。

案例效果如图 11-1 所示。

以素材"课堂案例——花仙子园艺"为本地站点文件夹，创建名称为"花仙子园艺"的站点。

1. 创建模板文件

❶ 选择菜单【文件】|【新建】，打开【新建文档】对话框，如图 11-2 所示。选择【空模板】，在【模板类型】列表中选择【HTML 模板】选项，在【布局】列表中选择【无】选项，单击【创建】按钮，创建空白的模板页，并在文档工具栏的【标题】文本框中输入"花仙子园艺"。

图 11-1

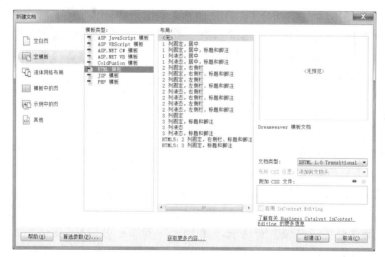

图 11-2

❷ 选择菜单【文件】|【保存】，打开【另存模板】对话框，如图 11-3 所示。在【另存为】文本框中输入 hua，单击【保存】按钮。

2. 编辑模板文件

❶ 在【插入】面板的【常用】选项卡中，单击【表格】按钮，打开【表格】对话框，如图 11-4 所

示。在【行数】文本框中输入"3"，在【列】文本框中输入"3"，在【表格宽度】文本框中输入"1280"，其余各项设置均保持默认，单击【确定】按钮插入表格，并将表格居中对齐。

图 11-3　　　　　　　　　　　　　　　　　图 11-4

❷ 选中表格中第 1 行的所有单元格，如图 11-5 所示，在单元格【属性】面板中单击【合并】按钮 □，将选中的单元格合并。采用同样的方式，将表格中第 3 行的所有单元格合并，全部完成后的效果如图 11-6 所示。

图 11-5

图 11-6

❸ 将光标置于表格第 1 行单元格中，在【插入】面板中选择【常用】选项卡，单击【图像】按钮 □，在【选择图像源文件】对话框中选择"课堂案例——花仙子园艺>images>top.jpg"，如图 11-7 所示。单击【确定】按钮，效果如图 11-8 所示。

❹ 采用同样的方式，在第 2 行第 1 列单元格中插入图像 left.jpg，在第 2 行第 3 列单元格中插入图像 right.jpg，在第 3 行中插入图像 bottom.jpg，效果如图 11-9 所示。

❺ 将光标置于表格第 2 行第 2 列单元格中，在单元格【属性】面板的【宽】文本框中输入"532"。选择菜单【插入】|【模板对象】|【可编辑区域】，打开【新建可编辑区域】对话框，如

图 11-7

图 11-10 所示，在【名称】文本框中输入"td1"，单击【确定】按钮。完成后的效果如图 11-11 所示。

❻ 将可编辑区域 td1 中的字符删除，将光标置于其中，在【插入】面板的【常用】选项卡中单击【表格】按钮 □，打开【表格】对话框，在【行数】文本框中输入"1"，在【列】文本框中输入"2"，在【表格宽度】文本框中输入"100"，其余各项设置均保持默认，单击【确定】按钮。完成后的效果如图 11-12 所示。

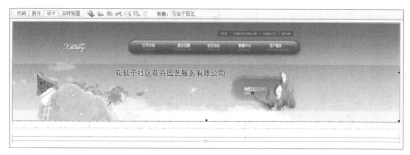

图 11-8

图 11-9

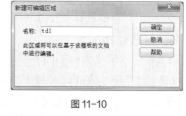

图 11-10

图 11-11

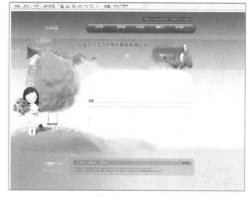

图 11-12

提示

在同一模板文件中插入多个可编辑区域时，名称不能相同，且可编辑区域不可嵌套。

❼ 保存模板文件。至此，网页模板编辑完成。

3.根据模板文件创建网页

❶ 选择菜单【文件】|【新建】，打开【新建文档】对话框，如图 11-13 所示，选择【模板中的页】选项，在【站点】列表中选择【花仙子园艺】选项，在【站点"花仙子园艺"的模板】列表中选择【hua】选项，单击【创建】按钮，效果如图 11-14 所示。

❷ 选择菜单【文件】|【保存】，打开【另存为】对话框，如图 11-15 所示，在【文件名】文本框中输入 index.html，单击【保存】按钮。

❸ 将光标置于可编辑区域 td1 内表格左侧单元格中，插入图像 jianjie.jpg，在右侧单元格中插入图像 tu1.jpg，完成后选择菜单【文件】|【保存】，效果如图 11-16 所示。

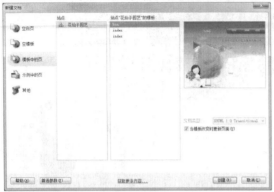

图 11-13   图 11-14

❹ 采用同样的方式，根据模板 hua 创建网页 index2.html，在可编辑区域 td1 的表格左侧单元格中插入图像 fuwu.jpg，在右侧单元格中插入图像 tu2.jpg，完成后保存文件，效果如图 11-17 所示。

4．修改模板

❶ 选择菜单【窗口】|【资源】，打开【资源】面板，单击【资源】面板左侧的【模板】按钮▤，如图 11-18 所示。

❷ 在【资源】面板的【模板】列表中，双击模板名称 hua，在【文档】窗口中打开模板文件 hua.dwt。选中图像 top.jpg，在图像【属性】面板中单击【矩形热点】按钮，在网页上部的文字"公司介绍"位置绘制矩形热点，如图 11-19 所示。

图 11-15

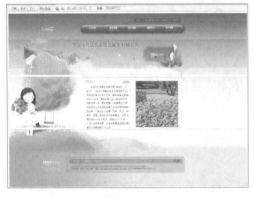

图 11-16   图 11-17

图 11-18   图 11-19

❸ 选中热点，如图11-20所示，在热点【属性】面板的【链接】文本框中输入../index.html。

❹ 采用的同样方式，在文字"服务范围"位置绘制矩形热点，并设置热点链接为../index2.html。

❺ 选择菜单【文件】|【保存】，打开【更新模板文件】对话框，如图11-21所示，单击【更新】按钮，更新和保存模板文件。

图 11-20   图 11-21

❻ 按<F12>键预览网页 index.html 和 index2.html 的效果，检查它们的链接关系。

11.1.2 创建模板

创建网页模板时必须明确模板是建在哪个站点中的，因此正确地建立站点尤为重要。模板文件创建后，Dreamweaver 会自动在站点根目录下创建名为 Templates 的文件夹，所有模板文件都保存在该文件夹中，扩展名为.dwt。

创建模板文件时既可以新建一个空白模板，也可以根据现有网页文件创建模板。

1. 新建空白模板

新建一个空白的模板可以采用以下两种方法。

（1）利用菜单命令创建空白模板

选择菜单【文件】|【新建】，打开【新建文档】对话框，如图11-22所示。选择【空模板】选项，在【模板类型】列表中选择【HTML 模板】选项，在【布局】列表中选择【<无>】选项，单击【创建】按钮，在【文档】窗口中创建空白模板页。此时的模板文件还未命名，在编辑完成后，可选择菜单【文件】|【保存】，对模板文件进行存储。

（2）利用【资源】面板创建空白模板

选择菜单【窗口】|【资源】或按<F11>键，打开【资源】面板，单击【资源】面板左侧的【模板】按钮📄，再单击【资源】面板右下角的【新建模板】按钮📄，如图11-23所示，在【资源】面板中输入新模板的名字。

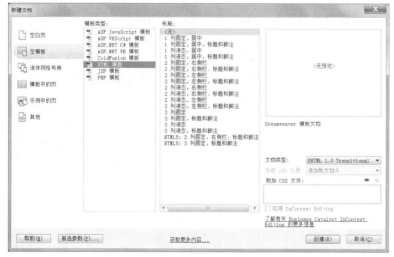

图 11-22

图 11-23

2. 根据现有网页文件创建模板

以基本素材"爱康旅社"为本地站点文件夹，创建名称为"爱康旅社"的站点。

❶ 打开文件 index.html，如图 11-24 所示，这是一个已有内容的网页，此处根据它来创建一个模板文件。

❷ 选择菜单【文件】|【另存模板】，如图 11-25 所示，打开【另存模板】对话框。

❸ 在【站点】下拉框中选择该模板所在的站点，本例为"爱康旅社"。【现存的模板】列表中显示的是当前网站中已经建好的模板，在【另存为】文本框中输入新建模板的名称为 aikang，单击【保存】按钮。此时新建的模板文件会保存在网站根文件夹下的 Templates 文件夹中。

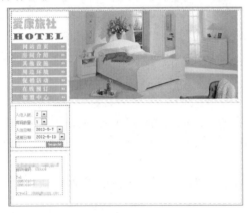

图 11-24　　　　　　　　　　　　　　　　图 11-25

11.1.3　定义可编辑区域

创建完成的网页模板中的所有区域都被锁定为"不可编辑区域"。所谓"不可编辑区域"，是指多个风格相同网页中的共同部分，该部分在通过模板创建的网页文件中是保持一致的。因此，用户还需要在模板中插入"可编辑区域"，用来编辑各个网页文件中的不同内容，具体步骤如下。

❶ 打开基本素材"爱康旅社"文件夹中的模板文件 moban.dwt。

❷ 在网页模板文件中，将光标置于要插入可编辑区域的位置或选中要设为可编辑区域的文本或内容，完成区域的选择。

❸ 选择菜单【插入】|【模板对象】|【可编辑区域】或按<Ctrl+Alt+V>组合键，打开【新建可编辑区域】对话框，如图 11-26 所示。

❹ 在【新建可编辑区域】对话框的【名称】文本框中输入可编辑区域的名称，单击【确定】按钮，完成可编辑区域的创建，效果如图 11-27 所示。

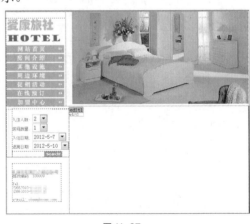

图 11-26　　　　　　　　　　　　　　　　图 11-27

提示

如果单击<td>标签选中单个单元格，再插入可编辑区域，则单元格的属性和其中内容均可编辑；如果将光标定位到单元格中，再插入可编辑区域，则只能编辑单元格中的内容。

11.1.4 定义可编辑重复区域

网页模板中的重复区域不同于可编辑区域，在基于模板创建的网页中，重复区域不可编辑，但可以多次复制。因此重复区域通常被设置为网页中需要多次重复插入的部分，多用于插入表格。若希望编辑重复区域，可以在重复区域中嵌套一个可编辑区域，具体步骤如下。

❶ 打开基本素材"爱康旅社"文件夹中的模板文件 moban1.dwt。

❷ 在打开的网页模板文件中，将光标定位于要插入重复区域的位置或选中要设为可编辑重复区域的文本或内容，完成区域选择。

❸ 选择菜单【插入】|【模板对象】|【重复区域】，打开【新建重复区域】对话框，如图 11-28 所示。

❹ 在【新建重复区域】对话框的【名称】文本框中输入重复区域的名称，单击【确定】按钮，完成插入可编辑重复区域，效果如图 11-29 所示。

图 11-28

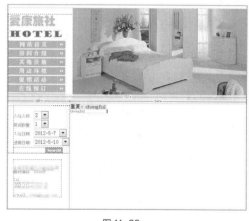
图 11-29

❺ 在重复区域中插入需要重复的内容，实现重复区域的编辑，如图 11-30 所示。

❻ 将光标置于重复区域中的相应位置，选择菜单【插入】|【模板对象】|【可编辑区域】，在重复区域中插入可编辑区域，如图 11-31 所示。

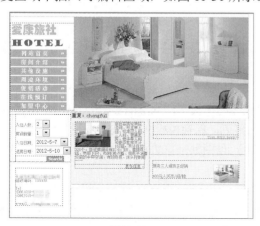
图 11-30

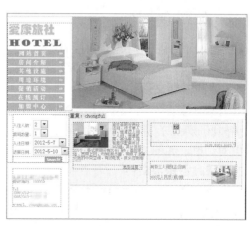
图 11-31

提示

在同一模板文件中插入多个重复区域时，它们的名称不能相同；另外，重复区域可以嵌套重复区域，也可以嵌套可编辑区域。

11.1.5　创建基于模板的网页

创建基于模板的网页通常可以采用以下两种方法。

以基本素材"爱康旅社"为本地站点文件夹，创建名称为"爱康旅社"的站点。

（1）利用菜单创建基于模板的网页。

选择菜单【文件】|【新建】，打开【新建文档】对话框，如图 11-32 所示。选择【模板中的页】选项，在【站点】列表中选择相应的站点名称，在【站点"爱康旅社"的模板】列表中选择所基于的模板，单击【创建】按钮，创建基于模板的新文档。

（2）利用【资源】面板创建基于模板的网页。

新建空白 HTML 文档，选择菜单【窗口】|【资源】或按<F11>键，打开【资源】面板，如图 11-33 所示。单击【资源】面板左侧的【模板】按钮 📄，再单击【资源】面板左下角的【应用】按钮，在文档中应用该模板。

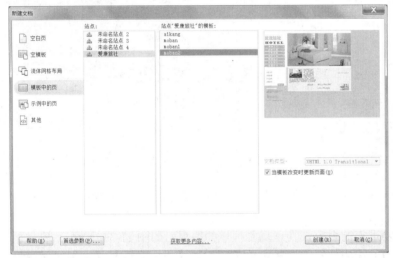

图 11-32

图 11-33

11.1.6　管理模板

【资源】面板中提供了管理模板的功能，选择菜单【窗口】|【资源】或按<F11>键，打开【资源】面板，单击【资源】面板左侧的【模板】按钮 📄，在该面板中可对模板进行修改、删除、重命名等操作。

1．修改模板文件

在【资源】面板的【模板】列表中，双击打开要修改的模板文件 moban.dwt，如图 11-34 所示。将可编辑区域 edit1 所在单元格的背景颜色由白色改为黄色，保存模板文件后，自动打开【更新模板文件】对话框，如图 11-35 所示。若要更新本站点中基于此模板创建的网页，则单击【更新】按钮。

2．重命名模板文件

在【资源】面板的【模板】列表中，选中要重命名的模板文件并右击，如图 11-36 所示，在弹出的快捷菜单中选择【重命名】选项。对模板文件重新命名后，打开【更新模板文件】对话框，若要更新本站点中基于此模板创建的网页，则单击【更新】按钮。

图 11-34　　　　　　　　　　　　　　　　　　　　　图 11-35

3. 删除模板文件

在【资源】面板的【模板】列表中，选中要删除的模板文件并右击，在弹出的快捷菜单中选择【删除】选项。删除模板后，基于此模板的网页还将继续保留原模板结构和可编辑区域。但此时无法再修改不可编辑区域，因此应尽量避免删除模板文件。

4. 更新站点

当设计者将创建的模板应用到页面制作中以后，可以通过修改一个模板实现修改所有应用此模板的网页。修改本地站点中的模板，更新与这个模板有关的网页的操作步骤如下。

❶ 在【资源】面板的【模板】列表中，选中修改过的模板文件并右击，在弹出的快捷菜单中选择【更新站点】选项，打开【更新页面】对话框，如图 11-37 所示。

图 11-36　　　　　　　　　　　　　　　　　　　　　图 11-37

❷ 在【查看】右侧的第一个下拉框中选择整个站点，在第二个下拉框中选择模板所在站点的名称，勾选【模板】复选框，单击【开始】按钮，更新当前站点中与这个模板有关的网页。

11.2　库

Dreamweaver 可以把网站中经常使用的网页元素存入一个文件夹中，该文件夹称为库。当库项目创建后，Dreamweaver 会自动在站点根目录下创建一个名为 Library 的文件夹，所有库项目文件都保存在该文件夹中，扩展名为.lbi。将库项目插入网页中，实际上是插入库项目的一个副本和对该库项目的引用，从而保证了对该库项目进行编辑修改后，引用该库项目的网页能自动更新。

　　库项目和模板一样，可以规范网页格式、避免多次重复操作。它们的区别是模板对整个页面起作用，而库项目则只对网页的部分元素起作用。

11-2　时尚
女性网

11.2.1　课堂案例——时尚女性网

　　案例学习目标：学习库的使用。

　　案例知识要点：创建库项目文件，在网页文件中插入库项目，并在【资源】面板中对库项目进行编辑。

　　素材所在位置：案例素材/ch11/课堂案例——时尚女性网。

　　案例效果如图 11-38 所示。

　　以素材"课堂案例——时尚女性网"为本地站点文件夹，创建名称为"时尚女性网"的站点。

1.　创建库项目文件

❶　在【文件】面板中选中"时尚女性网"站点，双击打开文件 index.html，如图 11-39 所示。

图 11-38　　　　　　　　　　　　　　　　　　　图 11-39

　　❷　选择菜单【窗口】|【资源】，打开【资源】面板，单击【资源】面板左侧的【库】按钮🕮，如图 11-40 所示。

　　❸　选中图像"点击排行"，如图 11-41 所示。按住鼠标左键将其拖曳到【资源】面板中，释放鼠标左键，选中图像被添加为库项目，显示在【库】项目列表中，如图 11-42 所示。

图 11-40　　　　　　　　　　图 11-41　　　　　　　　　　图 11-42

　　❹　将库项目重命名为 dianji，如图 11-43 所示。

　　❺　采用同样的方式，选中图像"站点地图"，如图 11-44 所示，将其添加为库项目，命名为

ditu；选中网页上方的导航文字，如图 11-45 所示，将其添加为库项目，并重命名为 title。完成后的【库】项目列表如图 11-46 所示。

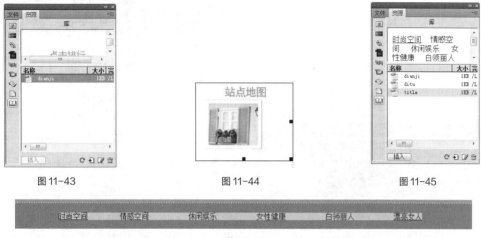

图 11-43　　　　　　　　　　　图 11-44　　　　　　　　　　　图 11-45

图 11-46

2. 将库项目插入网页文件中

❶ 在【文件】面板中，打开文件 index1.html，如图 11-47 所示。

❷ 将光标置于网页上方单元格中，如图 11-48 所示。在【资源】面板的【库】项目列表中选中库项目 title，单击【资源】面板中的【插入】按钮，将库项目插入网页中。插入库项目后的【文档】窗口中，文本背景变为黄色，如图 11-49 所示。

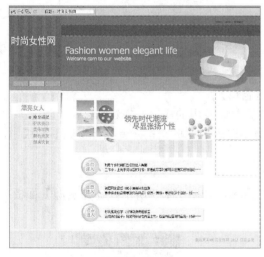

图 11-47

图 11-48

❸ 采用同样的方式，将库项目 dianji 和 ditu 插入网页中的相应位置，效果如图 11-50 所示。

❹ 保存网页文档，按<F12>键预览效果。

3. 修改库项目

❶ 在【资源】面板的【库】项目列表中，双击库项目 title，如图 11-51 所示，将其在【文档】窗口中打开。

❷ 在文字"漂亮女人"右侧添加"联系我们"，如图 11-52 所示。注意空格以全角状态输入。

❸ 选择菜单【文件】|【保存】，打开【更新库项目】对话框，如图 11-53 所示，单击【更新】按钮。

❹ 保存网页文档，按<F12>键预览效果。注意观察网页文件 index.html 和 index1.html 的变化。

图 11-50

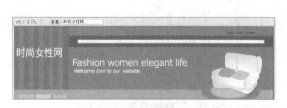

图 11-49

图 11-51

图 11-52

11.2.2　创建库项目

同网页模板一样，库项目也是基于站点创建的，因此在创建之前需正确建立站点。

创建库项目通常采用以下两种方式。

以基本素材"花"为本地站点文件夹，创建名称为"花"的站点。

图 11-53

（1）根据已有网页元素创建库项目

❶ 在【文件】面板中打开 index1.html，选择菜单【窗口】|【资源】或按<F11>键，打开【资源】面板，单击【资源】面板中的【库】按钮 ▥ 。

❷ 选中要添加到库中的网页元素，按住鼠标左键将选中的网页元素拖曳到【资源】面板中，形成库项目并命名为 text，如图 11-54 所示。

（2）新建空白库元素

❶ 单击【资源】面板右下角的【新建库项目】按钮 ▣ ，如图 11-55 所示，在【资源】面板中输入新建库项目的名称 tu。

图 11-54

图 11-55

❷ 双击该库项目，在【文档】窗口中打开 tu.lib 文档，如图 11-56 所示，可以对新建的库项

目进行编辑。

❸ 插入图片后，选择菜单【文件】|【保存】，保存库文件，效果如图 11-57 所示。

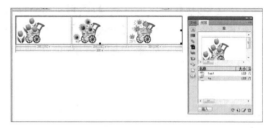

图 11-56   图 11-57

11.2.3 向页面中添加库项目

在网页中应用库项目，实际就是把库项目插入相应的页面中。向页面中添加库项目的具体操作步骤如下。

❶ 在【文件】面板中打开 index2.html，将光标定位到要插入库项目的网页文件的相应位置。

❷ 选择菜单【窗口】|【资源】或按<F11>键，打开【资源】面板，单击【资源】面板左侧的【库】按钮 。

❸ 在【资源】面板的【库】项目列表中分别选中要插入的库项目 text 和 tu，单击【资源】面板左下角的【插入】按钮实现插入，效果如图 11-58 所示。

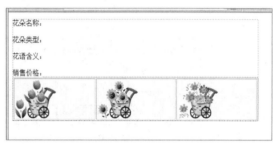

图 11-58

11.2.4 更新库项目文件

在整个站点中，库项目文件发生任何变化，都会使引用该库项目的网页文件同时发生变化，由此实现网页元素的统一更新。

1. 修改库项目文件

在【资源】面板的【库】项目列表中，双击要修改的库项目名称，在【文档】窗口中打开库项目，此时可以像编辑网页一样对库项目进行修改。编辑完成并保存库文件后，自动打开【更新库项目】对话框，如图 11-59 所示，若要更新本站点中基于此模板创建的网页，则单击【更新】按钮。

2. 将库项目从网页中分离

将库项目插入网页中后，网页中该库项目处于不可编辑状态，若要单独对某一网页的库项目进行修改，可将该部分代码从网页中分离出来，具体操作步骤如下。

❶ 选中相应库项目，在库项目【属性】面板中单击【从源文件中分离】按钮，如图 11-60 所示。

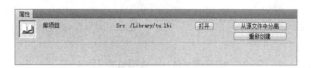

图 11-59   图 11-60

❷ 在打开的提示对话框中单击【确定】按钮，将所选中的库项目从站点的库项目中分离出来，

如图 11-61 所示。

此时在网页【文档】窗口中所选中的库项目变为可编辑状态，可以直接在【文档】窗口中对其进行修改，但它将无法随库项目的更新而更新。

3．重命名库项目文件

在【资源】面板的【库】项目列表中，选中要重命名的库文件并右击，如图 11-62 所示，在弹出的快捷菜单中选择【重命名】选项。对库文件重新命名后，打开【更新库文件】对话框，若要更新本站点中应用该库项目的网页，则单击【更新】按钮。

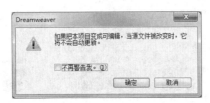

图 11-61

图 11-62

4．删除库项目文件

在【资源】面板的【库】项目列表中，选中要重命名的库文件并右击鼠标右键，在弹出的快捷菜单中选择【删除】选项。删除库项目后，不会更改任何使用该库项目的网页文档内容。

5．更新站点

同模板一样，对库项目进行修改后，Dreamweaver 也可以一次性更新站点中所有使用这个库项目的页面，具体操作步骤如下。

❶ 在【资源】面板的【库】项目列表中，选中修改过的库项目并右击，在弹出的快捷菜单中选择【更新站点】选项，如图 11-63 所示，打开【更新页面】对话框。

❷ 在【查看】右侧的第一个下拉框中选择【整个站点】选项，在第二个下拉框中选择库文件所在站点名称，勾选【库项目】复选框，单击【开始】按钮，便可更新当前站点中与这个库项目有关的网页。

图 11-63

11.3 练习案例

11.3.1　练习案例——旗袍文化

案例练习目标：练习模板的基本操作。

案例操作要点如下。

（1）根据已有网页文件 example.html 创建模板，模板名称为 temp.dwt。

（2）编辑模板文件，在导航图像下方创建可编辑区域，名称为 content。

（3）在网页模板文件中创建两个 CSS 文字样式并保存在样式表文件 qipao.css 中。

标题样式 .w1：幼圆 16 号字，颜色为#C30。

正文样式 .w2：幼圆 16 号字，颜色为黑色，行高为 20px。

（4）根据模板创建网页文件 index.html，在可编辑区域插入 1 行 3 列表格，宽度为 100%。

（5）根据模板创建网页文件 a-1.html，在可编辑区域插入 1 行 2 列表格，宽度为 100%。

（6）根据模板创建网页文件 a-2.html，在可编辑区域插入 3 行 4 列表格，宽度为 100%。

（7）修改模板文件，在图像"首页"上设置链接文件为 index.html，在图像"旗袍史话"上设置链接文件为 a-1.html，在图像"旗袍图片"上设置链接文件为 a-2.html。

素材所在位置：案例素材/ch11/练习案例——旗袍文化。网页 index.html 的效果如图 11-64 所示，网页 a-1.html 的效果如图 11-65 所示，网页 a-2.html 的效果如图 11-66 所示。

图 11-64

图 11-65

图 11-66

11.3.2　练习案例——恒生国际老年公寓

案例练习目标：练习库的基本操作。

案例操作要点如下。

（1）在 index.html 文档中，展开 house.css 样式文档，将 w1 样式应用到一级导航条所在的表格标签上，并将该表格定义为库项目 nav1.lbi；将.w2 样式应用到二级导航条所在的表格标签上，并将该表格定义为库项目 nav2.lbi。

（2）在 index1.html 文档中，将库项目 nav1.lbi 和 nav2.lbi 分别插入相应位置，并将 house.css 样式文档链接到该文档中。

（3）打开 nav2.lbi 文档，将 house.css 样式文档链接到该文档中。在文字"公寓简介"上设置链接文件为 index.html，在文字"公寓特色"上设置链接文件为 index1.html。

（4）设置 a:link, a:visited 复合样式：文字颜色为#666，文本装饰选择无。设置 a:hover 复合样式：文本装饰选择下画线。它们均保存在 house.css 文档中。

素材所在位置：案例素材/ch11/练习案例——恒生国际老年公寓。网页 index.html 的效果如图 11-67 所示，网页 index1.html 的效果如图 11-68 所示。

图 11-67

图 11-68

12 Chapter

第 12 章
表单

一个网站要接收访问输入的数据（如会员注册、网上购物提交订单等），就需要具备与浏览者交互的功能。表单提供了实现网页交互的一种方法。表单标识了网页中用于交互的表单区域以及相应的动作、方法和目标等，表单区域中容纳了各种文本域、复选框、单选按钮和选择列表等，实现了浏览者与服务器的具体交互功能。

Dreamweaver 提供了 Spry 验证功能，以保证表单提交的各类数据的合法性。Spry 验证涵盖了各种表单元素，包括 Spry 验证文本域、Spry 验证密码、Spry 验证复选框、Spry 验证单选按钮组等。

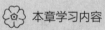 本章学习内容

1. 使用表单
2. Spry 验证

12.1 使用表单

表单（Form）技术可以实现浏览者同服务器之间的信息交互和传递。首先，表单从网络的用户端收集信息，然后将收集来的信息上传到服务器进行处理，根据需要可以再反馈给用户。目前表单主要应用于用户注册、论坛登录等。用户在注册时，先填写好表单，单击按钮提交给服务器；服务器记录下用户的资料，并给用户操作成功的信息提示。

一个表单由3个基本组成部分：表单标签、表单域和表单按钮。

表单标签包含了处理表单数据所用的 URL 地址以及数据提交到服务器的方法。表单域包含了文本域、文本区域、隐藏域、复选框、单选按钮、选择列表和文件域等。表单按钮包括提交按钮和复位按钮，确定将数据传送到服务器上或者重新输入。

12.1.1 课堂案例——办公用品公司

案例学习目标：学习表单的基本操作。

案例知识要点：选择菜单【插入】|【表单】或使用【插入】面板中的【表单】选项卡创建表单；在表单中插入各种表单元素，并利用【属性】面板进行设置。

素材所在位置：案例素材/ch12/课堂案例——办公用品公司。

案例效果如图 12-1 所示。

以素材"课堂案例——办公用品公司"为本地站点文件夹，创建名称为"办公用品公司"的站点。

1. 插入第一个表单

❶ 在【文件】面板中双击打开文件 index.html，如图 12-2 所示。选择菜单【修改】|【页面属性】，打开【页面属性】对话框，如图 12-3 所示。在【分类】列表中选择【外观（CSS）】选项，在【大小】下拉框中输入"12"，在【文本颜色】文本框中输入"#666"，在【左边距】、【右边距】、【上边距】和【下边距】文本框中都输入"0"，单击【确定】按钮。

图 12-1

图 12-2

图 12-3

❷ 将光标置于页面中部的单元格中，选择菜单【插入】|【表单】|【表单】，在表格中插入一个表单，如图 12-4 所示。在该表单【属性】面板中的【表单 ID】文本框中输入"form1"，如图 12-5 所示。

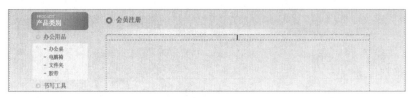

图 12-4

图 12-5

❸ 将光标置于表单中，选择菜单【插入】|【表格】，打开【表格】对话框，如图 12-6 所示。在【行数】文本框中输入"7"，在【列】文本框中输入"2"，在【表格宽度】文本框中输入"80"，并在其右侧的下拉框中选择【百分比】选项，在【边框粗细】、【单元格边距】和【单元格间距】文本框中都输入"0"，单击【确定】按钮插入表格，效果如图 12-7 所示。

图 12-6

图 12-7

❹ 选中表格的所有行，在【属性】面板的【高】文本框中输入"30"；再选中表格第 1 列的所有单元格，在【属性】面板的【宽】文本框中输入"100"，并在【水平】下拉框中选择【右对齐】选项，效果如图 12-8 所示。在表格第 1 列的各单元格中，分别输入"用户名:""密 码:""性别:""爱 好:""所在城市:""个人简介:"等文字，如图 12-9 所示。

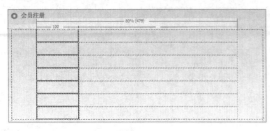

图 12-8　　　　　　　　　　　图 12-9

2. 插入文本域

❶ 将光标置于表格的第 1 行第 2 列单元格中，选择菜单【插入】|【表单】|【文本域】，在单元格中插入文本域。选中文本域，在【属性】面板中的【字符宽度】文本框中输入"25"，如图 12-10 所示。采用同样的方式，在表格的第 2 行第 2 列单元格中插入文本域，在【字符宽度】文本框中输入"25"，在【类型】选项中选择【密码】单选按钮，效果如图 12-11 所示。

图 12-10

❷ 将光标置于表格的第 6 行第 2 列单元格中，选择菜单【插入】|【表单】|【文本区域】，在单元格中插入文本区域。选中文本区域，在【属性】面板的【字符宽度】文本框中输入"45"，在【行数】文本框中输入"6"，如图 12-12 所示。效果如图 12-13 所示。

图 12-11

3. 插入复选框和单选按钮组

❶ 将光标置于表格的第 3 行第 2 列单元格中，选择菜单【插入】|【表单】|【单选按钮组】，打开【单选按钮组】对话框，如图 12-14 所示。在【标签】列表中输入"男"和"女"，在【值】列表中输入"1"和"0"，单击【确定】按钮，效果如图 12-15 所示。

图 12-12　　　　　　　　　　　图 12-13

图 12-14　　　　　　　　　　　图 12-15

❷ 将光标置于表格的第 4 行第 2 列单元格中，选择菜单【插入】|【表单】|【复选框】，插入复选框，在复选框右侧输入文字"看书"。采用的同样方式，再插入 3 个复选框并输入"音乐""运动""看电影"等文字，效果如图 12-16 所示。

4．插入选择列表/菜单和按钮

❶ 将光标置于表格的第 5 行第 2 列单元格中，选择菜单【插入】|【表单】|【选择（列表/菜单）】插入列表菜单。选中插入的列表菜单，在【属性】面板中单击【列表值...】按钮 [列表值...]，打开【列表值】对话框，如图 12-17 所示。在【项目标签】列表中输入"北京"，在【值】列表中输入"1"；单击 [+] 按钮，继续输入"上海"和"广州"，以及相应数值"2"和"3"，单击【确定】按钮插入列表菜单，效果如图 12-18 所示。

图 12-16

图 12-17

❷ 选中表格第 7 行的所有单元格，单击【属性】面板中【合并所选单元格，使用跨度】按钮 ⬚ 将两个单元格合并，在【水平】下拉框中选择【居中对齐】选项。选择菜单【插入】|【表单】|【按钮】，插入【提交】按钮，如图 12-19 所示。采用同样的方式，在【提交】按钮后再插入一个按钮，选中该按钮，在【属性】面板的【动作】选项中选择【重设表单】单选按钮，如图 12-20 所示。

图 12-18

图 12-19

❸ 至此完成了第一个表单的制作，保存网页文档，按<F12>键预览效果。

5．插入第二个表单和跳转菜单

❶ 将光标置于页面左侧的单元格中，选择菜单【插入】|【表单】|【表单】，在单元格中插入第二个表单，如图 12-21 所示，在该表单【属性】面板中的【表单 ID】文本框中输入"form2"。

图 12-20

图 12-21

❷ 将光标置于第二个表单中，选择菜单【插入】|【表单】|【跳转菜单】，打开【插入跳转菜单】对话框，如图 12-22 所示。在【文本】文本框中输入"新浪"，在【选择时，转到 URL】文本框中输入新浪网址。单击 [+] 按钮，继续输入"百度"和百度网址，单击【确定】按钮插入跳转菜单，效果如图 12-23 所示。

图 12-22　　　　　　　　　　　　　　　　　　图 12-23

❸ 保存网页文档，按<F12>键预览效果。

12.1.2　表单及其属性

在网页中创建表单的操作步骤如下。

❶ 将光标定位在要插入表单的位置。

❷ 选择【插入】|【表单】|【表单】，或单击【插入】面板的【表单】选项卡中的【表单】按钮，或将【表单】面板中的【表单】按钮拖入网页文档窗口中。

❸ 在网页中创建了由虚线框确定的表单区域，如图 12-24 所示，表单对应的【属性】面板如图 12-25 所示。

图 12-24

图 12-25

红色虚线框确定了当前表单的边框，其大小不能更改。当在表单区域内插入对象后，其大小会自动调整以便容纳下所有的表单元素。

表单【属性】面板中各选项的含义如下。

【表单 ID】：设置表单名称，作为应用程序处理表单数据的标识。

【动作】：输入一个 URL，指定处理表单信息的服务程序；或直接输入 E-mail 地址，将数据发送到电子邮箱。

【方法】：设置表单的提交方式，即传递数据的方法。在【方法】下拉框中有 3 种提交方式，分别是默认、GET 和 POST。GET 方式把表单值附加到页面 URL 末尾发送出去，传送的数据量小；POST方式将整个表单中的数据作为一个文件传送出去，这是比较常用的方式；默认方式一般是 GET 方式。

【目标】：设置处理表单返回的数据页面的显示窗口。目标值有 4 种，分别是_blank、_parent、_self、_top。

【编码类型】：用来指定提交到服务器的数据的编码类型。

创建表单后，就可以在表单中插入各种表单域。常用的表单域有文本域、文本区域、隐藏域、复选框、单选按钮、选择列表、文件域和按钮等。

12.1.3　文本域

文本域用来接收浏览者输入的信息，它包括单行文本域、文本区域和密码域 3 种类型。单行文本域一般用来输入较少的信息，如用户名等；文本区域用来接收较多的信息，如留言内容等；密码域用来输入密码，输入的信息会被隐去，显示为其他符号，如圆点。

1．单行文本域

插入单行文本域的操作步骤如下。

❶ 将光标置于要插入单行文本域的位置。

❷ 选择菜单【插入】|【表单】|【文本域】或单击【插入】面板的【表单】选项卡中的【文本字段】按钮▢，插入一个单行文本域，如图 12-26 所示。

❸ 在【属性】面板中设置单行文本域的属性。

2．文本区域

插入文本区域的操作步骤如下。

❶ 将光标置于要插入文本区域的位置。

❷ 选择菜单【插入】|【表单】|【文本区域】或单击【插入】面板的【表单】选项卡中的【文本字段】按钮▢，插入一个文本区域，如图 12-27 所示。

图 12-26

图 12-27

❸ 在【属性】面板中设置文本区域的属性。

3．密码域

插入密码域的操作步骤如下。

❶ 将光标置于要插入密码域的位置。

❷ 选择菜单【插入】|【表单】|【文本域】或单击【插入】面板的【表单】选项卡中的【文本字段】按钮▢，插入一个单行文本域。

❸ 在【属性】面板的【类型】选项中选择【密码】单选按钮，如图 12-28 所示。

图 12-28

4．文本域属性

选中插入的文本域，在【属性】面板中可以设置文本域的属性。单行文本域和密码域的【属性】面板如图 12-29 所示，文本区域的【属性】面板如图 12-30 所示。

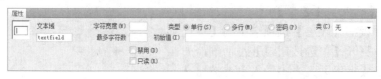

图 12-29

图 12-30

文本域【属性】面板中各选项的含义如下。

【文本域】：用来给文本域指定一个名称，每个文本域都有唯一的名称，多个文本域的名称不能相同，文本域名称在表单处理程序中被调用。

【字符宽度】：设置文本域的长度。

【最多字符数】：设置文本域中最多可输入的字符数，这个数值可以比【字符宽度】大。

【类型】：设置文本域为单行文本域、多行文本域（即文本区域）或密码域。

【初始值】：设置文本域首次载入页面中时显示的内容。

【禁用】：加载时禁用该文本域。

【只读】：设置文本域为只读。

12.1.4　单选按钮和单选按钮组

单选按钮常用来让浏览者在一组互斥的选项中选择一项，如性别、学历等。在几个单选按钮中，浏览者选择一项后，其他选项自动变为取消选中状态。单选按钮组用来快速插入一组单选按钮。

1. 单选按钮

插入单选按钮的操作步骤如下。

❶ 将光标置于要插入单选按钮的位置。

❷ 选择菜单【插入】|【表单】|【单选按钮】或单击【插入】面板的【表单】选项卡中的【单选按钮】按钮，插入一个单选按钮，在单选按钮右侧输入选项内容，如图 12-31 所示。

图 12-31

❸ 在【属性】面板中设置单选按钮的属性，如图 12-32 所示。

图 12-32

单选按钮【属性】面板中各选项的含义如下。

【单选按钮】：设置单选按钮的名称。

【选定值】：为单选按钮设置一个值，这个值在提交表单时会被传递给应用程序进行处理。

【初始状态】：设置该单选按钮第一次载入页面中时的状态；【已勾选】表示该单选按钮初始时为被选中状态，【未选中】表示该单选按钮初始时为未被选中状态。

2. 单选按钮组

插入单选按钮组的操作步骤如下。

❶ 将光标置于要插入单选按钮组的位置。

❷ 选择菜单【插入】|【表单】|【单选按钮组】或单击【插入】面板的【表单】选项卡中的【单选按钮组】按钮，打开【单选按钮组】对话框，如图 12-33 所示。在【标签】列表中输入单选按钮文字内容，在【值】列表中输入单选按钮对应的数值，单击⊕按钮或⊖按钮增加或删除单选按钮。

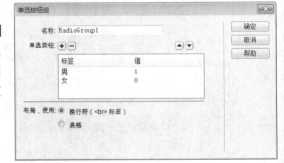

图 12-33

【单选按钮组】对话框中各选项的含义如下。

【名称】：设置单选按钮组的名称。

【单选按钮】：设置单选按钮的信息；单击⊕按钮可以添加一个单选按钮，单击⊖按钮可以删除一个单选按钮；单击▲和▼按钮可以调整单选按钮的排序。

【布局，使用】：设置单选按钮组的布局方式；【换行符（
标签）】使单选按钮组中的每个单选按钮单独占一行；【表格】布局将创建一个 1 列的表格，使每个单选按钮依次显示在表格的不同行中。

12.1.5　复选框和复选框组

复选框和单选按钮的作用类似，但复选框允许浏览者选择多个选项。复选框组用来快速插入一组复选框。

1. 复选框

插入复选框的操作步骤如下。

❶ 将光标置于要插入复选框的位置。

❷ 选择菜单【插入】|【表单】|【复选框】或单击【插入】面板的【表单】选项卡中的【复选框】按钮☑，插入一个复选框，在复选框右侧输入选项内容，如图 12-34 所示。

图 12-34

❸ 在【属性】面板中设置复选框的属性，如图 12-35 所示。

图 12-35

复选框【属性】面板中各选项的含义如下。

【复选框名称】：设置复选框的名称。

【选定值】：为复选框设置一个值，这个值在提交表单时会被传递给应用程序进行处理。

【初始状态】：设置该复选框第一次载入页面中时的状态；【已勾选】表示该复选框初始时为被选中状态，【未选中】表示该复选框初始时为未选中状态。

2. 复选框组

插入复选框组的操作步骤如下。

❶ 将光标置于要插入复选框组的位置。

❷ 选择菜单【插入】|【表单】|【复选框组】或单击【插入】面板的【表单】选项卡中的【复选框组】按钮▦，打开【复选框组】对话框，如图 12-36 所示。在【标签】列表中输入复选框的文字内容，在【值】列表中输入复选框对应的数值，单击【＋】按钮或【－】按钮可以增加或删除复选框。

【复选框组】对话框中各选项的含义如下。

【名称】：设置复选框组的名称。

【复选框】：设置复选框信息；单击【＋】按钮可以添加一个复选框，单击【－】按钮可以删除一个复选框；单击【▲】和【▼】按钮可以调整复选框的排序。

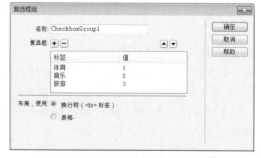

图 12-36

【布局，使用】：设置复选框组的布局方式；【换行符（
标签）】使复选框组中的每个复选框单独占一行；【表格】布局将创建一个 1 列的表格，使每个复选框依次显示在表格的不同行中。

12.1.6　选择列表/菜单

选择列表/菜单用于创建一个列表或菜单来显示一组选项，并且可以设置允许单选或多选。插入选择列表/菜单的操作步骤如下。

❶ 将光标置于要插入选择列表/菜单的位置。

❷ 选择菜单【插入】|【表单】|【选择（列表/菜单）】或单击【插入】面板的【表单】选项卡中的【选择（列表/菜单）】按钮▤，插入一个选择列表/菜单，如图 12-37 所示。

❸ 选中插入的选择列表/菜单，单击【属性】面板中的【列表值...】按钮 列表值... ，在【列表值】对话框中添加列表值，如图 12-38 所示。单击【确定】按钮，效果如图 12-39 所示。

图 12-37

图 12-38

图 12-39

❹ 根据需要修改【属性】面板中的其他设置，如图 12-40 所示。

图 12-40

选择【属性】面板中各选项的含义如下。

【选择】：设置选择列表/菜单的名称。

【类型】：设置类型是选择菜单还是选择列表；选择【列表】单选按钮时，【高度】选项可用，用来设置显示内容的行数，【选定范围】选项也可用，勾选【允许多选】复选框，可以允许浏览者一次选择多个选项，如图 12-41 所示。

图 12-41

选择列表效果如图 12-42 所示。

【初始化时选定】：设置该选择（列表/菜单）第一次载入页面中时哪个选项处于被选中状态。

【列表值...】：单击该按钮，打开【列表值】对话框编辑列表值。

图 12-42

12.1.7 跳转菜单

跳转菜单可以将某个网页的 URL 与菜单列表中的选项建立关联，只要浏览者从跳转菜单中选择一个菜单项就会打开与之相关联的网页。

在网页中插入跳转菜单的操作步骤如下。

❶ 将光标置于要插入跳转菜单的位置。

❷ 选择菜单【插入】|【表单】|【跳转菜单】或单击【插入】面板的【表单】选项卡中的【跳转菜单】按钮，打开【插入跳转菜单】对话框，如图 12-43 所示。在【文本】文本框中输入菜单项内容，在【选择时，转到 URL】文本框中输入要跳转到的网页 URL 地址，单击【确定】按钮，效果如图 12-44 所示。

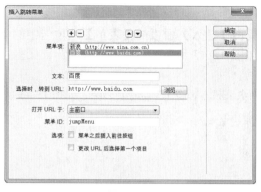

图 12-43

图 12-44

【插入跳转菜单】对话框中各选项的含义如下。

【菜单项】：设置跳转菜单项的信息；单击[+]按钮可以添加一个菜单项，单击[−]按钮可以删除一个菜单项，单击[▲]和[▼]按钮可以调整菜单项的排序。

【文本】：设置菜单项的内容。

【选择时，转到 URL】：设置选择菜单项时跳转到的网页 URL 地址，可以单击[浏览...]按钮选择要跳转到的目标文件。

【打开 URL 于】：设置打开 URL 的窗口位置。

【菜单 ID】：设置跳转菜单的标识，在表单处理程序中使用。

【选项】：勾选【菜单之后插入前往按钮】复选框时，在跳转菜单右侧出现一个【前往】按钮，浏览者选择菜单项后，单击【前往】按钮才能转到目标 URL；勾选【更改 URL 后选择第一个项目】复选框时，虽然浏览者从跳转菜单中选择了某个选项并且跳转到相应页面后，但下拉菜单中仍然显示第一项。

12.1.8　文件域

文件域由一个文本框和一个显示"浏览"字样的按钮组成，它的作用是使浏览者能浏览到本地计算机上的某个文件，并将该文件作为表单数据上传。在网页中插入文件域的操作步骤如下。

❶ 将光标置于要插入文件域的位置。

❷ 选择菜单【插入】|【表单】|【文件域】或单击【插入】面板的【表单】选项卡中的【文件域】按钮［］，插入一个文件域，如图 12-45 所示。

❸ 选中文件域，在【属性】面板中进行相应设置，如图 12-46 所示。

图 12-45

图 12-46

文件域【属性】面板中各选项的含义如下。

【文件域名称】：设置文件域的名称。

【字符宽度】：设置文本框的长度。

【最多字符数】：设置文本框中能容纳的最多字符数。

12.1.9　图像域

插入图像域后可以使用漂亮的图像按钮，或根据网站风格制作图像按钮来代替普通按钮。在网页中插入图像域的操作步骤如下。

❶ 将光标置于要插入图像域的位置。

❷ 选择菜单【插入】|【表单】|【图像域】或单击【插入】面板的【表单】选项卡中的【图像域】按钮 ⬜，打开【选择图像源文件】对话框，如图 12-47 所示，查找并选择所需的图像，单击【确定】按钮。

❸ 在图像域【属性】面板中进行相应设置，保存网页文档，按<F12>键预览效果，如图 12-48 所示。

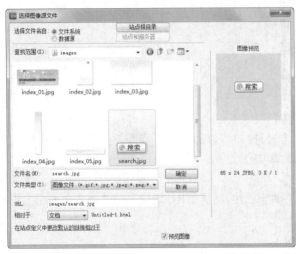

图 12-47

图 12-48

选中图像域，【属性】面板中会显示图像域的属性，如图 12-49 所示。

图 12-49

图像域【属性】面板中各选项的含义如下。

【图像区域】：为图像域设置一个名称，默认值为 imageField。

【源文件】：显示该图像域所使用的图像文件的路径。

【替换】：该文本框用于输入一些描述性文本，一旦图像在浏览器中加载失败，将显示这些文本。

【对齐】：设置图像域的对齐属性。

【编辑图像】：启动外部编辑软件对该图像域所使用的图像进行编辑。

12.1.10 提交和重置按钮

对表单而言，按钮是非常重要的，它能够控制浏览者对表单内容的操作，如提交或重置。要将表单的内容发送到远程服务器上，需要使用【提交】按钮；要清除现有表单的内容，需使用【重置】按钮。用户也可以自定义按钮的名称。

在网页中插入按钮的操作步骤如下。

❶ 将光标置于要插入按钮的位置。

❷ 选择菜单【插入】|【表单】|【按钮】或单击【插入】面板的【表单】选项卡中的【按钮】按钮 ⬜，插入一个按钮，如图 12-50 所示。

❸ 在按钮【属性】面板中设置相应的属性，如图 12-51 所示。

图 12-50

图 12-51

按钮【属性】面板中各选项的含义如下。

【按钮名称】：为按钮设置一个名称。

【值】：设置按钮上显示的文本。

【动作】：用来确定单击该按钮时发生的 3 种操作；【提交表单】表示将提交表单数据，由表单所指定的方式进行处理；【重设表单】表示将清除表单中的内容；【无】表示设置按钮为标准按钮，也可以将其属性值提交给页面处理程序。

12.2　Spry 验证

表单在提交到服务器端之前必须进行验证，以确保输入数据的合法性，如必须输入数据的文本域中是否输入了数据、输入电子邮件的格式是否正确等。在 Dreamweaver 中可以通过插入 Spry 验证构件来检查表单。

在实际应用中，可以直接使用 Spry 验证构件创建表单，这样既创建了表单，也完成了对表单的验证。

12.2.1　课堂案例——网页设计

案例学习目标：学习 Spry 验证的基本操作。

案例知识要点：在【插入】面板的【表单】选项卡中单击【表单】按钮创建表单，在表单中插入各种具有 Spry 验证功能的表单元素，并使用其【属性】面板进行设置。

素材所在位置：案例素材/ch12/课堂案例——网页设计。

案例效果如图 12-52 所示。

以素材"课堂案例——网页设计"为本地站点文件夹，创建名称为"网页设计"的站点。

❶ 在【文件】面板中双击打开 index.html 文件。

❷ 将光标置于"用户名："右侧的单元格中，单击【插入】面板的【表单】选项卡中的【Spry 验证文本域】按钮，在该单元格中插入一个 Spry 验证文本域，如图 12-53 所示。单击选中 Spry 验证文本域中的蓝色部分，出现【属性】面板，如图 12-54 所示。在【最大字符数】文本框中输入"15"，勾选【onBlur】复选框和【必需的】

图 12-52

复选框，其中 onBlur 表示该控件失去焦点时必须进行验证。

❸ 将光标置于"用户密码："右侧的单元格中，单击【插入】面板中【表单】选项卡中的【Spry 验证密码】按钮，在该单元格中插入一个 Spry 验证密码，如图 12-55 所示。单击选中 Spry 验证密码中的蓝色部分，出现【属性】面板，如图 12-56 所示。采用【Spry 密码】中的默认名称【sprypassword1】，在【最小字符数】文本框中输入"8"，在【最大字符数】文本框中输入"16"，在【最小字母数】文本框中输入"3"，并勾选【onBlur】复选框。

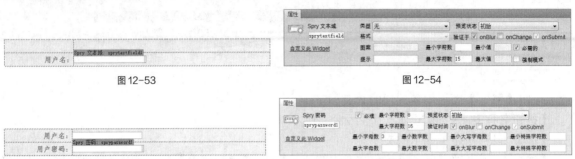

| 图 12-53 | 图 12-54 |

图 12-55

图 12-56

⚙ 提示

设置表明，密码中最少要有 3 个字母，密码长度不能小于 8 个字符且不能大于 16 个字符。

❹ 将光标置于"密码确认："右侧的单元格中，单击【插入】面板的【表单】选项卡中的【Spry 验证确认】按钮，在该单元格中插入一个 Spry 验证确认构件，如图 12-57 所示。选中验证确认控件中的蓝色部分，出现【属性】面板，如图 12-58 所示。在【验证参照对象】下拉框中选择【password1】选项，并勾选【onBlur】复选框。

图 12-57

图 12-58

❺ 将光标置于"性别："右侧的单元格中，单击【插入】面板的【表单】选项卡中的【Spry 验证单选按钮组】按钮，打开【Spry 验证单选按钮组】对话框，如图 12-59 所示。在【标签】列表中输入"男""女"，在【值】列表中输入"1""0"，单击【确定】按钮。选中该验证框中的蓝色部分，在【属性】面板中勾选【onBlur】复选框，如图 12-60 所示。删除换行符将两个单选按钮调整到一行中，如图 12-61 所示。

图 12-59

❻ 将光标置于"爱好："右侧的单元格中，单击【插入】面板中【表单】选项卡中的【Spry 验证复选框】按钮，在该单元格中插入 Spry 验证复选框，选中验证框里的复选框并复制 3 个，将它们都放在验证框的蓝色框内，修改相应的文字，如图 12-62 所示。再选中验证框中的蓝色部分，在【属性】面板中选择【实施范围（多个）】单选按钮，在【最小选择数】文本框中输入"1"，并勾选【onBlur】复选框，如图 12-63 所示。

图 12-60

图 12-61

图 12-62

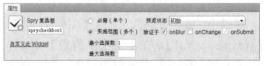

图 12-63

❼ 在"电话："右侧的单元格中，单击【插入】面板的【表单】选项卡中的【Spry 验证文本域】按钮 ，插入一个 Spry 验证文本域，如图 12-64 所示。选中文本域中的蓝色部分，在【属性】面板中的【类型】下拉框中选择【整数】选项，勾选【onBlur】、【onChange】复选框，如图 12-65 所示。

图 12-64

图 12-65

❽ 在"电子邮件："右侧的单元格中，单击【插入】面板的【表单】选项卡中的【Spry 验证文本域】按钮 ，插入一个 Spry 验证文本域，如图 12-66 所示。单击 Spry 文本域中的蓝色部分，在【属性】面板中的【类型】下拉框中选择【电子邮件地址】选项，勾选【onBlur】复选框，如图 12-67 所示。

图 12-66

图 12-67

❾ 将光标定位于表格的最后一行中，单击【插入】面板的【表单】选项卡中的【按钮】按钮 ，插入【提交】和【重置】两个按钮。选中按钮，在【属性】面板中的【类】下拉框中选择【text】选项。效果如图 12-68 所示。

❿ 保存网页文档，按<F12>键预览效果。在表单的部分控件中填写一些数据，看是否实现了验证功能。

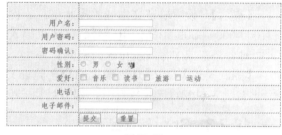

图 12-68

12.2.2　Spry 验证文本域

Spry 验证文本域用于验证文本域表单对象的有效性。与普通文本域的区别在于它可以对用户输入的信息进行验证。在网页中插入 Spry 验证文本域的操作步骤如下。

❶ 将光标置于要插入 Spry 验证文本域的位置。

❷ 选择菜单【插入】|【表单】|【Spry 验证文本域】或单击【插入】面板的【表单】选项卡中的【Spry 验证文本域】按钮 。

❸ 完成对【输入标签辅助功能属性】对话框的设置，然后单击【确定】按钮，即可插入 Spry 验证文本域，如图 12-69 所示。

选中插入的 Spry 验证文本域，在【属性】面板中设置其属性，如图 12-70 所示。

图 12-69

图 12-70

Spry 文本域【属性】面板中各选项的含义如下。

【Spry 文本域】：设置 Spry 文本域的名称。

【类型】：为验证文本域指定不同的验证类型，包括整数、电子邮件、日期等。

【验证于】：用来设置验证发生的时间。当用户在文本域的外部单击时验证，勾选【onBlur】复选框；当用户更改文本域中的文本时验证，勾选【onChange】复选框；当用户尝试提交表单时验证，勾选【onSubmit】复选框。

【最小字符数】：设置验证文本域中允许的最小字符位数。此选项仅适用于无、整数、电子邮件和 URL 验证类型。例如，如果在【最小字符数】文本框中输入"3"，那么只有当用户输入 3 个或更多个字符时，该构件才能通过验证。

【最大字符数】：设置验证文本域中允许的最大字符位数。此选项仅适用于无、整数、电子邮件和 URL 验证类型。

【最小值】：设置验证文本域中允许的最小值。此选项仅适用于整数、时间、货币和实数/科学记数法验证类型。例如，如果在【最小值】文本框中输入"3"，那么只有当用户在文本域中输入"3"或者更大的值时，该构件才能通过验证。

【最大值】：设置验证文本域中允许的最大值。此选项仅适用于整数、时间、货币和实数/科学记数法验证类型。

【预览状态】：选择要查看验证文本域的状态，包括初始、必填、已超过最大字符数和有效 4 个选项。

【必需的】：默认情况下，用 Dreamweaver 插入的所有验证文本域都要求用户在将其发布到 Web 网页之前输入内容。

【提示】：设置验证文本域的提示信息。例如，验证类型设置为【电话号码】的文本域将只接受(000)0000-0000 形式的电话号码，可以输入这些示例号码作为提示，以便用户在浏览器中加载页面时，文本域中将显示正确的格式。

【强制模式】：设置是否禁止用户在验证文本域中输入无效字符。例如，如果对具有【整数】验证类型文本域勾选此复选框，那么当用户尝试输入字母时，文本域中将不显示任何内容。

12.2.3　Spry 验证密码

Spry 验证密码用于密码类型的文本域的验证，如要求用户输入的密码最少必须有几位、必须有几位大写字母、必须有几位数字等。在网页中插入 Spry 验证密码的操作步骤如下。

❶ 将光标置于要插入 Spry 验证密码的位置。

❷ 选择菜单【插入】|【表单】|【Spry 验证密码】或单击【插入】面板的【表单】选项卡中的【Spry 验证密码】按钮 。

❸ 完成对【输入标签辅助功能属性】对话框的设置，然后单击【确定】按钮，即可插入 Spry 验证密码，如图 12-71 所示。

选中插入的 Spry 验证密码域，在【属性】面板中设置其属性，如图 12-72 所示。

图 12-71

图 12-72

Spry 密码【属性】面板中各选项的含义如下。

【最小字符数】：设置输入密码的最小字符数。

【最大字符数】：设置输入密码的最大字符数。

【最小字母数】：设置输入密码时最少要包含的字母数。

【最大字母数】：设置输入密码时最多要包含的字母数。

【最小数字数】：设置输入密码时最少要包含的数字数。

【最大数字数】：设置输入密码时最多要包含的数字数。

【最小大写字母数】：设置输入密码时最少要包含的大写字母数。

【最大大写字母数】：设置输入密码时最多要包含的大写字母数。

【最小特殊字符数】：设置输入密码时最少要包含的特殊字符数，如"/""*"等。

【最大特殊字符数】：设置输入密码时最多要包含的特殊字符数。

12.2.4　Spry 验证复选框

Spry 验证复选框是 HTML 表单中的一个或一组复选框，该复选框在用户勾选（或没有勾选）时会显示相应状态（有效或无效）。例如，向表单中添加一个 Spry 验证复选框，并要求用户进行 3 项选择。如果用户没有进行 3 项选择，该复选框将返回一条消息，声明不符合最小选择数要求。

在网页中插入 Spry 验证复选框的操作步骤如下。

❶ 将光标置于要插入 Spry 验证复选框的位置。

❷ 选择菜单【插入】|【表单】|【Spry 验证复选框】或单击【插入】面板的【表单】选项卡中的【Spry 验证复选框】按钮✅。

❸ 完成对【输入标签辅助功能属性】对话框的设置，然后单击【确定】按钮，即可插入 Spry 验证复选框，如图 12-73 所示。

选中插入的 Spry 验证复选框，在【属性】面板中设置其属性，如图 12-74 所示。

图 12-73

图 12-74

Spry 复选框【属性】面板中各选项的含义如下。

【必需（单个）】：指定该验证复选框为必选项。

【实施范围】：在默认情况下，验证复选框设置为【必需（单个）】，但如果页面上插入了很多复选框，则可以指定选择范围。

【最小选择数（最大选择数）】：输入浏览网页时可以选择的复选框个数。

【验证于】：用来设置验证发生的时间。

12.2.5　Spry 验证单选按钮组

Spry 验证单选按钮组用来验证单选按钮组的选中情况。在网页中插入 Spry 验证单选按钮组的操作步骤如下。

❶ 将光标置于要插入 Spry 验证单选按钮组的位置。

❷ 选择菜单【插入】|【表单】|【Spry 验证单选按钮组】或单击【插入】面板的【表单】选项卡中的【Spry 验证单选按钮组】按钮🖼。

❸ 在【Spry 验证单选按钮组】对话框中设置单选按钮选项信息，如图 12-75 所示。单击【确定】按钮，即可插入 Spry 验证单选按钮组，如图 12-76 所示。

选中插入的 Spry 验证单选按钮组，在【属性】面板中设置其属性，如图 12-77 所示。

Spry 单选按钮组【属性】面板中各选项的含义如下。

【必填】：指定该验证单选按钮组为必须选择。

【空值】：在文本框中输入一个值，对应该值的选项被选中时被认为未选择。

【无效值】：在文本框中输入一个值，对应该值的选项被选中时被认为无效。

图 12-75

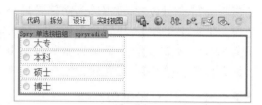

图 12-76

12.2.6 Spry 验证确认

Spry 验证确认构件是一个文本域或密码域，当用户输入的值与同一表单中类似域的值不匹配时，将显示无效状态。例如，在表单中添加一个再次输入密码的 Spry 验证确认构件，要求用户再次输入的密码和密码域中指定的密

图 12-77

码一致，如果输入不一致，则将返回错误信息，提示两个值不匹配。在网页中插入 Spry 验证确认的操作步骤如下。

❶ 将光标置于要插入 Spry 验证确认构件的位置。

❷ 选择菜单【插入】|【表单】|【Spry 验证确认】或单击【插入】面板的【表单】选项卡中的【Spry 验证确认】按钮 。

❸ 完成对【输入标签辅助功能属性】对话框的设置，然后单击【确定】按钮，即可插入 Spry 验证确认构件，如图 12-78 所示。

选中插入的 Spry 验证确认构件，在【属性】面板中设置其属性，如图 12-79 所示。

图 12-78

图 12-79

Spry 确认【属性】面板中各选项的含义如下。

【必填】：指定该验证确认必须填写。

【验证参照对象】：设置验证确认所参考匹配的表单元素。

12.3 练习案例

12.3.1 练习案例——咖啡餐厅

案例练习目标：练习表单的基本操作。

案例操作要点如下。

（1）在页面中部已经插入了一个表单和一个内嵌表格，继续完成餐厅预订信息的表单。在各单元格中插入表单元素并设置如下信息。

预订时间分为年、月、日以及中午、晚上选项和具体时间，均采用选择列表/菜单。

就餐人数分为成人和儿童两类，均采用文本域，字符宽度为 4。

订餐内容分为小点心、正餐、酒水、水果和其他，采用复选框。

订餐类型分为家宴、商宴和婚宴，采用单选按钮。

其他说明采用文本域，字符宽度为 50，行数为 6。

顾客姓名采用文本域，字符宽度为 10。

性别分为男和女，采用单选按钮组。

手机电话采用文本域，字符宽度为 25。

E-mail 采用文本域，字符宽度为 25。

提交按钮和重置按钮采用图像域，其 ID 分别设为 Submit 和 Reset。

（2）在页面右下角插入第二个表单并在其中添加一个跳转菜单，列表值为--新闻链接--、搜狗、新浪和凤凰以及相应的网站网址，勾选【更改 URL 后选择第一项目】复选框。

素材所在位置：案例素材/ch12/练习案例——咖啡餐厅。效果如图 12-80 所示。

图 12-80

12.3.2　练习案例——儿童培训

案例练习目标：练习 Spry 验证的基本操作。

案例操作要点如下。

在页面中部已经插入了一个表单和一个内嵌表格，继续完成小会员注册信息的表单。各单元格中插入的 Spry 验证构件及属性如下。

小朋友姓名采用 Spry 验证文本域，最小字符数为 4，勾选【onBlur】复选框。

性别采用 Spry 验证单选按钮组，勾选【必填】复选框。

兴趣与特长采用 Spry 验证复选框，最小选择数为 1。

年龄采用 Spry 验证选择，列表值分别为四岁、五岁、六岁、七岁，对应值为 4、5、6、7，不允许输入空值。

就读学校采用 Spry 验证文本域，最小字符数为 8。

其他说明采用 Spry 验证文本区域，最大字符数为 60。

家长电话采用 Spry 验证文本域，类型为整数，最小字符数为 8。

素材所在位置：案例素材/ch12/练习案例——儿童培训。效果如图 12-81 所示。

图 12-81

13 Chapter

第 13 章
jQuery Mobile

基于 HTML5 和 CSS3 的 jQuery Mobile 是用于创建移动 Web 网页的技术，是一个跨平台的轻量级开发框架，具有开发效率高、满足响应式设计要求的优点。

jQuery Mobile 引入了 data-数据属性，并构建了完善的 CSS 样式体系，提供了 jQuery Mobile 页面、列表视图、布局网格、可折叠区块和表单等功能，可实现移动页面的布局设计，并可利用主题功能设置页面效果。

在 jQuery Mobile 的 1.4.5 版本中，增加了面板和弹窗等功能。利用面板菜单、弹窗效果和图片轮播等技术，用户能够创建出更加丰富的页面设计效果。

 本章学习内容

1. jQuery Mobile 概述
2. 使用 jQuery Mobile
3. jQuery Mobile 应用

13.1　jQuery Mobile 概述

jQuery Mobile 是基于 HTML5 的用户界面系统，用于创建响应式 Web 网页和 App，支持全球主流的移动平台，能在各种智能手机、平板电脑和台式计算机上运行。

13.1.1　jQuery Mobile 简介

jQuery Mobile 是 jQuery 框架的一个组件，也是移动 Web 应用的前端开发框架，不仅为移动平台带来了 jQuery 核心库，还提供了一个完整一致的 jQuery 移动 UI 框架，具有如下几个特点。

简单性。jQuery Mobile 使用 HTML5、CSS3 和最小的脚本实现框架功能，框架简单易用，页面开发主要使用标记，无须或仅需很少的 JavaScript 代码。

跨平台性。使用 jQuery Mobile 框架，只需进行一次 Web 应用开发，经过不同的编译和分发，就可以在各种不同的移动平台上运行，得到统一的 UI 和用户体验。

响应式。jQuery Mobile 响应式设计让页面内容能够适当地响应设备，达到与设备适配的目的。无论用户是在移动设备、平板电脑还是台式电脑上浏览 Web 页面，页面内容都将根据该设备的分辨率显示相应布局，或根据移动设备的使用方向使用竖屏模式或横屏模式。

主题设置。jQuery Mobile 提供主题化设计，允许设计人员使用和重新设计自己的应用主题。

优雅降级。jQuery Mobile 利用最新的 HTML5、CSS3 和 JavaScript 语言，对高端设备提供了良好的支持；同时 jQuery Mobile 也充分考虑了低端设备的效果，尽量提供相对良好的用户体验。

可访问性。jQuery Mobile 在设计时考虑了多种访问能力，拥有 Accessible Rich Internet Applications 的支持，可以帮助使用辅助技术的残障人士访问 Web 页面。

13.1.2　jQuery Mobile 框架

jQuery Mobile 是 jQuery 基金会（jQuery Foundation）的一个开源（Open Source）软件，是一个轻量级框架，JavaScript 库只有 12KB；CSS 库只有 6KB，还包括一些图标。

提示

开源软件是一种其源码可以被公众使用的软件。这种软件的使用、修改和分发不受许可证的限制。与商业软件相比，具有高质量、全透明、可定制和支持广泛等特点。

jQuery Mobile 是一个在互联网上直接托管、免费使用的软件，用户只需将相关的*.js 和*.css 文件直接加入 Web 页面中即可。

将 jQuery Mobile 添加到网页中，通常有两种方法：一是利用 jQuery Mobile CDN（从内容分发网络 Content Delivery Network）直接引用 jQuery Mobile（推荐）；二是下载 jQuery Mobile，从 jQuery Mobile 官网下载 jQuery Mobile 库，存放到自己服务器中后引用。

jQuery Mobile CDN 方式：

```
<link href="http://code.jquery.com/mobile/1.0/jquery.mobile-1.0.min.css" rel="stylesheet" />
<script src="http://code.jquery.com/jquery-1.6.4.min.js"></script>
<script src="http://code.jquery.com/mobile/1.0/jquery.mobile-1.0.min.js" ></script>
```

下载 jQuery Mobile 方式：

```
<link href="jquery-mobile/jquery.mobile-1.0.min.css" rel="stylesheet"/>
<script src="jquery-mobile/jquery-1.6.4.min.js"></script>
<script src="jquery-mobile/jquery.mobile-1.0.min.js"></script>
```

由此可以看出，在本地文件夹 jquery-mobile 中，包含 3 个 jQuery Mobile 框架文档：jquery.mobile-1.0.min.css、jquery-1.6.4.min.js 和 jquery.mobile-1.0.min.js。

提示

在这 3 个文档中，数字为版本号，min 表示压缩版，css 表示该文档为 CSS 样式文件，js 表示该文档为 javascript 文件。

13.1.3　data-属性

data-属性是 HTML5 中的新属性。该属性提供了在 HTML 元素上嵌入自定义 data 属性的能力，可以定义页面或应用程序的私有自定义数据。

data-属性包括两部分：一是属性名，在前缀"data-"之后必须有至少一个字符，而且不包含任何大写字母；二是属性值，可以是任意字符串。

例如，在 data-role="page"定义中，data-role 是属性名，page 是属性值。jQuery Mobile 的常用数据属性如表 13-1 所示。

表 13-1

属　　性	说　　明	属　性　值
data-role	根据属性值的不同，表示每个区域的不同语义	page（页面）、header（页眉）、content（内容）、footer（页脚）、collapsible（可折叠）、listview（列表）、navbar（导航条）
data-theme	规定该元素的主题，用于控制可视元素的视觉效果，如字体、颜色、渐变、阴影、圆角等	a（黑色）、b（蓝色）、c（亮灰色）、d（白色）和 e（橙色）
data-position	固定页眉或页脚的位置	fixed（固定）
data-icon	规定列表项的图标	arrow-l（左箭头）、arrow-r（右箭头）、delete（删除）、info（信息）、home（首页）、back（返回）、search（搜索）、grid（网格）

13.1.4　jQuery Mobile 样式

jQuery Mobile 预先定义了一套完整的类样式，包括全局类、按钮类、图标类、主题类和网格类等，用于移动 Web 应用的页面设计。

全局类可以在 jQuery Mobile 的按钮、工具条、面板、表格和列表等控件中使用，如 ui-corner-all（为元素添加圆角）、ui-shadow（为元素添加阴影）、ui-mini（让元素变小）等。

按钮类可以在<a>或<button>元素中使用，如 ui-btn（为元素添加按钮效果）、ui-btn-icon-left（定位图标在按钮文本的左边）、ui-btn-icon-notext（只显示图标）等。

jQuery Mobile 提供了 5 个主题类：a（黑色）、b（蓝色）、c（亮灰色）、d（白色）和 e（橙色），用于为指定元素添加主题，如 ui-bar-a（为标题、脚注等定义 a 主题）、ui-page-theme-(a-z)（为页面定义主题）、ui-overlay-(a-z)（定义对话框、弹出窗等背景主题）等。

图标类可以在<a>和<button>元素上添加图标，如 ui-icon-grid（网格⊞）、ui-icon-arrow-d-l（左下角箭头◉）。运行下列代码：

```
<a href="#" class="ui-btn ui-icon-arrow-r ui-btn-icon-left">右边箭头图标</a>
```

效果如下。

网格类提供 4 种布局网格，包括两列、3 列、4 列和 5 列布局形式，分别由类样式 ui-grid-a、ui-grid-b、ui-grid-c 和 ui-grid-d 实现，对应列位置上的区块由 ui-block-a、ui-block-b 和 ui-block-c 等实现。

提示

jQuery Mobile 采用统一规则为样式命名。所有样式名称都要添加前缀 ui，然后逐级添加具有语义的字母或字母缩写，中间用短横线连接，表达该样式名称的完整语义。如在样式 ui-btn-icon-left 中，btn 表示按钮，icon 表示图标，left 表示左对齐。

13.2 使用 jQuery Mobile

由于移动 Web 页面尺寸相对较小，因此创建移动 Web 页面的方式也相对单一，使用页面、列表视图、布局网格、可折叠区块和一些表单项目即可完成移动 Web 页面的创建工作。

13.2.1 课堂案例——服装定制 I

案例学习目标：学习创建 jQuery Mobile 页面的基本方法。

案例知识要点：选择菜单【插入】|【jQuery Mobile】，利用【页面】、【列表视图】、【布局网格】、【可折叠区块】和一些表单项目创建移动 Web 页面。

素材所在位置：案例素材/ch13/课堂案例——服装定制 I。

案例效果如图 13-1、图 13-2 和图 13-3 所示。

13-1 服装定制 I

图 13-1

图 13-2

图 13-3

以素材"课堂案例——服装定制 I"为本地站点文件夹，创建名称为"服装定制 I"的站点。

1. 设置 jQuery Mobile 页面

❶ 选择菜单【文件】|【新建】，打开【新建文档】对话框，如图 13-4 所示。在对话框左侧选择【空白页】选项，在【页面类型】列表中选择【HTML】选项，在【布局】列表中选择【<无>】选项；在对话框右侧【文档类型】下拉框中选择【HTML5】选项，单击【创建】按钮形成一个新文档。再选择菜单【文件】|【另存为】，将新文档存储成名称为 fashionnews.html 的文档。

❷ 选择菜单【查看】|【拆分】|【垂直拆分】和【左侧的设计视图】。在工作区中选中【拆分】视图和【实时视图】，得到【代码】视图和【实时视图】的左右分割效果，如图 13-5 所示，将<title>标签中的文字"无标题文档"改为"时尚前沿"。

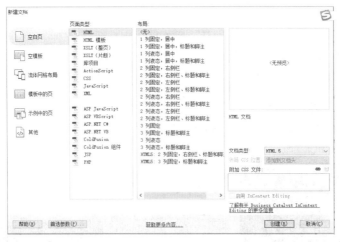

图 13-4

图 13-5

❸ 将光标置于<body>标签后，选择菜单【插入】|【jQuery Mobile】|【页面】，打开【jQuery Mobile 文件】对话框，如图 13-6 所示。在【链接类型】中选择【本地】单选按钮，在【CSS 类型】中选择【组合】单选按钮，单击【确定】按钮，打开【jQuery Mobile 页面】对话框，如图 13-7 所示。再单击【确定】按钮，完成 jQuery Mobile 页面的插入，效果如图 13-8 所示。

图 13-6

图 13-7

提示

在插入 jQuery Mobile 页面之后，jQuery Mobile 框架会被链接到页面代码中，框架采用 jQuery 1.6.4 版本、Mobile 1.0 版本，将同时形成"标题""内容"和"脚注"的页面结构。

图 13-8

❹ 将光标置于 id="page"之后，添加一个空格，输入 data-theme="a"，将页面设置为黑色。在 data-role="header"之后，添加一个空格，输入 data-position="fixed"，将页面标题的位置设置为固定，即当页面的滚动时，页眉位置不变。

🌀 提示

在【代码】视图中，当用户输入代码时，系统会根据上下文自动弹出预选提示框。用户可以在提示框中，快速选择匹配的代码。

❺ 将页眉中的"标题"改为"时尚前沿"，在本行的上一行中输入"返回"，选择菜单【插入】|【图像】，在本行的下一行中插入图片 imgs/img_002.png，效果如图 13-9 所示。再将图片的宽高属性改为 width="20" height="15"，效果如图 13-10 所示。

图 13-9

图 13-10

❻ 在【代码】视图中选中文字"返回"，打开【属性】面板，在【链接】文本框中输入"#"，为"返回"创建链接。采用的同样方式，选中图片 imgs/img_002.png，在【链接】文本框中输入"#"，如图 13-11 所示。为该图片创建建立链接，效果如图 13-12 所示。

图 13-11

图 13-12

❼ 将光标置于"返回"左侧的<a>标签中，在空链接后添加一个空格，输入代码 data-icon= "arrow-l" data-iconpos="notext"，中间用空格隔开，表示加入向左箭头，不显示文本，得到图 13-13 所示的效果。

❽ 采用类似的方法，设置页脚位置为固定，将"页面脚注"替换为图像 imgs/img_001.jpg，并将图像的宽、高设置为 width="100%" height="39"，效果如图 13-14 所示。

图 13-13

图 13-14

🌀 提示

在移动 Web 页面设计中，为了适应不同手机尺寸的页面变化，页面中图像的高度和宽度经常采用百分比来描述。若设置宽度为 100%，则表示图像要始终充满手机屏幕。

❾ 保存网页文档，按<F12>键预览效果。

2. 使用 jQuery Mobile 列表视图

❶ 选择菜单【查看】|【左侧的设计视图】，将光标置于"页眉"部分的最后一行尾部，按<Enter>键，选择菜单【插入】|【图像】，插入图像 images/01.jpg，并设置图像宽度为 width="100%"，删除图像高度设置，如图 13-15 所示。

🌀 提示

若图像宽度设置为 100%，设置高度没有，则表示图像要始终充满手机屏幕，且高度按比例自动调节。

图 13-15

❷ 选中并删除文字"内容"，确保光标仍然在该位置。选择菜单【插入】|【jQuery Mobile】|【列表视图】，打开【jQuery Mobile 列表视图】对话框，如图 13-16 所示。设置【项目】为 6，勾选【文本说明】复选框，其他选项保持默认状态，单击【确定】按钮，完成列表的插入，效果如图 13-17 所示。

图 13-16

图 13-17

❸ 打开 text 文档，将文字"从仙境跳入魔界 Now！Elie Saab 现场"替换第一个"页面"，将文字"2016-03-06"替换第一个"Lorem ipsum"，效果如图 13-18 所示。

❹ 在"从仙境跳入魔界 Now！Elie Saab 现场"上一行插入图像 imgs/img_003.jpg，删除图像高度和宽度的设置，并在<img>标签中添加内联样式 style="padding-top: 13px"，如图 13-19 所示。

提示

由于移动 Web 页面设计基于一个开发框架，而这些框架都有比较完整的 CSS 样式体系，因此当某一个标签样式不满足需求时，可以使用内联样式作为补充。

图 13-18

图 13-19

❺ 采用同样的方法，将其他"页面"所在的文字进行替换，并添加相应的图像，完成列表视图的创建，效果如图 13-20 所示。

❻ 保存网页文档，按<F12>键预览效果。

3. 设置导航条和使用 jQuery Mobile 布局网格

❶ 双击打开 fashionstyles.html 文档，选中并删除文字"在此处插入导航条"，在【插入】面板的【常用】选项中选择【插入 Div 标签】选项，打开【插入 Div 标签】对话框，单击【确定】按钮插入<div>标签，并在其中输入代码 data-role="navbar"，将"此处显示新 Div 标签的内容"

改为"西装"，如图 13-21 所示。

图 13-20

❷ 选中文字"西服"，在【属性】面板中选择【HTML】选项卡，单击【项目列表】按钮 ，
在【链接】文本框中输入"#"，为"西服"创建空链接，效果如图 13-22 所示。在【代码】视图
中，选中并复制"<li><a href="#">西装</a></li>"这段代码，并在其下方粘贴 4 次，依次将"西
服"改成"衬衫""领带""风衣""夹克"，完成导航条的制作，如图 13-23 所示。

图 13-21

图 13-22

图 13-23

❸ 选中并删除文字"在此处插入布局网格"，选择菜单【插入】|【jQuery Mobile】|【布局网
格】，打开【布局网格】对话框，如图 13-24 所示。设置【行】为 2，【列】为 3，单击【确定】按
钮，完成布局网格的插入，效果如图 13-25 所示。

图 13-24

图 13-25

❹ 选中并删除文字"区块 1,1"，选择菜单【插入】|【图像】，插入图像 imgs/img_013.jpg，
并设置图像宽度为 width="100%"，删除其 height 属性。再选中该图像的代码，在【属性】面板中
为该图像添加空链接，如图 13-26 所示。

❺ 采用同样的方式，在其他区块位置插入图像 img_014.jpg、img_015.jpg、img_016.jpg、
img_019.jpg 和 img_020.jpg，并创建空链接，效果如图 13-27 所示。

❻ 保存网页文档，按<F12>键预览效果。

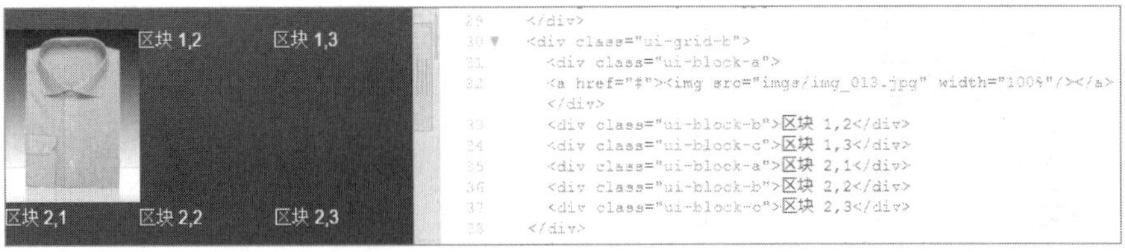

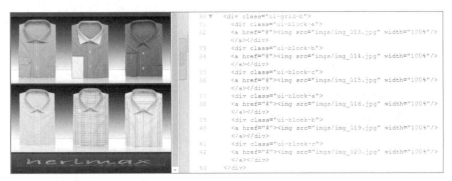

图 13-26

图 13-27

4. 使用 jQuery Mobile 可折叠区块

❶ 双击打开 customization.html 文档，在【代码】视图中选中并删除文字"在此处添加可折叠区块"。选择菜单【插入】|【jQuery Mobile】|【可折叠区块】，直接插入可折叠区块代码，效果如图 13-28 所示。

图 13-28

❷ 将第一个"标题"改为"定制方式"，选中并删除第二个和第三个"标题"所在的代码段，效果如图 13-29 所示。选中并删除第一个"内容"所在的行，选择菜单【插入】|【jQuery Mobile】|【列表视图】，打开【列表视图】对话框，如图 13-30 所示。在【列表类型】下拉框中选择【有序】选项，设置【项目】为 3，勾选【凹入】复选框，其他选项保持默认状态，单击【确定】按钮插入列表视图，效果如图 13-31 所示。

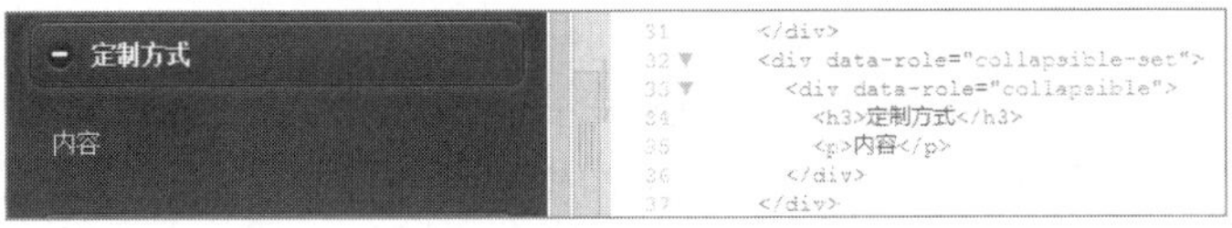

图 13-29

图 13-30

图 13-31

❸ 将 3 个 "页面" 分别更改为 "网站预约>>" "电话预定建议" "门店定制"，完成定制方式的可折叠区块设置，效果如图 13-32 所示。

图 13-32

❹ 在第 2 个 "在此处添加可折叠区块" 位置，采用同样的方式，完成定制流程的可折叠区块设置，效果如图 13-33 所示。

图 13-33

❺ 保存网页文档，按<F12>键预览效果。

13.2.2 jQuery Mobile 页面

创建 jQuery Mobile 页面有以下两种方式。

（1）在 HTML5 文档中插入页面。

在新建的 HTML5 文档中，选择菜单【插入】|【jQuery Mobile】|【页面】，打开【jQuery Mobile 文件】对话框，如图 13-34 所示，其中各选项说明如下。

在【链接类型】中，若选择【远程（CDN）】单选按钮，则采用 jQuery Mobile CDN 方式，从内容分发网络 CDN 直接引用 jQuery Mobile。移动 Web 应用上线时，采用该方式。若选择【本地】单选按钮，则采用下载 jQuery Mobile 方式，从 jQuerymobile.com 下载 jQuery Mobile 库。移动 Web 应用开发时，采用这种方式。

在【CSS 类型】中，若选择【组合】单选按钮，则所有 CSS 样式存放在一个样式文档中。若选择【拆分（结构和主题）】单选按钮，则将 CSS 样式分解为结构样式和主题样式，分别存放在两个样式文档中。

单击【确定】按钮，打开【jQuery Mobile 页面】对话框，如图 13-35 所示，其中各选项说明如下。

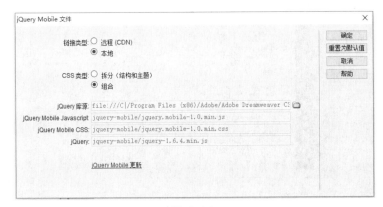

图 13-34　　　　　　　　　　　　　　　　　　　　　图 13-35

在【ID】文本框中输入该页面的标识，若勾选【标题】复选框，则该页面中自动添加 header 代码；若勾选【脚注】复选框，则该页面中自动添加 footer 代码。单击【确定】按钮，插入如下代码：

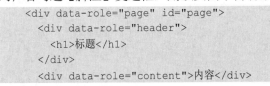

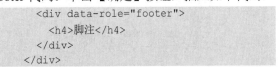

在上述代码中，"标题""内容""脚注"分别位于各自的<div>标签区域中，每个区域分别设置 data-role 属性值为 header、content 和 footer。将页面<div>标签的 data-role 属性值设置为 page，该标签包含了 header、content 和 footer 3 个<div>标签。

（2）直接创建 jQuery Mobile 页面。

选择菜单【文件】|【新建】，打开【新建文档】对话框，如图 13-36 所示。选择【示例中的页】选项，在【示例文件夹】列表中选择【Mobile 起始页】选项，在【示例页】列表中选择【jQuery Mobile（本地）】选项，单击【创建】按钮生成一个新文档，效果如图 13-37 所示。

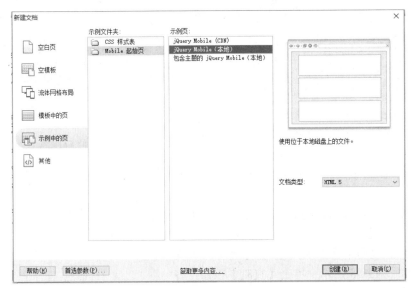

图 13-36

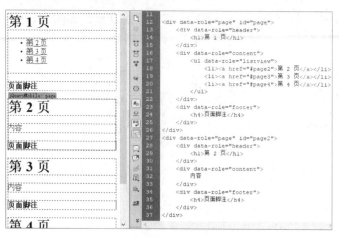

图 13-37

插入如下代码：

```
<div data-role="page" id="page">
    <div data-role="header">
        <h1>第 1 页</h1>
    </div>
    <div data-role="content">
        <ul data-role="listview">
            <li><a href="#page2">第 2 页</a></li>
            <li><a href="#page3">第 3 页</a></li>
            <li><a href="#page4">第 4 页</a></li>
        </ul>
    </div>
    <div data-role="footer">
        <h4>页面脚注</h4>
    </div>
</div>
<div data-role="page" id="page2">
    <div data-role="header">
        <h1>第 2 页</h1>
    </div>
    <div data-role="content">
        内容
    </div>
    <div data-role="footer">
        <h4>页面脚注</h4>
    </div>
</div>
<div data-role="page" id="page3">
    <div data-role="header">
        <h1>第 3 页</h1>
    </div>
    <div data-role="content">
        内容
    </div>
    <div data-role="footer">
        <h4>页面脚注</h4>
    </div>
</div>
<div data-role="page" id="page4">
    <div data-role="header">
        <h1>第 4 页</h1>
    </div>
    <div data-role="content">
        内容
    </div>
    <div data-role="footer">
        <h4>页面脚注</h4>
    </div>
</div>
```

上述代码中包含 4 个独立页面，其 id 分别为 page、page2、page3 和 page4。其中 id 为 page 的页面是主页面；其余 3 个页面是子页面，通过链接与主页面关联起来。

选择菜单【文件】|【另存为】，打开【另存为】对话框，在【文件名】文本框中输入一个文件名，如 fashionnews，单击【保存】按钮，出现【复制相关文件】对话框，如图 13-38 所示，单击【复制】按钮，将 jQuery Mobile 框架代码复制到站点中。

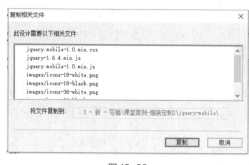

图 13-38

13.2.3　jQuery Mobile 列表视图

选择菜单【插入】|【jQuery Mobile】|【列表视图】，打开【列表视图】对话框，如图 13-39
所示，其中各选项说明如下。

图 13-39

在【列表类型】下拉框中选择【无序】选项，即设置无序列表，
无序列表可以用于制作导航条；选择【有序】选项，即设置有序列表。
【项目】选项表示项目的数量。在多个复选框中，【凹入】表示选项列
表有缩进，不满屏；【文本说明】用于增加选项的文字说明，【文本气
泡】用于增加气泡状文字说明，位于右侧；【侧边】表示添加位于右侧
的文字说明，【拆分按钮】用于将选项列表拆分为两部分，右侧部分由
图标表示；勾选该复选框后，【拆分按钮图标】选项被激活，在其右侧
的下拉框中选择所需要的图标。单击【确定】按钮，插入<ul>或<ol>
标签和<li>标签代码：

```
<ul  data-role="listview"  data-inset=
"true">
    <li><a href="#">
        <h3>页面</h3>
        <p>Lorem ipsum</p>
    </a></li>
    <li><a href="#">
        <h3>页面</h3>
```

```
        <p>Lorem ipsum</p>
    </a></li>
    <li><a href="#">
        <h3>页面</h3>
        <p>Lorem ipsum</p>
    </a></li>
</ul>
```

在本段代码中，<ul>标签中的 data-role 属性值为 listview，表示此段代码为无序列表视图，
data-inset 属性值为 true，表示凹入，<li>标签表示列表视图的项。如果插入<ol>标签，则表示此段
代码为有序列表视图。

13.2.4　jQuery Mobile 布局网格

图 13-40

选择菜单【插入】|【jQuery Mobile】|【布局网格】，打开【布局网格】
对话框，如图 13-40 所示，其中各选项说明如下。

【行】选项用于设置网格的行数，【列】选项用于设置网格的列数，单击
【确定】按钮，插入如下布局网格的代码：

```
<div class="ui-grid-b">
    <div class="ui-block-a">区块 1,1</div>
    <div class="ui-block-b">区块 1,2</div>
    <div class="ui-block-c">区块 1,3</div>
```

```
    <div class="ui-block-a">区块 2,1</div>
    <div class="ui-block-b">区块 2,2</div>
    <div class="ui-block-c">区块 2,3</div>
</div>
```

网格类提供 4 种布局网格，分别为两列、3 列、4 列和 5 列布局方式，分别由类样式 ui-grid-a、
ui-grid-b、ui-grid-c 和 ui-grid-d 实现。类样式 ui-block-a、ui-block-b 和 ui-block-c 表示列位置上的
区块，分别表示第 1 块区域第 2 块区域和第 3 块区域。

在本段代码中，<div>标签类设置为 ui-grid-b，表示 3 列布局，需要类样式 ui-block-a、ui-block-b
和 ui-block-c 表示列位置上第 1、2 和 3 块区域。将这 3 个类样式反复使用两次，可实现 3 列布局
的两行效果。

13.2.5　jQuery Mobile 可折叠区块

选择菜单【插入】|【jQuery Mobile】|【可折叠区块】，直接插入如下可折叠区块代码：

```
<div data-role="collapsible-set">              <p>内容</p>
  <div data-role="collapsible">               </div>
    <h3>标题</h3>                             <div data-role="collapsible" >
    <p>内容</p>                                 <h3>标题</h3>
  </div>                                        <p>内容</p>
  <divdata-role="collapsible">                </div>
    <h3>标题</h3>                            </div>
```

在上述代码中，data-role 属性值为 collapsible（可折叠），表示一个可折叠项目；data-role 属性值为 collapsible-set（可折叠集），表示一个可折叠区域，其中包括若干个可折叠项目。

13.3 jQuery Mobile 应用

在移动 Web 页面设计过程中会使用到更多功能，如面板 panel、弹出框 popup 和图片轮播等功能，以便丰富和完善页面设计效果。

13.3.1 jQuery Mobile 版本

Dreamweaver CS6 支持 jquery.mobile-1.0 版本。在网页中插入【页面】后，系统会在页面的 <header> 标签中自动添加如下代码，完成对 jQuery Mobile 1.0 版本的引用：

```
<link href="jquery-mobile/jquery.mobile-1. 0.min.css" rel="stylesheet" type="text/css">
<script src="jquery-mobile/jquery-1.6.4.min.js"></script>
<script src="jquery-mobile/jquery.mobile-1.0.min.js"></script>
```

同时，在站点中创建文件夹 jquery-mobile，其中包括 jquery.mobile-1.0.min.css（jQuery Mobile 压缩样式文件）、jquery-1.6.4.min.js（jQuery 压缩脚本文件）和 jquery.mobile-1.0.min.js（jQuery Mobile 压缩脚本文件）。

将以上代码更改为：

```
<link href="jquery-mobile/jquery.mobile-1.4.5.min.css" rel="stylesheet" type="text/css">
<script src="jquery-mobile/jquery.min.js"></script>
<script src="jquery-mobile/jquery.mobile-1.4.5.min.js"></script>
```

上述代码将文件夹 jquery-mobile 中原来 1.0 版本的文件全部删除，替换成 jQuery Mobile 1.4.5 版本文件，包括 jquery.mobile-1.4.5.min.css、jquery.min.js 和 jquery.mobile-1.4.5.min.js，实现了对 jQuery Mobile 1.4.5 版本的引用。

⚙ **提示**

本书已经在 jQuery Mobile 官网上下载了 jquery-mobile 1.4.5 版本的相关文件，并保存在 jquery-mobile-bak 文件夹中。

13.3.2 面板 panel

在 <div> 标签中添加 data-role="panel" 属性来创建面板，并设置 id 标识以备调用，其代码如下：

```
<div data-role="page" id="page">          <div data-role="content">
  <div data-role="panel" id="myPanel">       <a href="#myPanel">打开面板</a>
    <h2>面板</h2>                           </div>
    <p>面板内容</p>                         <div data-role="footer">
  </div>                                      <h1>脚注</h1>
  <div data-role="header">                  </div>
    <h1>标题</h1>                         </div>
  </div>
```

在 jQuery Mobile 页面中，面板 panel 与 header、footer、content 是并列（或兄弟）关系，可以在它们之前或之后添加面板代码，但不能添加在它们中间。

在 content 区域内，创建一个指向该面板 id 标识的链接，单击该链接即可打开面板，运行效果如图 13-41 所示。

在面板 panel 中，只要将面板内容替换成列表视图，就创建了面板 panel 菜单，其代码如下：

```
<div data-role="page" id="page">                          <h1>标题</h1>
  <div data-role="panel" id="myPanel">                </div>
    <h2>菜单</h2>                                        <div data-role="content">
    <ul data-role="listview">                            <p>面板菜单应用</p>
      <li><a href="#">项目 1</a></li>                   </div>
      <li><a href="#">项目 2</a></li>                   <div data-role="footer" data-position =
      <li><a href="#">项目 3</a></li>            "fixed" >
    </ul>                                                 <h1>脚注</h1>
  </div>                                                </div>
  <div data-role="header">                            </div>
    <a href="#myPanel">菜单</a>
```

在标题区域内创建一个指向该面板 id 标识的链接，运行效果如图 13-42 所示。

图 13-41

图 13-42

13.3.3　弹窗 popup

弹窗是一个对话框，可以显示文本、图片、地图或其他内容。

创建一个弹窗需要使用<div>和<a>两种标签。在<div>标签中添加 data-role="popup"属性，并设置 id 标识，再创建弹窗显示的内容；在<a>标签中添加 data-rel="popup"属性，创建使用弹窗的链接，其代码如下：

```
<div data-role="content">                          <p>这是一个简单的弹窗</p>
    <a href="#myPopup" data-rel="popup">显示        </div>
弹窗</a>                                             </div>
    <div data-role="popup" id="myPopup">
```

运行效果如图 13-43 所示。

默认情况下，单击弹窗之外的区域或按<Esc>键即可关闭弹窗，也可以在弹窗中添加 data-rel="back"属性实现回退，添加 data-icon="delete"属性来显示关闭按钮，并通过样式来控制按钮的位置。同时，默认情况下弹窗会直接显示在单击元素的上方，也可以在打开弹窗的链接上使用 data-position-to 属性来控制弹窗的位置，其代码如下：

```
<div data-role="content">                    "notext" class="ui-btn-right">关闭</a>
    <a href="#myPopup" data-rel="popup">显        <p>在右上角有个关闭按钮</p>
示弹窗</a>                                         </div>
    <div data-role="popup" id="myPopup">      </div>
        <a href="#" data-rel="back" data-role =
"button" data-icon="delete" data-iconpos =
```

运行效果如图 13-44 所示。

图 13-43 　　　　　　　　　　　　　　　　　　图 13-44

13.3.4　课堂案例——服装定制 II

13-2　服装定制 II

案例学习目标：学习创建 jQuery Mobile 应用的方法。

案例知识要点：在【代码】视图中，学会升级 jQuery Mobile 版本和使用 jQuery Mobile 新版本，以及使用面板 panel、弹窗 popup、图片轮播和页面链接的方法。

素材所在位置：案例素材/ch13/课堂案例——服装定制 II。

案例效果如图 13-45、图 13-46 和图 13-47 所示。

图 13-45 　　　　　　　　　　图 13-46 　　　　　　　　　　图 13-47

以素材"课堂案例——服装定制 II"为本地站点文件夹，创建名称为"服装定制 II"的站点。

1. 升级 jQuery Mobile 版本和使用图片轮播

❶ 在"服装定制 II"站点根文件夹中，删除文件夹 jquery-mobile 中 jQuery Mobile 1.3.0 版本的全部文件，再将文件夹 jquery-mobile-bak 中 jQuery Mobile 1.4.5 版本的文件（jquery.min.js、jquery.mobile-1.4.5.min.js 和 jquery.mobile-1.4.5.min.css 文件）全部复制到文件夹 jquery-mobile 中。

❷ 在【文件】面板中，选中"服装定制 II"站点，双击打开 fashionnews.html 文档。

❸ 在【代码】视图中，选中并删除<head>标签中的<link>和<script>标签的全部内容，打开 text 文档，将 jQuery Mobile 1.4.5 版本的引用复制到该位置。同时在 id 为 page 的<div>标签中，将 data-theme="a"改为 data- theme="b"，效果如图 13-48 所示。

图 13-48

提示

在 jQuery Mobile 1.4.5 版本中只有两种主题，由 data-theme 属性设定，分别为 a（浅灰色）和

b（黑色）。如果需要更多主题，可以通过自定义或开发获得。

❹ 采用同样的方式，分别在 index.html、customization.html、fashiondetail.html 和 fashionstyles.html 4 个文档中，将 jQuery Mobile 1.3.0 版本的引用更改为 jQuery Mobile 1.4.5 版本的引用，并调整主题设置。

❺ 将文件夹 jquery-mobile-bak 中 3 个与轮播相关的文件 jquery.luara.0.0.1.min.js 文件、luara.css 和 style.css 样式文件复制到文件夹 jquery-mobile 中。

❻ 在 fashionnews.html 文档中，将 text 文档中与轮播相关的 3 个文件的引用复制到<head>标签中。在【代码】视图中，选中并删除图像 images/01.jpg 所在的行，再将 text 文档中与轮播相关的代码复制到该位置，效果如图 13-49 所示。

图 13-49

💡 提示

本书中有关图片轮播的 java 脚本代码和 CSS 样式已经编写完成，并存储在 text 文档中。在创建页面时，可以将它们根据需要添加到当前页面中，轮播图片可以替换，轮播时间也可以重新调整。

❼ 保存网页文档，按<F12>键预览效果。

2. 使用面板 panel 和弹窗 popup

❶ 在【文件】面板中，双击打开文件 fashiondetail.html，如图 13-50 所示。

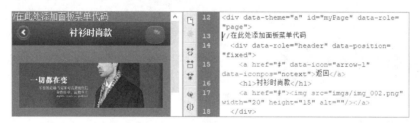

图 13-50

❷在【代码】视图中，选中并删除文字"在此处添加面板菜单代码"，将 text 文档中的面板菜单代码复制到该位置。在 header 部分代码中，选中并删除文字"返回"所在行的代码，并将 text 文档中的代码<a href="#leftPanel" data-icon="bullets" data-iconpos="notext">主菜单</a>复制到该位置，完成面板菜单的设置，效果如图 13-51 所示。

❸ 采用同样的方式，在 customization.html、fashionnew.html 和 fashionstyles.html 3 个文档中添加面板菜单代码，并在 header 部分代码中设置面板菜单的链接。

❹ 在 fashiondetail.html 文档中，选中并删除文字"在此处插入弹窗 1 内容代码"，将 text 文档中的弹窗 1 内容代码复制到该位置；选中并删除文字"将下面图像标签替换为弹窗 1 链接代码"和其下方一行代码，将 text 文档中的弹窗 1 链接代码复制到该位置，完成弹窗效果的设置，如图 13-52 所示。

图13-51

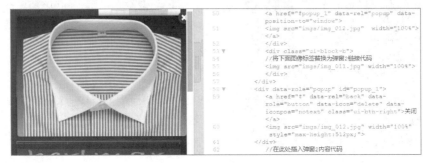

图13-52

❺ 采用同样的方式，将弹窗2内容代码插入相应位置，用弹窗2链接代码替换相应代码，完成弹窗2效果的设置。

❻ 保存网页文档，按<F12>键预览效果。

3. 页面链接

❶ 双击打开 index.html 文档，选中文字"流行的时尚"，打开【属性】面板，在【链接】文本框中输入 customization.html，如图13-53 所示，为该文字创建链接。

图13-53

❷ 在"流行的时尚"的链接标签<a>中，添加 style="text-decoration: none"，去掉下画线；添加 data-ajax="false"，保证单击链接时能正确跳转，效果如图13-54 所示。

图13-54

 提示

　　数据属性 data-ajax 控制前端页面与后台服务器的数据异步通信的状态。当 data-ajax 属性值为 false 时，表示不能进行通讯，即前端页面与后台服务器没有建立异步通信链接。

❸ 采用同样的方法，为文字"永恒的经典"添加到 customization.html 的链接，去掉下画线，添加代码 data-ajax ="false"。

❹ 双击打开 customization.html 文档。在面板菜单代码中，将"首页""定制流程""款式选择"和"时尚前沿"的空链接分别改为 index.html、customization.html、fashionstyles.html 和 fashionnew.html，并为这些链接的<a>标签添加代码 data-ajax="false"，如图 13-55 所示。

图 13-55

❺ 在 customization.html 文档中，将以上更新链接部分的代码复制到剪贴板中；打开 fashiondetail.html、fashionnew.html 和 fashionstyles.html 3 个文档，在每个文档中分别选中相应代码并删除，再将剪贴板中的对应代码复制到该位置。

❻ 在 fashionstyles.html 文档中找到 "imgs/img_014.jpg"，将该图片的空链接更改为 fashiondetail.html，并添加代码 data-ajax="false"，创建图像到页面的链接。

❼ 保存所有网页文档，按<F12>键预览各个网页的效果。

13.3.5　打包 jQuery Mobile 应用

虽然 Dreamweaver CS6 环境中开发和制作了 jQuery Mobile 应用，获得了基于 jQuery Mobile 的代码，并可以在该环境中运行和模拟显示，但还不能在真实的智能手机中运行。

打包 jQuery Mobile 应用就是将 jQuery Mobile 应用代码打包，并编译成在智能手机上可以运行的相应安装包；然后将安装包分别复制到智能手机中进行安装和使用，完成 jQuery Mobile 的应用工作。

本节采用 HBuilder 软件，将基于 jQuery Mobile 的代码打包成在智能手机上可以运行的安装包，基本操作流程如下。

❶ 在 HBuilder 官网上下载 HBuilder 软件的压缩安装包 HBuilder.8.8.0.windows，解压后直接双击 HBuilder.exe 运行该软件。

❷ 选择菜单【文件】|【新建】|【移动 App】，打开【创建移动 App】对话框，在【应用名称】文本框中输入 jqmpackage，在【位置】中输入文件夹所在位置，如 H:盘，勾选【空模板】复选框，单击【确定】按钮完成 HBuilder 移动 App 项目的建立，并在 H: 盘中创建了 jqmpackage 文件夹。

❸ 将课堂案例——服装定制 II 文件夹中的全部文件复制到 jqmpackage 文件夹中，并删除该文件夹中的空子文件夹，如 css、img 和 js 文件夹等。

❹ 选择菜单【发行】|【发行为原生安装包】，打开【App 云端打包】对话框，勾选【iOS】和【Android】复选框，单击【打包】按钮，再单击【确认没有缺少权限，继续打包】按钮，单击【确定】按钮，云端开启打包工作。

❺ 等待云端打包完成，单击【手动下载】按钮，将智能手机安装包下载到指定位置即可。

13.4　练习案例

13.4.1　练习案例——男人会装 I

案例练习目标：练习创建 jQuery Mobile 页面的方法。
案例操作要点如下。

1. 制作 index.html 页面

（1）创建移动页面结构，包括页面 page、页眉 header、内容 content 和页脚 footer 几个部分。

（2）利用菜单【插入】|【图像】，在页眉 header 中添加 logo 图片 logo.png，宽度为 21px、高度为 16px，并为 logo 图片创建空链接。

（3）在页脚 footer 中添加具有 data-role="navbar"属性的<div>标签，使用【属性】面板中的【项目列表】制作导航条和空链接，其中项目名分别为"主页""礼物""订单"和"我的"，并使用 data-icon 等属性为导航项目添加图标，相应图标名分别为 home、star、plus 和 grid。

（4）在页面内容 content 中，利用【布局网格】对话框插入九宫格布局，并在其中插入"新品""套装""外套""西服""衬衫""马甲""西裤""鞋子"和"领带"图标，设置图标宽度为 100%。

（5）在页面内容 content 中，利用【列表视图】对话框添加新闻列表，列表类型为无序，项目数为 3，并勾选【文本说明】复选框，再将相应图片和文字插入其中。

2. 制作 westernclothes.html 页面

（1）复制 index.html 中页眉 header 和页脚 footer 的代码并粘贴到该网页中。

（2）在页面内容 content 中，利用【布局网格】对话框插入 7 行 3 列的布局网格，并插入相应图片，图片宽度均为 100%。

（3）在内容 content 中创建 style 样式，使用 text-align: center 设置文本居中对齐。

3. 制作 whiteshirt.html 页面

（1）复制 index.html 中页眉 header 和页脚 footer 的代码并粘贴到该网页中。

（2）利用菜单【插入】|【图像】，完各种图片的插入。

（3）利用菜单【插入】|【jQuery Mobile】|【选择菜单】，完成尺码和体型的多项选择的设计。

（4）在内容 content 中创建 style 样式，使用 text-align: center 设置文本居中对齐。

素材所在位置：案例素材/ch13/练习案例——男人会装 I。效果如图 13-56、图 13-57 和图 13-58 所示。

图 13-56　　　　　　　　图 13-57　　　　　　　　图 13-58

13.4.2　练习案例——男人会装 II

案例练习目标：练习应用 jQuery Mobile 的方法。

案例操作要点如下。

1. 完成对 jQuery Mobile 1.4.5 版本的引用升级

（1）先将 jquery-mobile 文件夹清空，将 jquery-mobile-bak 文件夹中所有 jQuery Mobile 1.4.5 版本的文档和轮播文档都复制到 jquery-mobile 文件夹中。

（2）在 index.html 文档中，完成对 jQuery Mobile 1.4.5 文档和轮播文档的引用，并设置页眉和页脚的主题为 data-theme="b"。

（3）删除图像 images/01.jpg 所在的行，将 text 文档中的轮播代码复制到该位置，实现轮播效果。

（4）完成其他两个文档 westernclothes.html、whiteshirt.html 中对 jQuery Mobile 1.4.5 版本引用的升级，并设置页眉和页脚的主题为 data-theme="b"。

2. 制作面板 panel 功能菜单

（1）在 westernclothes.html 页面中利用面板 panel 菜单代码创建系统下拉菜单，其中包括"新品""套装""外套""西服""衬衫""马甲""西裤""鞋子"和"领带"等选项，添加相应图标，并在页眉中添加面板菜单的链接。

（2）同样为 whiteshirt.html 文档添加面板菜单。

3. 制作其他页面

（1）参照 westernclothes.html 文档，制作 newproducts.html 页面。

（2）参照 whiteshirt.html 文档，制作 blueclothes.html 页面。

4. 创建链接

（1）在主页 index.html 的九宫格里创建新品链接 newproducts.html 和西服链接 westernclothes.html。

（2）在新品 newproducts.html 的九宫格里，将第 1 行第 1 列的图片链接到 whiteshirt.html，将第 1 行第 3 列图片链接到 blueclothes.html。

（3）在西服 westernclothes.html 的面板菜单中，将"新品"和"西服"分别链接到 newproducts.html 和 westernclothes.html，并通过复制粘贴的方式，对其他所有页面的面板菜单进行更新。

（4）在西服 westernclothes.html 的页脚中，将文字"主页"与 index.html 链接，并通过复制粘贴的方式，对其他所有页面的页脚进行更新。

素材所在位置：案例素材/ch13/练习案例——男人会装 II。效果如图 13-59、图 13-60 和图 13-61 所示。

图 13-59　　　　　　　　　　　图 13-60　　　　　　　　　　　图 13-61

第 14 章
动态网页技术

在网站开发中，编写计算机脚本程序、采用服务器应用程序以及数据库操作等技术和方法，就可以构建动态网站。由于动态网页技术提供了客户端和服务端的各种数据的实时交互，便于实现各种动态变化的页面效果，因此在实际应用中获得了广泛应用。

动态网页技术基于服务器应用程序和数据库。在操作系统中，安装和设置 Internet 信息服务组件可以创建服务器开发和测试环境。同时，利用数据库管理系统功能定义数据字段和设计表结构，可以创建数据库作为动态网站的信息和数据来源。

在 Dreamweaver 环境中，网站的动态站点不仅包括站点的根文件夹，还要明确服务器文件夹、脚本语言种类、链接方式以及 Web URL 等；建立数据源名称 DSN 后，可以创建与数据库的连接。

根据网页设计的需要，通过数据连接定义数据集，用户可以进行数据字段的绑定；添加服务器的各种行为，如重复区域、记录集分页等，完成动态网页的制作。

🏵 本章学习内容

1. 动态网页技术概述
2. 开发环境设置
3. 设计数据库
4. 数据库连接
5. 数据库使用

14.1　动态网页技术概述

静态网页代码存放于服务器中，其内容始终不变，直到被更换。当浏览者单击网页上的某个链接或输入一个 URL 地址时，即从浏览器向服务器发出一个请求，服务器将静态网页代码直接发送到浏览器中，浏览者就可以浏览该网页，如图 14-1 所示，静态网页工作流程如下。

❶ 浏览器向服务器发出请求。

❷ 服务器查找该页面。

❸ 服务器将该页面发送到浏览器中。

动态网页、服务器应用程序以及数据库是实现动态网页技术的重要组成部分。

当浏览者从浏览器向服务器发出动态请求时，服务器将该动态网页传递给服务器应用程序，该应用程序读取并解析网页中的代码指令，使用结构化查询语言（Structured Query Language，SQL）对数据库进行查询，从数据库的一个或多个表中获得一组数据（称为记录集），并将其插入页面的 HTML 代码中，得到一个静态网页。应用程序将该网页传回到服务器，服务器再将该网页发送到浏览器。动态网页的工作流程如下，如图 14-2 所示。

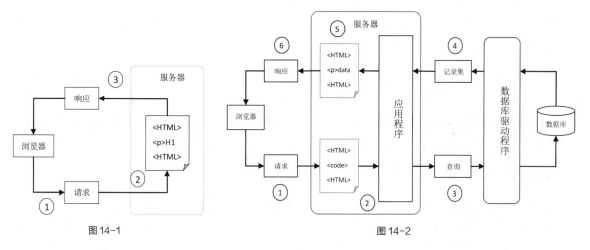

图 14-1　　　　　　　　　　　　　　　　　图 14-2

❶ 浏览器向服务器发出动态请求。

❷ 服务器查找该页面并将其传递到服务器应用程序。

❸ 应用程序扫描该页面指令并通过数据库驱动程序发送查询指令到数据库。

❹ 将数据库查询结果通过记录集发送到应用程序。

❺ 应用程序将数据插入页面中并发送到服务器。

❻ 服务器将页面发送到浏览器。

应用程序可以使用服务器端的各种资源，如数据库，该应用程序通过数据库驱动程序与数据库进行通信。在网页设计中，只要将网页中的相关元素或标签与数据库字段绑定在一起，就可以利用数据库中的各种数据。因此动态网页就可以根据数据库中数据的变化，不断更新网页中的内容。

14.2　开发环境设置

静态网页可以直接在浏览器中进行测试和显示，但是动态网页是一个 Web 应用程序，不能直接在浏览器中打开，因此需要建立一个 Web 应用程序开发环境，包括安装 IIS 和创建 Web 服务器。

14.2.1 安装 IIS

Internet 信息服务（Internet Information Service，IIS）是 Windows 7 操作系统中的功能组件，提供强大的 Internet（互联网）和 Intranet（企业网）服务功能，可以创建基于 ASP 的 Web 服务器。在 Windows 7 操作系统中安装 IIS 的步骤如下。

❶ 选择菜单【开始】|【控制面板】，打开【控制面板】窗口，在窗口中选择【程序】选项，打开【程序】窗口，如图 14-3 所示。

❷ 在【程序】窗口中选择【程序与功能】下方的【打开或关闭 Windows 功能】选项，打开【Windows 功能】窗口，如图 14-4 所示。

图 14-3   图 14-4

❸ 在【Internet 信息服务】中勾选【Web 管理工具】，以及【万维网服务】中的【安全性】、【常见 HTTP 功能】、【性能功能】、【ASP】和【ISAPI 扩展】复选框，单击【确定】按钮，完成 IIS 的安装。

14.2.2 设置 IIS

为了实现动态网页的调试与测试功能，还需要对 IIS 进行设置。

❶ 选择菜单【开始】|【控制面板】，打开【控制面板】窗口，在窗口中选择【系统和安全】选项，打开【系统和安全】窗口，如图 14-5 所示。

❷ 在【系统和安全】窗口中选择【管理工具】选项，打开【管理工具】窗口，如图 14-6 所示。双击【Internet 信息服务（IIS）管理器】选项，打开【Internet 信息服务（IIS）管理器】窗口，如图 14-7 所示。在该窗口中，可以看到【网站】中已经存在一个默认站点，名称为 Default Web Site。

⚙ 提示

在 Windows 7 操作系统中安装完 IIS 后，系统会自动设置默认站点，名称为 Default Web Site，路径为 c:\inetpub\wwwroot，对应的服务器主机名为 localhost。

❸ 在【Internet 信息服务（IIS）管理器】窗口中，单击右侧的【查看虚拟目录】，打开【虚拟目录】窗口，如图 14-8 所示。选择右侧的【添加虚拟目录】选项，打开【添加虚拟目录】对话框，如图 14-9 所示。

❹ 在【添加虚拟目录】对话框中的【别名】文本框中输入目录的名称（如 beauty），在【物理路径】文本框中输入路径（如 F:\ beauty，动态网站根文件夹所在位置），单击【确定】按钮，完成虚拟目录的设置，结果如图 14-10 所示。

图 14-5   图 14-6

图 14-7   图 14-8

图 14-9   图 14-10

💡 提示

　　在默认站点 Default Web Site 中，为了调试多个网站，可以设置多个虚拟目录，一个虚拟目录对应一个站点。本例中，默认站点相应的虚拟目录文件夹为 F:\beauty，虚拟目录的服务器主机名为 localhost/beauty。

14.3　设计数据库

14.3.1　数据库简介

1. 数据库

数据库（DataBase，DB）是按照一定的组织形式，存储在计算机中的相关数据的集合，它不仅包括描述事物本身的数据，还包括描述事物之间相互关系的数据。

利用二维表格来存储数据的数据库称为关系数据库，如表 14-1 所示，它是一个学生选修课系统的数据库。在关系数据库中，二维表格表示数据关系，列表示属性或字段，行表示记录。

表 14-1

学　号	姓　名	选修课程	成　绩	学　分
2012010510	李子愈	计算机网络	76	2
2012020612	魏琪	网页设计	85	2
2012030702	张浩亮	动画设计	82	2
2012050223	赵涵雨	程序设计	80	2

数据库管理系统（Data Base Management System，DBMS）是用于建立、使用和管理数据库的软件系统，是数据库系统的核心部分。它提供了一套完整的命令和工具，包括建立、查询、更新和维护等功能，可以实现对数据库的统一控制与管理。

目前，市场上有许多数据库管理系统，如 Oracle、Informix、Sybase、MySQL Server、Microsoft SQL Server 和 Access 等。

2. Access 数据库

Access 数据库管理系统是 Microsoft Office 的组件之一，是一种在 Windows 环境下非常流行的小型桌面数据库管理系统。Access 具备关系数据库管理系统的基本功能，支持大部分 SQL 标准，可以实现对数据库的相关操作；无须编写任何代码，通过直观的可视化操作就可以完成大部分的数据库管理任务。

Access 不仅可以通过开放式数据库互连标准（Open DataBase Connectivity，ODBC）与其他数据库相连，还可以与其他应用软件互连，实现数据的共享与传递。

14.3.2　创建数据库

在 Access 2010 数据库中，创建数据库就是建立存放关系数据的数据库文件。一个数据库文件中可以包含一个或多个表，每个表都具有唯一的名称，各个表既可以独立存在，也可以相互关联。建立数据库的具体步骤如下。

❶ 启动 Access 2010，打开【Microsoft Access】窗口，选择菜单【文件】|【新建】，如图 14-11 所示。在【可用模板】中选择【空数据库】选项，单击【文件名】右侧的【浏览文件】按钮，打开【文件新建数据库】对话框，如图 14-12 所示。

图 14-11

❷ 在【文件名】文本框中输入数据库文件名（如 beautydata），在【保存类型】下拉框中选择【Microsoft Access 数据库（2002～2003 格式）】选项，在文件列表中指定数据库存放路径（如 F:\ beauty\database）。

❸ 单击【确定】按钮，返回【Microsoft Access】窗口，单击【创建】按钮，结果如图 14-13 所示。在【表格工具】|【字段】功能区中，选择【视图】下拉框中的【设计视图】选项，打开【另存为】对话框，如图 14-14 所示，在【表名称】文本框中输入数据表的名称（如 beautytab1）。

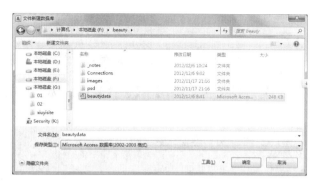

图 14-12

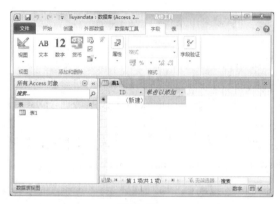

图 14-13

图 14-14

❹ 单击【确定】按钮，如图 14-15 所示。在表【beautytab1】的【字段名称】下输入 ID、subject、author、email、time 和 content，在【数据类型】下选择"自动编号""文本""文本""文本""日期/时间""备注"。

❺ 将光标置于字段 ID 中并右击，在弹出的快捷菜单中选择【主键】选项，如图 14-16 所示，将字段 ID 设置成主键。

图 14-15

图 14-16

提示

在数据库表的字段中，必须有一个字段是主键。一般将数据表中的 ID 字段设成主键。

❻ 选择菜单【文件】|【保存】，完成数据库的创建，退出 Access 2010。

14.4　数据库连接

数据库连接就是通过数据库驱动程序将应用程序与数据库进行关联，使应用程序可以根据需要从数据库读取或向其中写入数据。在创建数据库连接时，需要先确定数据源（Data Source Name，DSN），再通过数据源创建与应用程序的连接。

14.4.1　创建 DSN

在 Windows 7 操作系统中创建 DSN 的方法如下。

❶ 选择菜单【开始】|【控制面板】，在【控制面板】窗口中选择【系统和安全】选项，在【系统和安全】窗口中选择【管理工具】选项，在【管理工具】窗口中双击【数据源（ODBC）】选项，打开【ODBC 数据源管理器】对话框，如图 14-17 所示。

❷ 在【ODBC 数据源管理器】对话框的【系统 DSN】选项卡中单击【添加】按钮，打开【创建新数据源】对话框，如图 14-18 所示，选择【Driver do Microsoft Access (*.mdb)】选项。

图 14-17

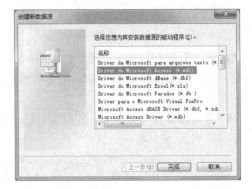
图 14-18

❸ 单击【完成】按钮，打开【ODBC Microsoft Access 安装】对话框，如图 14-19 所示，在【数据源名】文本框中输入数据源名称（如 beautydsn）。

❹ 单击【选择...】按钮，打开【选择数据库】对话框，如图 14-20 所示，在对话框中选择数据库的目录（如 G:\beauty\database）和名称（如 beautydata.mdb）。

图 14-19

图 14-20

❺ 单击【确定】按钮，返回到【ODBC 数据源管理器】对话框，如图 14-21 所示。单击【确定】按钮，完成系统数据源的设置。

14.4.2 创建数据库连接

在 Dreamweaver 中创建数据库连接的操作步骤如下。

❶ 在 Dreamweaver 中，选择菜单【窗口】|【数据库】，打开【数据库】面板，如图 14-22 所示。在【数据库】面板中，已经完成了创建站点、选择文档类型和为站点设置测试服务器等 3 项准备工作。只有完成以上 3 个工作步骤，才能开始创建数据库的连接。

❷ 在【数据库】面板中，单击 ➕ 按钮，在下拉菜单中选择【数据库源名称】选项，打开【数据源名称（DSN）】

图 14-21

对话框，如图 14-23 所示。在【连接名称】文本框中输入名称（如 beautyconn），在【数据源名称】下拉框中选择数据源名称（如 beautydsn），单击【确定】按钮，创建连接。

图 14-22

图 14-23

14.5 数据库使用

14.5.1 定义记录集

创建 Dreamweaver 与数据库的连接以后，定义记录集就成了制作基于数据库动态网页的首要工作。本质上，记录集是根据应用需要，通过数据库查询语句获得的数据库的一个子集。在 Dreamweaver 环境中，通过执行相关操作和设置相应对话框中的选项，可以完成记录集的定义和创建。

1. 创建记录集

选择菜单【窗口】|【绑定】，打开【绑定】面板，在其中单击 ➕ 按钮，在下拉菜单中选择【记录集（查询）】选项，打开【记录集】对话框，如图 14-24 所示。

【记录集】对话框中各选项的含义如下。

【名称】：所创建记录集的名称，可以采用默认名称 Recordset1。

图 14-24

【连接】：指定已经存在的数据库连接，通常在下拉框中进行选择，也可以单击其右侧的【定义...】按钮创建一个新连接。

【表格】：列出了该数据库中的表，并可在下拉框中选择指定表。

【列】：在其下方的列表中列出了数据库表中的字段，若选择其右侧的【全部】单选按钮，则选择全部字段；若选择其右侧的【选定的】单选按钮，则在列表中指定所需字段。

【筛选】：设置定义记录集的筛选条件，只有符合筛选条件的数据，才能够包含在记录集中；在下拉框中，可以选择过滤记录的字段、表达式、参数和参数的对应值。

【排序】：指定记录集的显示顺序，在其右侧的第 1 个下拉框中选择排序的字段，在第 2 个下拉框中选择升序或降序。

【确定】：完成定义记录集。

2. 使用高级功能创建记录集

在【记录集】对话框中，单击【高级...】按钮，打开【记录集】高级功能对话框，如图 14-25 所示。在该对话框中，可以编写 SQL 语句，实现更灵活的记录集定义功能。

【记录集】对话框【高级】选项中各选项的含义如下。

【名称】：所创建记录集的名称，可以采用默认名称 Recordset1。

【连接】：指定已经存在的数据库连接，通常在下拉框中进行选择，也可以单击其右侧的【定义...】按钮创建一个新连接。

【SQL】：在其右侧的文本区域中输入 SQL 语句。

【参数】：如果在编写 SQL 语句时需要使用变量，那么单击【参数】右侧的  按钮，打开【添加参数】对话框，设置变量的【名称】、【类型】、【值】和【默认值】。

图 14-25

【数据库项】：列出了数据库项目，包括【表格】、【视图】和【预存过程】。

14.5.2 数据绑定

创建记录集之后，就可以在静态页面的指定位置添加动态数据。在 Dreamweaver 环境中，把在页面中添加数据的操作称为数据绑定，执行简单操作就可以实现数据绑定。

1. 绑定动态文本

选择菜单【窗口】|【绑定】，打开【绑定】面板，展开【记录集（Recordset1）】列表，如图 14-26 所示。

将光标置于指定位置，选中指定字段，单击面板右下方的【插入】按钮；或选中指定字段，将其直接拖曳到指定位置。

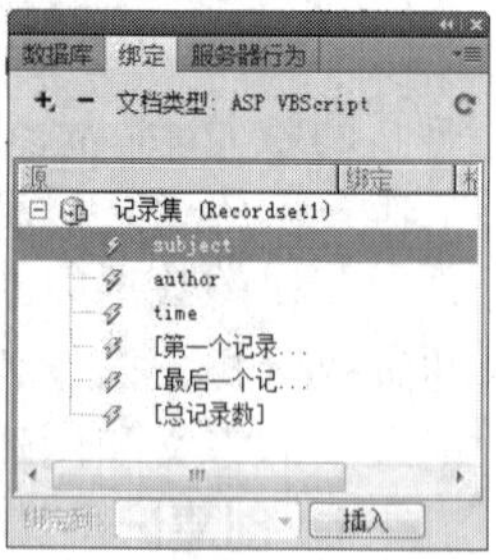

2. 动态文本的数据格式

图 14-26

动态数据字段绑定在页面中时，会采用其默认的数据格式显示。在 Dreamweaver 中，还可以根据需要对字段的数据格式进行重新设置。

设置动态文本数据格式的方法如下。

❶ 在网页文档中，选中已经存在的动态数据，此时【绑定】面板中的相应字段也被选中，如图 14-27 所示。

❷ 单击【绑定】面板中被选中字段右侧的下拉按钮 ▼，弹出动态数据显示格式下拉菜单，如图 14-28 所示。

❸ 选择相应菜单项即可进行格式的设置。

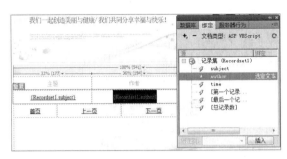

图 14-27

图 14-28

下拉菜单中各选项的含义如下。

【日期/时间】：设置日期和时间的 19 种显示格式。

【货币】：设置各种货币数字的 9 种显示格式。

【数字】：与【货币】显示格式相同。

【百分比】：与【货币】显示格式相同。

【AlphaCase】：设置文本字符的大小写，可以选择【大写】和【小写】。

【修整】：删除动态文本中的空格，可以选择【左】、【右】和【两侧】，分别删除动态文本左侧空格、右侧空格和两侧空格。

【绝对值】：对动态数据取绝对值。

【舍入整数】：对动态数据进行四舍五入。

【编辑格式列表...】：可以编辑-显示格式列表。

14.5.3　添加服务器行为

数据绑定后，需要对动态数据添加各种服务器行为。

1. 设置插入记录

下面介绍通过创建包含表单对象的 ASP，利用服务器行为的插入记录，为数据库表添加数据记录。

选择菜单【窗口】|【服务器行为】，打开【服务器行为】面板，单击面板中的 ⊞ 按钮，在下拉菜单中选择【插入记录】选项，打开【插入记录】对话框，如图 14-29 所示。

【插入记录】对话框中各选项的含义如下。

图 14-29

【连接】：指定已经存在的数据库连接，通常在下拉框中进行选择，也可以单击其右侧的【定义...】按钮创建一个新连接。

【插入到表格】：列出了该数据库要插入数据的表，并可在下拉框中选择指定表。

【插入后，转到】：在文本框中输入一个页面文件名或通过单击【浏览...】按钮进行选择。

【获取值自】：在下拉框中选择存放数据记录内容的表单。

【表单元素】：在其右侧的文本区域中，列出了数据字段的名称和数据格式；利用【列】下拉框选择字段，利用【提交为】下拉框设置对应字段的数据格式。

2. 设置重复区域

当需要在一个页面中显示多条记录时，必须定义一个包含动态内容的区域为重复区域。

选中要设置重复区域的部分，选择菜单【窗口】|【服务器行为】，打开【服务器行为】面板，单击其中的 ⊞ 按钮，在下拉菜单中选择【重复区域】选项，打开【重复区域】对话框，如图 14-30 所示。

在【记录集】下拉框中选择指定记录集，如 Recordset1；在【显示】后选择第 1 个单选按钮并输入要显示记录的最大数值，或选择【所有记录】单选按钮显示全部记录。

3．设置记录集分页

要在重复区域中显示多条记录时，可以设置记录集导航条，控制记录集中记录的移动和显示。

选择菜单【窗口】|【服务器行为】，打开【服务器行为】面板，单击其中的 ＋ 按钮，在下拉菜单中选择【记录集分页】选项，弹出【记录集分页】的子菜单，如图 14-31 所示。

图 14-30   图 14-31

【记录集分页】子菜单中各选项的含义如下。

【移至第一条记录】：将选中的文本设置为跳转到记录集显示页第 1 条记录上。

【移至前一条记录】：将选中的文本设置为跳转到记录集显示页前 1 条记录上。

【移至下一条记录】：将选中的文本设置为跳转到记录集显示页下 1 条记录上。

【移至最后一条记录】：将选中的文本设置为跳转到记录集显示页最后 1 条记录上。

【移至特定记录】：将选中的文本设置为跳转到记录集显示页特定记录上。

4．设置转到详细页面

首先在列表页面中选中要转移到详细页面的相应动态内容，如{recordset1.subject}，选择菜单【窗口】|【服务器行为】，打开【服务器行为】面板，单击其中的 ＋ 按钮，在下拉菜单中选择【转到详细页面】选项，打开【转到详细页面】对话框，如图 14-32 所示。

【转到详细页面】对话框中各选项的含义如下。

【链接】：在其下拉框中选择转到详细页面的链接源端，如果在页面中已经选中了动态内容，那么将自动选择该内容。

图 14-32

【详细信息页】：在文本框中输入详细页面的 URL 地址，或单击【浏览…】按钮进行选择。

【传递 URL 参数】：在文本框中输入要传递到详细页面的 URL 参数。

【记录集】：在下拉框中选择要传递的 URL 参数所属的记录集。

【列】：在下拉框中选择 URL 参数所属的字段。

【URL 参数】：传递的 URL 参数类型。

【表单参数】：传递的表单参数类型。

14-1 美容
美发

14.6 课堂案例——美容美发

案例学习目标：学习利用基本的动态网页技术创建留言系统的方法。

案例知识要点如下。

（1）留言系统由发表留言页面、留言列表页面和留言详细内容页面组成，如图 14-33 所示。

图 14-33

（2）在 Access 2010 中创建数据库，在 IIS 中设置虚拟目录，在 Dreamweaver 中选择菜单【站点】|【新建站点】，创建站点。

（3）在【数据库】面板中创建数据库连接；在【绑定】面板中，将数据库字段与静态页面进行绑定；在【服务器行为】面板中，添加数据库行为，实现系统的操作功能。

素材所在位置：案例素材/ch14/课堂案例——美容美发。

发表留言页面如图 14-34 所示，留言列表页面如图 14-35 所示，留言详细内容页面如图 14-36 所示。

在本地计算机上创建站点文件夹 beauty，并将素材"课堂案例——美容美发"中的内容复制到该文件夹中。

图 14-34

图 14-35

图 14-36

14.6.1 开始创建数据库

❶ 启动 Access 2010，打开【Microsoft Access】窗口，选择菜单【文件】|【新建】，如图 14-37

所示。在【可用模板】中选择【空数据库】，单击【文件名】右侧的【浏览文件】按钮 📁。打开【文件新建数据库】对话框，指定数据库存放路径为 F:\beauty\database，文件名为 beautydata，数据库文件类型为【Microsoft Access 数据库（2002～2003 格式）】。

图 14-37

❷ 单击【确定】按钮，返回【Microsoft Access】窗口，再单击【创建】按钮，结果如图 14-38 所示。在【表格工具】|【字段】功能区中，选择【视图】下拉框中的【设计视图】选项，打开【另存为】对话框，如图 14-39 所示，在【表名称】文本框中输入 beautytab1。

图 14-38

❸ 单击【确定】按钮，选择表【beautytab1】，在【字段名称】下顺序输入 ID、subject、author、email、time 和 content，在【数据类型】下分别选择"自动编号""文本""文本""文本""日期/时间""备注"，如图 14-40 所示。

❹ 单击【字段名称】下面的 time 字段，在【常规】选项卡中设置其【默认值】为=Date()。选择菜单【文件】|【保存】，完成数据库的创建，退出 Access 2010。

 提示

Date()是 Access 的内部函数，可以自动获得系统日期。因此设置 time 字段的默认值为=Date()后，就可以自动记录用户留言时的日期了，不必手动输入。

图 14-39　　　　　　　　　　　　　　　　　　图 14-40

14.6.2　创建虚拟路径和数据源

1. 创建服务器虚拟路径

❶ 选择菜单【开始】|【控制面板】|【系统和安全】|【管理工具】，打开【管理工具】窗口，如图 14-41 所示。双击【Internet 信息服务（IIS）管理器】，打开【Internet 信息服务（IIS）管理器】窗口，如图 14-42 所示。

图 14-41

❷ 在【Internet 信息服务（IIS）管理器】窗口中，展开【网站】选项，右击默认站点 Default Web Site，在弹出的快捷菜单中选择【添加虚拟目录】选项，打开【添加虚拟目录】对话框，如图 14-43 所示。在【别名】文本框中输入 beauty，在【物理路径】文本框中输入 F:\beauty，单击【确定】按钮，创建站点的虚拟路径。

2. 创建数据源

❶ 选择菜单【开始】|【控制面板】|【系统和安全】|【管理工具】，在【管理工具】窗口中双击【数据源 ODBC】选项，结果如图 14-44 所示。

❷ 在【ODBC 数据源管理器】对话框的【系统 DSN】选项卡中单击【添加...】按钮，打开【创

建新数据源】对话框，如图 14-45 所示，选择【Driver do Microsoft Access (*.mdb)】选项。

图 14-42   图 14-43

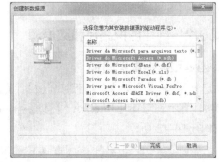

图 14-44   图 14-45

❸ 单击【完成】按钮，打开【ODBC Microsoft Access 安装】对话框，如图 14-46 所示。在【数据源名】文本框中输入 beautydsn，单击【选择…】按钮，选择数据库的路径 G:\beauty\database 和数据库名称 beautydata.mdb。

❹ 单击【确定】按钮，返回到【ODBC 数据源管理器】对话框，如图 14-47 所示，单击【确定】按钮，完成系统数据源的设置。

图 14-46   图 14-47

14.6.3　创建动态站点和数据库连接

1. 创建动态站点

❶ 启动 Dreamweaver，选择菜单【站点】|【新建站点】，打开【站点设置对象 美容美发】对

话框，如图 14-48 所示。在【站点名称】文本框中输入"美容美发"，在【本地站点文件夹】文本框中选择 F:\beauty\。

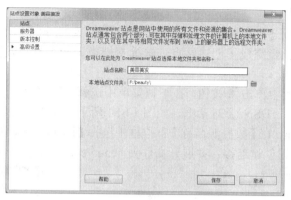

图 14-48

❷ 选择左侧分类栏中的【服务器】选项，如图 14-49 所示。单击【添加新服务器】按钮，打开服务器设置面板，如图 14-50 所示。

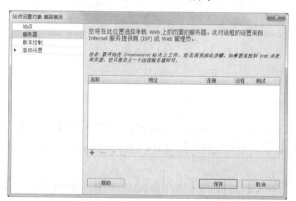

图 14-49

图 14-50

❸ 选择【基本】选项卡，在【服务器名称】文本框中输入"测试服务器"，在【连接方法】下拉框中选择【本地/网络】选项，在【服务器文件夹】文本框中选择 F:\beauty，在【Web URL】文本框中输入 http://localhost/beauty/。

❹ 选择【高级】选项卡，如图 14-51 所示。勾选【维护同步信息】复选框，在【服务器模型】下拉框中选择【ASP VBScript】选项，单击【保存】按钮，返回到【站点设置对象 美容美发】对话框，如图 14-52 所示。

图 14-51

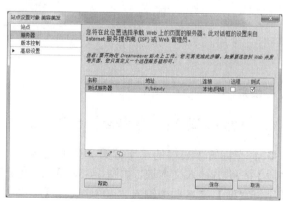

图 14-52

❺ 在【站点设置对象 美容美发】对话框中，取消勾选【远程】复选框，并勾选【测试】复选框，单击【保存】按钮，完成站点设置。

2. 创建数据库连接

❶ 选择菜单【窗口】|【数据库】，打开【数据库】面板，如图 14-53 所示。在【数据库】面板中，已经完成了创建站点、选择文档类型和为站点设置测试服务器等 3 项准备工作。

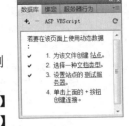

❷ 在【数据库】面板中单击 ➕ 按钮，在下拉菜单中选择【数据库源名称】选项，打开【数据源名称（DSN）】对话框，如图 14-54 所示。在【连接名称】文本框中输入 beautyconn，在【数据源名称】下拉框中选择【beautydsn】选项。

图 14-53

❸ 单击【确定】按钮创建连接，并展开文件夹 beautyconn，如图 14-55 所示。

图 14-54

图 14-55

14.6.4　发表留言页面

1. 创建表单

❶ 在【文件】面板中选中"美容美发"站点，打开文档 beauty.html。选择菜单【文件】|【另存为】，打开【另存为】对话框，在【保存类型】下拉框中选择【Active Server Pages（*.asp; *asa）】选项，单击【保存】按钮，创建 beauty.asp 文档。

❷ 将光标置于页面中部的单元格中，在【插入】面板的【表单】选项卡中，单击【表单】按钮 插入表单。

❸ 将光标置于表单中，在【插入】面板的【布局】选项卡中单击【表格】按钮 ，插入 5 行 2 列、宽度为 100% 的表格，如图 14-56 所示。在表格第 1 列的第 1 行至第 4 行中，分别输入文字"主题:""作者:""联系信箱:"和"留言内容:"，并为它们应用样式.text，效果如图 14-57 所示。

图 14-56

图 14-57

> 🕒 提示
>
> 在表单中输入的字段项不包括"时间"，因为它是由 Access 内部函数 Date() 自动获取的。

❹ 将光标置于表格的第 1 行第 2 列单元格中，在【插入】面板的【表单】选项卡中，单击【文本字段】按钮 插入文本域，如图 14-58 所示。在【属性】面板的【文本域】文本框中输入 subject，在【字符宽度】文本框中输入"40"，选择【类型】右侧的【单行】单选按钮，如图 14-59 所示。

❺ 采用同样的方式，在表格第 2 列的第 2 行和第 3 行中，分别插入文本域，设置名称分别为

author 和 email，字符宽度分别为 16 和 30。

图 14-58

图 14-59

❻ 将光标置于表格的第 4 行第 2 列单元格中，在【插入】面板的【表单】选项卡中，单击【文本区域】按钮📃插入文本区域，如图 14-60 所示。在【属性】面板的【文本域】文本框中输入 content，在【字符宽度】文本框中输入"55"，在【行数】文本框中输入"12"，选择【类型】右侧的【多行】单选按钮，如图 14-61 所示。

❼ 将光标置于表格的第 5 行第 2 列单元格中，在【插入】面板的【表单】选项卡中，单击【按钮】按钮◻，插入【提交】按钮；将光标置于提交按钮之后，单击【按钮】按钮◻，插入【重置】按钮；对表格第 2 列中的所有表单对象应用.textCopy 样式，如图 14-62 所示。

2. 设置插入记录

❶ 在【服务器行为】面板中单击 ➕ 按钮，在下拉菜单中选择【插入记录】选项，打开【插入记录】对话框，如图 14-63 所示。在【连接】下拉框中选择【beautyconn】选项，在【插入到表格】下拉框中选择【beautytab1】选项，在【获取值自】下拉框中选择【form1】选项，利用【列】和【提交为】选项设置【表单元素】列表中字段的数据格式。单击【确定】按钮，创建插入记录的服务器行为。

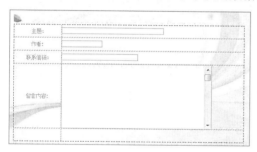

图 14-60

图 14-61

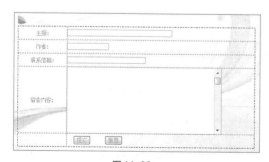

图 14-62

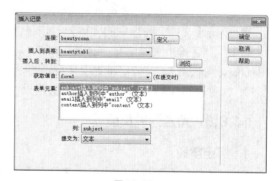

图 14-63

❷ 单击【文档】窗口中的【拆分】按钮，在页面代码中找到字符集编码设置 charset=utf-8，将其更改为 charset=gb2312，如图 14-64 所示。再单击【设计】按钮，返回【设计】视图，完成字符集中文编码的设置。

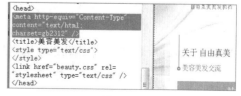

图 14-64

提示

　　在表单中输入各种文本数据时，字符集 charset= utf-8 只能保证英文字符的正确显示，中文的显示可能会出现乱码；而字符集 charset= gb2312 能保证中文和英文字符都正确显示。

　　❸ 保存网页文档，按<F12>键预览效果，并输入数据加以验证。

14.6.5　留言详细内容页面

　　❶ 在【文件】面板中选中"美容美发"站点，打开文档 xiangxi.html，将其另存为 xiangxi.asp，创建动态网页文档。

　　❷ 在【绑定】面板中单击 ➕ 按钮，在下拉菜单中选择【记录集（查询）】选项，打开【记录集】对话框，如图 14-65 所示。在【名称】文本框中输入"Recordset1"，在【连接】下拉框中选择【beautyconn】选项，在【表格】下拉框中选择【beautytab1】选项，选择【列】右侧的【全部】单选按钮，在【筛选】下拉框中选择【ID】、【=】和【URL 参数】选项，单击【确定】按钮，完成记录集的创建。

　　❸ 将光标置于表格的第 1 行第 2 列中，在【绑定】面板中展开【记录集（Recordset1）】，如图 14-66 所示。选中 subject 字段，单击面板右下方的【插入】按钮，将 subject 字段绑定在单元格中。

图 14-65

图 14-66

　　❹ 采用同样的方式，将字段 author、email、time 和 content 进行绑定，同时将.textCopy1 样式应用于这 5 个绑定字段，效果如图 14-67 所示。

　　❺ 单击【文档】窗口中的【拆分】按钮，在页面代码中找到字符集编码设置 charset= utf-8，将其更改为 charset=gb2312，完成字符集中文编码的设置。

　　❻ 保存网页文档，按<F12>键预览效果。

图 14-67

14.6.6　留言列表页面

1. 绑定字段

　　❶ 在【文件】面板中选中"美容美发"站点，在该站点中打开文档 liebiao.html，并将其另存为 beauty.asp，如图 14-68 所示。

 提示

　　在 liebiao.asp 中，表格第 2 行要承载大量的用户留言，需要对其设置【重复区域】，所以第 2 行必须是一个独立的表格。相应地，表示字段的第 1 行和表示数据控制状态的第 3 行，都应设计成独立的表格。

❷ 选择菜单【窗口】|【绑定】，打开【绑定】面板，在其中单击 + 按钮，在下拉菜单中选择【记录集（查询）】选项，打开【记录集】对话框，如图 14-69 所示。在【连接】下拉框中选择【beautyconn】选项，在【表格】下拉框中选择【beautytab1】选项，选择【列】右侧的【选定的】单选按钮，在列表中选中 ID、subject、author 和 time，在【排序】下拉框中选择【time】和【降序】选项，单击【确定】按钮，完成记录集的创建。

图 14-68　　　　　　　　　　　　　　　　　　　　　　图 14-69

❸ 将光标置于第 2 行表格的第 1 列中，在【绑定】面板中展开【记录集（Recordset1）】，如图 14-70 所示。选中 subject 字段，单击面板右下方的【插入】按钮，将 subject 字段绑定在单元格中。

❹ 采用同样的方式，将字段 author 和 time 也绑定在单元格中，同时将.text 样式应用于这 3 个绑定字段，如图 14-71 所示。

图 14-70　　　　　　　　　　　　　　　　　　　图 14-71

2. 设置重复区域和记录集分页

❶ 选中第 2 行表格，在【服务器行为】面板中单击 + 按钮，在下拉菜单中选择【重复区域】选项，打开【重复区域】对话框，如图 14-72 所示。在【记录集】下拉框中选择【Recordset1】选项，在【显示】右侧选择第一个单选按钮并输入"5"，单击【确定】按钮，完成创建重复区域的服务器行为，如图 14-73 所示。

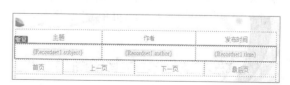

图 14-72　　　　　　　　　　　　　　　　　　图 14-73

❷ 选中文字"首页"，单击【服务器行为】面板中的 + 按钮，在下拉菜单中选择【记录集分

页】|【移至第一条记录】，打开【移至第一条记录】对话框，如图 14-74 所示。在【记录集】下拉框中选择【Recordset1】选项，单击【确定】按钮，完成创建移至第一条记录的服务器行为。

❸ 采用同样的方式，分别为文字"上一页""下一页""最后页"，创建移至前一条记录、移至下一条记录和移至最后一条记录的服务器行为，如图 14-75 所示。

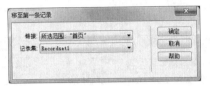

图 14-74

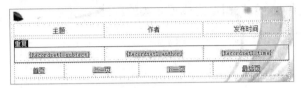

图 14-75

提示

表格中的链接外观采用了页面链接外观。在【页面属性】对话框中的【链接（CSS）】选项面板中，已经预先设定了页面链接外观。

❹ 选中{Recordset1.subject}，单击【服务器行为】面板中的 + 按钮，在下拉菜单中选择【转到详细页面】选项，打开【转到详细页面】对话框，如图 14-76 所示。在【详细信息页】文本框中输入 xiangxi.asp，在【传递 URL 参数】文本框中输入 ID，在【记录集】下拉框中选择【Recordset1】选项，在【列】下拉框中选择【ID】选项，单击【确定】按钮，完成创建转到详细页面的服务器行为，如图 14-77 所示。

图 14-76

图 14-77

❺ 单击【文档】窗口中的【拆分】按钮，在页面代码中找到字符集编码设置 charset=utf-8，将其更改为 charset=gb2312，完成对字符集中文编码的设置。

❻ 重新打开 beauty.asp 文档，在【服务器行为】面板中双击【插入记录（表单"form1"）】，打开【插入记录】对话框，在【插入后，转到】文本框中输入 liebiao.asp，如图 14-78 所示，单击【确定】按钮，完成 beauty.asp 与 liebiao.asp 的链接。

❼ 保存网页文档，按<F12>键预览效果，验证状态控制栏的功能和 3 个网页的链接关系。

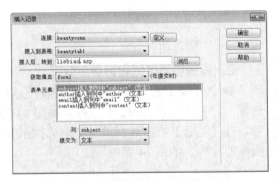

图 14-78

14.7 练习案例——电子商务

案例练习目标：学习利用基本的动态网页技术创建留言系统。

案例操作要点如下。

（1）在 Access 2010 中创建数据库，名称为 commercedata.mdb；字段名称分别为 subject（主题）、member（会员姓名）、email（电子邮件）、time（日期）和 content（内容）。在 time 字段的【常规】标签中，设置其【默认值】为=Date()。

（2）在 IIS 中设置虚拟目录，名称为 commerce；文件夹路径为\commerce。

（3）在【数据库】面板中创建数据库连接，数据源名称为 commercedsn，数据连接名称为 commerceconn。

（4）选择菜单【站点】|【新建站点】创建站点，设置站点名称为"电子商务"，Web URL 为 localhost/commerce。

（5）在发表留言页面中，设置插入记录的服务器行为。在留言详细内容页面中，创建记录集并进行绑定。在留言列表页面中，创建记录集并进行绑定，设置重复区域、记录集分页和转到详细页面的服务器行为。

（6）在每个页面代码中，将字符集编码设置 charset=utf-8 更改为 charset=gb2312，保证中文和英文字符都能正确显示，避免出现乱码。

素材所在位置：案例素材/ch14/练习案例——电子商务。

案例效果：发表留言页面如图 14-79 所示，留言列表页面如图 14-80 所示，留言详细内容页面如图 14-81 所示。

图 14-79

图 14-80

图 14-81

15 Chapter

第 15 章
综合实训

本章以一个网站的开发过程为例，介绍从网站规划到网站设计与制作，再到超链接设置等一系列操作过程，使读者对网站设计的流程和方法有进一步了解。

本章融合较为流行的网站设计与制作技术，如 Photoshop 切片技术、Dreamweaver 的 CSS+Div 布局和模板技术等，使读者进一步熟悉 Dreamweaver 和网站设计相关软件的使用技巧，为今后学习奠定良好的基础。

本章学习内容

1. 网站规划
2. 网站设计
3. 制作主页面
4. 制作子页面
5. 制作其他子页面
6. 页面超链接设置

15.1　网站规划

本网站是一个宠物信息专业网站，旨在为广大的宠物爱好者提供一个交流、展示的平台。设计上采用较简洁的风格，配色采用两种主色调：绿色（#6FB366）和紫色（#94688C）。网站开发的流程主要为确定风格和配色、绘制网站 logo、设计网站 banner、设计主页面、设计子页面、制作主页面和制作子页面等。

15.2　网站设计

网站设计一般指网站的 logo 设计、banner 设计、主页面及子页面设计。通常在开发网站时，首先要用图像处理软件把这些内容绘制出来，然后使用 Dreamweaver 制作出相应的网页。

15.2.1　网站 logo 设计

本网站的配色采用绿色和紫色两种色调，logo 的设计采用图形和中、英文字体的结合。logo 采用 Photoshop 绘制完成，最终的效果如图 15-1 所示。

图 15-1

15.2.2　banner 设计

banner 一般指网站中的横幅广告条，它是网页中不可或缺的一部分，不仅可以增强网页的视觉效果，还能作为宣传网站的广告区域。一般来说，网站中主页和二级页面都有不同的 banner，本网站针对 3 个页面设计了 3 个 banner：主页 banner（900px×300px）、家园简介页面 banner（900px×250px）和宠物风采页面 banner（900px×250px），分别如图 15-2、图 15-3 和图 15-4 所示。

图 15-2

图 15-3

图 15-4

15.2.3　页面设计

1．主页设计

网站主页的最终效果如图 15-5 所示。

2．子页面设计

本网站设计的子页面有两个：家园简介子页面和宠物风采子页面，最终效果如图 15-6、图 15-7 所示。

图 15-5

图 15-6

图 15-7

15.3 制作主页面

网页效果图是一张完整的图片，需要转为网页页面时不能把整张图片放在网页中，这样不仅不利于网页中文字的修改和交互，还会降低网页打开的速度，也不利于搜索引擎对网页的检索。

15.3.1 主页面切图

一般来说，在页面制作时，效果图中的文字内容需要输入或从数据库中读出，把需要直接用图片表现的部分从效果图中切出来。从网页效果图中切出所需图片的过程就是切图。切图的原则是全面分析效果图的颜色、图像元素和构图分布，尽量做到切出的图片量最少或页面布局方案最佳。效果图中大片纯色背景不用切图，可以直接在 Dreamweaver 中设置。

主页面切图的具体操作步骤如下。

❶ 在 Photoshop 中打开网页效果图 index.psd，如图 15-8 所示。

图 15-8

❷ 从标尺中拖出辅助线将网页效果图分割，如图 15-9 所示，从上到下利用辅助线划分出几大区域，便于在 Dreamweaver 中进行页面布局。

图 15-9

⚙ 提示

先在【图层】面板选中该辅助线紧贴的元素，再拖曳放置辅助线，这样辅助线会自动贴合到该元素的边缘，使得辅助线放置得十分精确。例如，先在【图层】面板中选中 banner 图片图层，再从标尺中拖出辅助线并自动贴合到 banner 图片的边缘。

根据辅助线对应的标尺值，把网页效果图分成 5 个区域，分别为 header 区域、导航栏区域、banner 区域、内容区域和 footer 区域，计算出各区域的尺寸，如图 15-10 所示。其中，header 区域和导航栏区域之间距离 2px，banner 区域和内容区域之间距离 12px，内容区域和 footer 区域之间距离 13px。

❸ 在 Photoshop 的工具栏中选择【切片工具】，如图 15-11 所示。在效果图中按住鼠标左键拖曳画出切片。本图中需要切出 logo、登录按钮、各栏目的标题区域和新闻列表前面的小图标，如图 15-11 中的 02、06、10、12、14、19 几个蓝色标记的切片所示。

❹ 选择菜单【文件】|【存储为 Web 所用格式】，如图 15-12 所示。在【存储为 Web 所用格式】对话框中单击【存储】按钮，如图 15-13 所示。

header 区域（900px×53px）
导航栏区域（900px×31px）
banner 区域（900px×300px）
内容区域（900px×212px）
footer 区域（900px×40px）

图 15-10

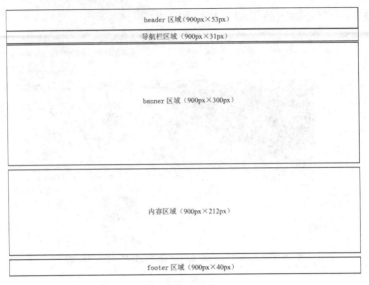

图 15-11

图 15-12

图 15-13

❺ 在本地计算机中新建一个名为 PetHome 的文件夹，在【将优化结果存储为】对话框中设置将导出的图片保存在 PetHome 文件夹中，并在【保存类型】下拉框中选择【仅限图像（*.jpg）】

选项，在【切片】下拉框中选择【所有用户切片】选项，如图 15-14 所示。单击【保存】按钮，导出的图片会存放在自动生成的 images 文件夹内。

15.3.2 创建站点

❶ 由于 banner 等素材图片已经先单独制作出来了，因此也需要将这些素材图片移动到 images 文件夹中。启动 Dreamweaver，选择菜单【站点】|【新建站点】，在【站点设置对象宠物家园】对话框的【站点名称】文本框中输入"宠物家园"，单击【本地站点文件夹】文本框右侧的【浏览文件】按钮🗁并定位到 PetHome 文件夹，如图 15-15 所示。单击【保存】按钮。

❷ 在【文件】面板中可以看到"宠物家园"站点内的文件和文件夹，如图 15-16 所示。

图 15-14

图 15-15

图 15-16

15.3.3 制作 header 区域

header 区域包含左侧的网站 logo 和右侧的顶部菜单两部分，分别对应的<div>标签为#logo 和#topmenu，各部分的尺寸如图 15-17 所示。

15-1 宠物家园-制作 header 区域

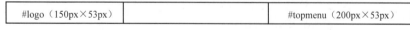

| #logo（150px×53px） | | #topmenu（200px×53px） |

图 15-17

具体操作步骤如下。

❶ 选择菜单【文件】|【新建】，创建一个空白网页，将网页保存在"宠物家园"站点的文件夹 PetHome 中，文件名为 index.html。

❷ 选择菜单【修改】|【页面属性】，打开【页面属性】对话框，如图 15-18 所示。选择【分类】列表中的【外观（CSS）】选项，在【大小】下拉框中输入"12"，并在【左边距】、【右边距】、【上边距】和【下边距】文本框中都输入"0"。选择【分类】列表中的【标题/编码】选项，在【标题】文本框中输入"宠物家园-主页"，如图 15-19 所示。

❸ 将光标置于页面窗口中，选择菜单【插入】|【布局对象】|【Div 标签】，打开【插入 Div 标签】对话框，如图 15-20 所示。在【插入】右侧的第 1 个下拉框中选择【在插入点】选项，在【ID】下拉框中输入 container，将该<div>标签作为网页容器。单击【新建 CSS 规则】按钮，打开【新建 CSS 规则】对话框，如图 15-21 所示，在【选择器名称】下拉框中自动出现了#container，在【规则

定义】下拉框中选择【新建样式表文件】选项，单击【确定】按钮。打开【将样式表文件另存为】对话框，如图 15-22 所示。在【文件名】文本框中输入 layout，单击【保存】按钮，打开【#container 的 CSS 规则定义（在 layout.css 中）】对话框，如图 15-23 所示。选择【分类】列表中的【方框】选项，在【Width】和【Height】下拉框中分别输入"900"和"663"，取消勾选【Margin】下方的【全部相同】复选框，在【Right】和【Left】下拉框中都选择【auto】选项，设置<div>标签居中对齐。

图 15-18

图 15-19

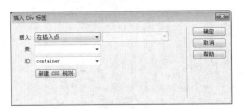

图 15-20

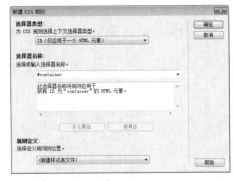

图 15-21

图 15-22

图 15-23

❹ 单击【确定】按钮，在【文档】窗口中插入了 ID 名为 container 的<div>标签，如图 15-24 所示。删除<div>标签内的初始文字，并将光标置于 container 中。采用同样的方式，在 container 标签中插入 ID 为 header 的<div>标签，定义 ID 样式#header，并存储在 layout.css 样式文档中。打开【#header 的 CSS 规则定义（在 layout.css 中）】对话框，如图 15-25 所示。设置【Width】和【Height】分别为 900 和 53，效果如图 15-26 所示。

❺ 删除<header>标签中的初始文字，并将光标置于该标签中。采用同样的方式，在<header>标签中插入 ID 为 logo 的<div>标签，定义 ID 样式#logo，并存储在 layout.css 样式文档中。打开【#logo 的 CSS 规则定义（在 layout.css 中）】对话框，设置【Width】和【Height】分别为 150 和 53，【Float】

为 left。删除 logo 标签中的初始文字，插入图像 "PetHome>images> logo.jpg"，如图 15-27 所示。

图 15-24

图 15-25

图 15-26

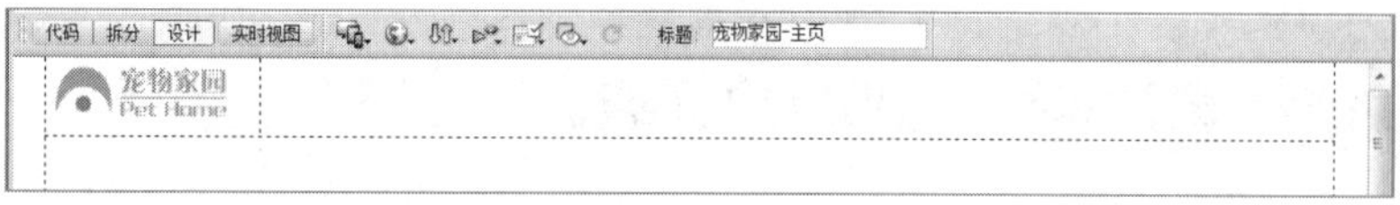

图 15-27

❻ 选择菜单【插入】|【布局对象】|【Div 标签】，打开【插入 Div 标签】对话框，如图 15-28 所示。在【插入】下拉框中选择【在标签之后】选项，在其右侧的下拉框中选择【<div id="logo">】选项，在【ID】下拉框中输入 topmenu。单击【新建 CSS 规则】按钮，打开【新建 CSS 规则】对话框，在【选择器名称】下拉框中自动出现了#topmenu，在【规则定义】下拉框中选择【layout.css】选项，单击【确定】按钮。在【#topmenu 的 CSS 规则定义（在 layout.css 中）】对话框中，选择【分类】列表中的【类型】选项，设置【Font-size】和【Line-height】分别为 12 和 53；选择【分类】列表中的【区块】选项，设置【Text-align】为 right；选择【分类】列表中的【方框】选项，设置【Width】和【Height】分别为 200 和 53，【Float】为 right，如图 15-29 所示，单击【确定】按钮，完成在 header 右侧插入 ID 名为 topmenu 的<div>标签。删除 topmenu 标签中的初始文字，输入文字"网站地图|设为首页|加入收藏"，效果如图 15-30 所示。

图 15-28

图 15-29

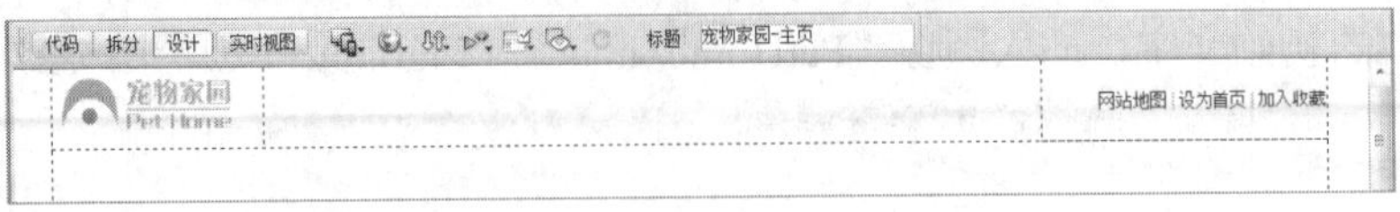

图 15-30

15.3.4　制作导航栏区域

导航栏区域左侧为导航菜单，对应的<div>标签为#nav；右侧为搜索框，对应的<div>标签为#search，各部分的尺寸如图 15-31 所示。

#nav（700px×31px）	#search（200px×31px）

图 15-31

具体操作步骤如下。

❶ 采用与 15.3.3 节一样的方式，在 header 标签后插入 ID 名称为 nav 的<div>标签，并将其#nav 样式存储在 layout.css 样式文档中。在【#nav 的 CSS 规则定义（在 layout.css 中）】对话框中，设置【Font-family】为黑体，【Font-size】和【Line-height】分别为 14 和 31，【Color】为#FFF，【Background-color】为#94688C，【Width】和【Height】分别为 700 和 31，【Float】为 left，单击【确定】按钮，完成 nav 标签的插入。删除 nav 标签中的初始文字，输入导航文字"首页 | 家园简介 | 新闻动态 | 宠物种类 | 健康课堂 | 宠物风采 | 宠物论坛 | 联系我们"，并添加适当的空格，效果如图 15-32 所示。

图 15-32

❷ 采用同样的方式，在 nav 标签后插入 ID 名称为 search 的<div>标签，并将#search 样式存储在 layout.css 样式文档中。在【#search 的 CSS 规则定义（在 layout.css 中）】对话框中，设置【Line-height】为 31，【Background-color】为#94688C，【Text-align】为 right，【Width】和【Height】分别为 200 和 31，【Float】为 right，单击【确定】按钮，完成 search 标签的插入。

❸ 删除 search 标签中的初始文字，选择菜单【插入】|【表单】|【文本域】，插入一个文本域，在文本域【属性】面板的【字符宽度】文本框中输入"15"，如图 15-33 所示。将光标置于文本域后面，插入图像"PetHome>images>index_06.jpg"，选中该图像，按<Shift+F5>组合键，在【标签编辑器-img】对话框中的【对齐】下拉框中选择【绝对居中】选项，单击【确定】按钮，效果如图 15-34 所示。

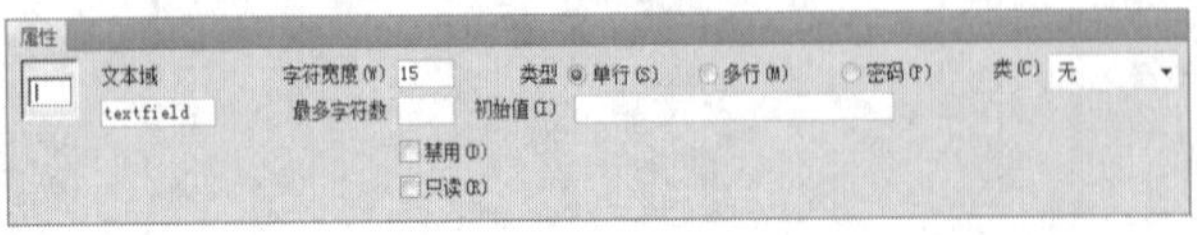

图 15-33　　　　　　　　图 15-34

❹ 保存网页文档，按<F12>键预览主页顶部的制作效果，如图 15-35 所示。

图 15-35

15.3.5　制作 banner 区域

❶ 采用与 15.3.3 节一样的方法，在 search 标签后插入 ID 名称为 banner 的<div>标签，并将#banner 样式存储于 layout.css 文档中。在【#banner 的 CSS 规则定义（在 layout.css 中）】对话框中，选择【分类】列表中的【方框】选项，设置【Width】为 900，【Float】为 left，取消勾选【Margin】下方的【全部相同】复选框，在【Top】下拉框中输入"2"，单击【确定】按钮，效果如图 15-36 所示。

图 15-36

❷ 删除 banner 标签中的初始文字，将光标置于其中，插入图像 "PetHome>images> banner.jpg"。保存网页文档，按<F12>键预览效果，如图 15-37 所示。

图 15-37

15.3.6　制作内容区域

内容区域对应的<div>标签为#content，它包含左、中、右 3 个部分，其中左侧和中间部分对应的<div>标签都为类样式.leftbox，而右侧部分对应的<div>标签为类样式.rightbox，各部分的尺寸如图 15-38 所示。

15-3　宠物家园-制作 banner 区域

15-4　宠物家园-制作内容区域

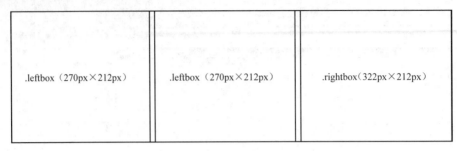

图 15-38

1. 左侧内容部分

❶ 采用与 15.3.3 节一样的方式，在 banner 标签后插入 ID 名称为 content 的<div>标签，并将 #content 样式存储在 layout.css 样式文档中。在【#content 的 CSS 规则定义（在 layout.css 中）】对话框中，选择【分类】列表中的【方框】选项，设置【Width】和【Height】分别为 900 和 212，【Float】为 left，取消勾选【Margin】下方的【全部相同】复选框，设置【Top】为 12，单击【确定】按钮。在主页中插入了 ID 名称为 content 的<div>标签，效果如图 15-39 所示。

图 15-39

❷ 删除 content 标签中的初始文字，将光标置于 content 标签中。选择菜单【插入】|【布局对象】|【Div 标签】，打开【插入 Div 标签】对话框，如图 15-40 所示。在【插入】下拉框中选择【在插入点】选项，在【类】下拉框中输入 leftbox，单击【新建 CSS 规则】按钮，打开【新建 CSS 规则】对话框，如图 15-41 所示。在【选择器名称】下拉框中自动出现了.leftbox，在【规则定义】下拉框中选择【layout.css】选项，单击【确定】按钮。在【.leftbox 的 CSS 规则定义（在 layout.css 中）】对话框中，选择【分类】列表中的【方框】选项，在【Width】和【Height】下拉框中分别输入"270"和"212"，在【Float】下拉框中选择【left】选项，取消勾选【Margin】下方的【全部相同】复选框，在【Right】下拉框中输入"19"，单击【确定】按钮，插入类样式.leftbox 的<div>标签。效果如图 15-42 所示。

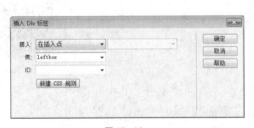

图 15-40

图 15-41

❸ 删除 leftbox 标签中的初始文字，将光标置于 leftbox 标签中。采用同样的方式，在 leftbox 标签中插入类样式名为.leftboxtop 的<div>标签，并将该样式存储于 layout.css 文档中。在【.leftboxtop 的 CSS 规则定义（在 layout.css 中）】对话框中，设置【Width】和【Height】分别为 270 和 23。删除 leftboxtop 标签中的初始文字，将光标置于该标签中，插入图像 "PetHome>images> index_10.jpg"，效果如图 15-43 所示。

图 15-42

❹ 单击【文档】窗口中的【拆分】按钮，将光标置于【代码】视图中 leftboxtop 标签所在的代码之后，如图 15-44 所示。插入类样式名为. leftboxbottom 的<div>标签，并将该样式存储于 layout.css 文档中。在【.leftboxbottom 的 CSS 规则定义（在 layout.css 中）】对话框中，设置【Width】和【Height】分别为 268 和 187。选择【分类】列表中的【边框】选项，设置【Style】为 solid，【Width】为 1，【Color】为#6EB336。单击【确定】按钮，在 leftbox 标签下部插入了类名为 leftboxbottom 的<div>标签，如图 15-45 所示。

图 15-43

图 15-44

❺ 删除 leftboxbottom 标签中的初始文字，复制粘贴 text.txt 文件中的相应文字内容。选中所有文字，单击【属性】面板中的【项目列表】按钮☰，效果如图 15-46 所示。

图 15-45

❻ 单击【CSS 样式】面板中的【新建 CSS 规则】按钮🖹，打开【新建 CSS 规则】对话框，

如图 15-47 所示。在【选择器类型】下拉框中选择【复合内容（基于选择的内容）】选项，在【选择器名称】下拉框中输入.leftboxbottom li，在【规则定义】下拉框中选择【layout.css】选项，单击【确定】按钮。

图 15-46

❼ 打开【leftboxbottom li 的 CSS 规则定义（在 layout.css 中）】对话框，如图 15-48 所示。设置【Font-size】为 12，【Line-height】为 26，【Color】为#666。选择【分类】列表中的【方框】选项，取消勾选【Margin】下方的【全部相同】复选框，设置【Left】为-10。选择【分类】列表中的【列表】选项，在【List-style-image】选项右侧单击 浏览… 按钮，在【选择图像源文件】对话框中，选择图像"PetHome>images> index_19.jpg"，单击【确定】按钮，效果如图 15-49 所示。

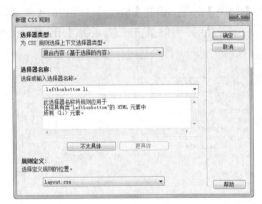

图 15-47

图 15-48

图 15-49

2. 中间内容部分

❶ 将光标置于 leftbox 标签后，选择菜单【插入】|【布局对象】|【Div 标签】，打开【插入 Div 标签】对话框，在【类】下拉框中选择已经存在的【leftbox】选项，单击【确定】按钮，在光标处插入一个 leftbox 标签，如图 15-50 所示。删除标签内的初始文字，在其中插入一个已经存在的 leftboxtop 标签。单击【文档】窗口中的【拆分】按钮，将光标置于【代码】视图中刚插入的 leftboxtop 标签所在的代码之后，再插入一个已经存在的 leftboxbottom 标签，效果如图 15-51 所示。

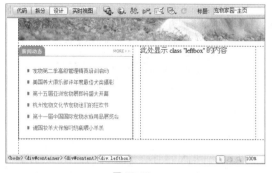

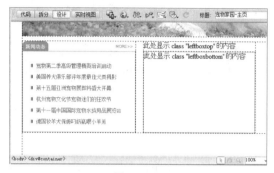

图 15-50　　　　　　　　　　　　　　　　　　　图 15-51

❷ 按照前面对 leftbox 的操作方法，将图像 index_12.jpg 插入上方的 leftboxtop 标签中，再将 text.txt 文件中的相应文字复制粘贴到 leftboxbottom 标签中并添加项目列表，效果如图 15-52 所示。

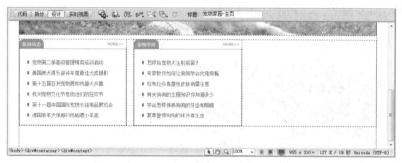

图 15-52

3．右侧内容部分

❶ 将光标置于文字"宠物学院"所在的<div>标签之后，新建并插入一个类样式名为 rightbox 的<div>标签，并将该样式存储于 layout.css 文档中。在【.rightbox 的 CSS 规则定义（在 layout.css 中）】对话框中，设置【Width】和【Height】分别为 322 和 212，【Float】为 right，效果如图 15-53 所示。

图 15-53

❷ 删除 rightbox 标签内的初始文字，在其中新建并插入类样式名为 rightboxtop 的<div>标签，将该样式存储于 layout.css 文档中。在【.rightboxtop 的 CSS 规则定义（在 layout.css 中）】对话框中，设置【Width】和【Height】分别为 322 和 23。将光标置于 rightboxtop 标签之后，新建并插入类样式名为 rightimg 的<div>标签，在【.rightimg 的 CSS 规则定义（在 layout.css 中）】对话框中，选择【分类】列表中的【方框】选项，如图 15-54 所示。设置【Width】和【Height】分别为 130 和 82，【Float】为 left，【Margin】选项的【Top】和【Left】分别为 12 和 20。将光标依次置于插入的 rightimg 标签之后，再插入 3 个 rightimg 标签，效果如图 15-55 所示。

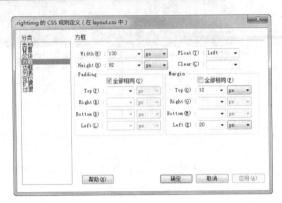

图 15-54

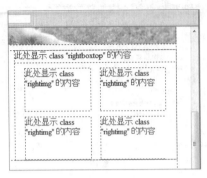

图 15-55

❸ 删除标签中的初始文字，依次插入图像 index_14.jpg、c1.jpg、c2.jpg、c3.jpg 和 c4.jpg，保存网页文档，按<F12>键预览，效果如图 15-56 所示。

图 15-56

15.3.7　制作 footer 区域

❶ 采用与 15.3.3 节一样的方法，在 content 标签后插入 ID 名称为 footer 的<div>标签，并将#footer 样式存储于 layout.css 文档中。在【.footer 的 CSS 规则定义（在 layout.css 中）】对话框中，设置【Font-size】和【Line-height】分别为 12 和 16，【Color】为#FFF。选择【分类】列表中的【背景】选项，设置【Background-color】为#94688C；选择【分类】列表中的【区块】选项，设置【Text-align】为 center；选择【分类】列表中的【方框】选项，设置【Width】和【Height】分别为 900 和 32，【Float】为 left，取消勾选【Padding】下方的【全部相同】复选框，设置【Top】和【Bottom】都为 4，取消勾选【Margin】下方的【全部相同】复选框，设置【Top】为 13。

❷ 删除标签中的初始文字，将 text.txt 文件中的相应文字内容复制粘贴到该标签中，保存网页文档，按<F12>键预览，效果如图 15-57 所示。

15-5　宠物家园-制作 footer 区域

图 15-57

15.4 制作子页面

15-6 宠物
家园-制作
子页面

15.4.1 家园简介子页面切图

在子页面效果图中，需要把有些图片切出来，以便在制作网页时应用，本例只要切出左侧"家园简介"图片和右侧"关于我们"前面的小图标即可。

❶ 在 Photoshop 中打开家园简介子页面效果图 page1.psd，在【图层】面板中选中要切出的图片所在的图层，然后在标尺中拖曳出辅助线框出切片区域，选择工具栏中的【切片工具】 ，画出两个切片，如图 15-58 所示。

图 15-58

❷ 选择菜单【文件】|【存储为 Web 所用格式】，在【存储为 Web 所用格式】对话框中选中切片，在【预设】右侧的下拉框中选择【JPEG 高】选项，如图 15-59 所示。单击【存储】按钮，打开【将优化结果存储为】对话框，如图 15-60 所示。将切片保存在本地站点文件夹中，在【保存类型】下拉框中选择【仅限图像（*.jpg）】选项，在【切片】下拉框中选择【所有用户切片】选项，单击【保存】按钮。

图 15-59

❸ 在 Dreamweaver 的【文件】面板中可以看到切出的图片已经存在 images 文件夹内，如图 15-61 所示。

<div style="text-align:center">图 15-60　　　　　　　　　　　　　　　　图 15-61</div>

15.4.2　新建子页面模板

在站点【文件】面板中，复制粘贴主页文件 index.html 会得到一个名为 index - 拷贝.html 的文件，如图 15-62 所示。

❶ 双击打开 index - 拷贝.html 文件，在【CSS 样式】面板中双击#container 样式，打开【#container 的 CSS 规则定义（在 layout.css 中）】对话框，如图 15-63 所示。选择【分类】列表中的【方框】选项，将【Height】下拉框中的值清空。然后将页面中的 banner 图像和内容部分删除，效果如图 15-64 所示。

<div style="text-align:center">图 15-62　　　　　　　　　　　　　　　　图 15-63</div>

❷ 选择菜单【插入】|【布局对象】|【Div 标签】，打开【插入 Div 标签】对话框，在【插入】下拉框中选择【在标签之后】选项，在其右侧下拉框中选择【<div id="banner">】选项，在【ID】下拉框中输入 subcontentleft。单击【新建 CSS 规则】按钮，打开【新建 CSS 规则】对话框，在【规则定义】下拉框中选择【layout.css】选项，单击【确定】按钮，打开【#subcontentleft 的 CSS 规则定义（在 layout.css 中）】对话框，如图 15-65 所示。选择【分类】列表中的【方框】选项，设置【Width】和【Height】

分别为 177 和 500，【Float】为 left，单击【确定】按钮，效果如图 15-66 所示。

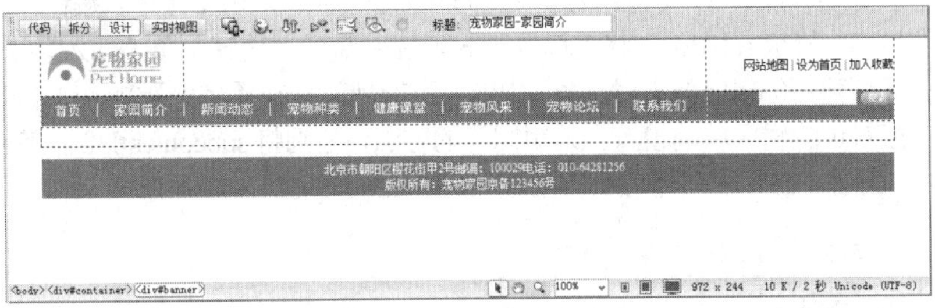

图 15-64

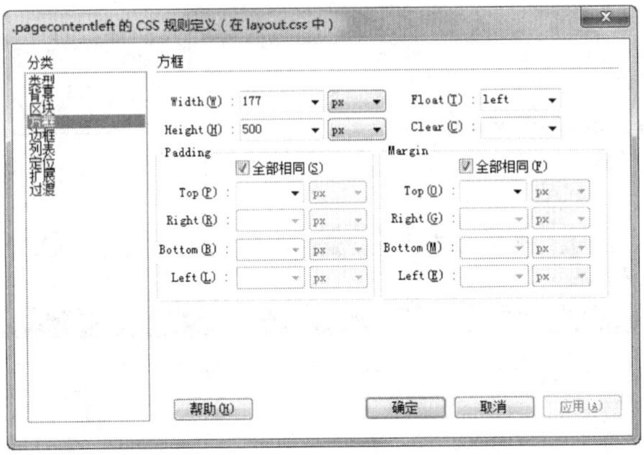

图 15-65

图 15-66

❸ 采用同样的方式，在 subcontentleft 标签后插入 ID 名称为 subcontentright 的<div>标签，并存储于 layout.css 文档中。打开【#subcontentright 的 CSS 规则定义（在 layout.css 中）】对话框，如图 15-67 所示。设置【Width】和【Height】分别为 704 和 500，【Float】为 right，单击【确定】按钮，效果如图 15-68 所示。

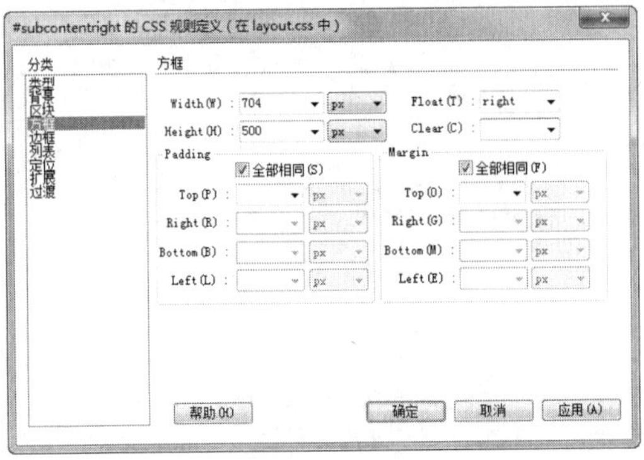

图 15-67

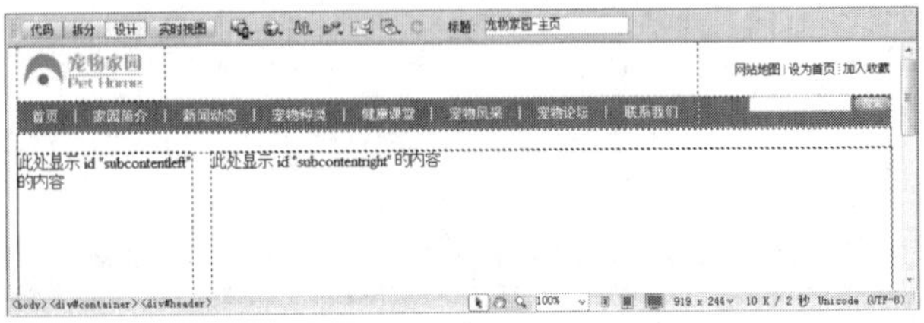

图 15-68

❹ 选择菜单【文件】|【另存为模板】，打开【另存模板】对话框，如图 15-69 所示。在【站点】下拉框中选择【宠物家园】选项，在【另存为】文本框中输入 sub，单击【保存】按钮，将当前 index - 拷贝.html 页面文件另存为模板 sub.dwt。将光标置于 banner 标签中，选择菜单【插入】|【模板对象】|【可编辑区域】，打开【新建可编辑区域】对话框，如图 15-70 所示。在【名称】文本框中输入"m1"，单击【确定】按钮，完成对可编辑区域的设置。采用同样的方法，分别将 subcontentleft 标签和 subcontentright 标签内的默认文字删除，在其中创建可编辑区域 m2 和 m3，如图 15-71 所示。

图 15-69

图 15-70

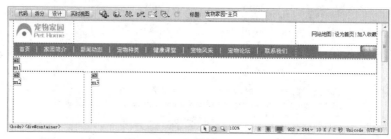

图 15-71

15.4.3 新建家园简介子页面

❶ 选择菜单【文件】|【新建】，打开【新建文档】对话框，如图 15-72 所示。选择左侧【模板中的页】选项，在【站点】列表中选择【宠物家园】选项，单击【创建】按钮，新建一个由模板 sub.dwt 生成的网页，保存为sub1.html。在文档工具栏中的【标题】文本框中输入"宠物家园-家园简介"。

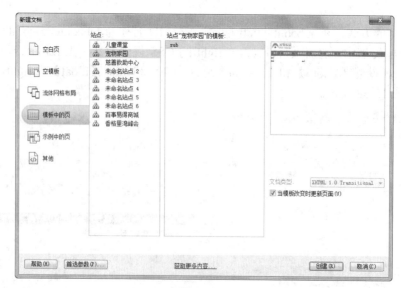

图 15-72

❷ 将光标置于 banner 标签的可编辑区域 m1 中，删除默认文字 "m1"，在其中插入图像 "PetHome>images> page1_banner.jpg"，效果如图 15-73 所示。

图 15-73

❸ 删除可编辑区域 m2 中的文字 "m2"，将光标置于其中，新建并插入类样式名为 left1 的<div> 标签，并将该样式存储于 layout.css 文档中。在【.left1 的 CSS 规则定义（在 layout.css 中）】对话框中，选择【分类】列表中的【方框】选项，设置【Width】和【Height】分别为 177 和 50，如图 15-74 所示，单击【确定】按钮。删除标签内的默认文字，在 left1 标签中插入图像"PetHome>images> page1_02.jpg"。

❹ 单击【文档】窗口中的【拆分】按钮，在【代码】视图中将光标置于刚插入的 left1 标签 所在的代码之后，新建并插入类样式名为 left2 的<div>标签，并将该样式存储于 layout.css 文档中。在【.left2 的 CSS 规则定义（在 layout.css 中）】对话框中，选择【分类】列表中的【类型】选项，设置【Font-size】为 12，【Line-height】为 26，【Color】为#6FB366；选择【分类】列表中的【区块】选项，设置【Text-align】为 center；选择【分类】列表中的【方框】选项，设置【Width】和【Height】分别为 177 和 26；选择【分类】列表中的【边框】选项，取消勾选【Style】、【Width】和【Color】下方的【全部相同】复选框，设置【Bottom】右侧 3 个下拉框中的内容分别为 solid、1 和#94688C，单击【确定】按钮，效果如图 15-75 所示。

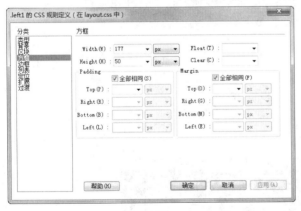

图 15-74

图 15-75

❺ 在【代码】视图中将光标置于刚插入的 left2 标签所在的代码之后，选择菜单【插入】|【布局对象】|【Div 标签】，打开【插入 Div 标签】对话框，在【类】下拉框中选择【left2】选项，再插入一个 left2 标签，分别在两个 left2 标签中输入文字 "关于我们" 和 "家园宗旨"，如图 15-76 所示。

❻ 删除可编辑区域 m3 内的初始文字 "m3"，新建并插入类样式名为 right1 的<div>标签，在【.right1 的 CSS 规则定义（在 layout.css 中）】对话框中，选择【分类】列表中的【类型】选项，设置【Font-size】为 12，【Line-height】为 50，【Color】为#6FB366；选择【分类】列表中的【方

框】选项，设置【Width】和【Height】分别为 704 和 50；选择【分类】列表中的【边框】选项，取消勾选【Style】、【Width】和【Color】下方的【全部相同】复选框，设置【Bottom】右侧 3 个下拉框中的内容分别为 solid、1 和#6FB366，效果如图 15-77 所示。

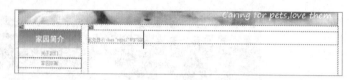

图 15-76   图 15-77

❼ 删除 right1 标签中的初始文字，插入图像 page1_05.jpg，按<Shift+F5>组合键，打开【标签编辑器-img】对话框，在【对齐】下拉框中选择【绝对居中】选项，如图 15-78 所示，单击【确定】按钮。在插入的图像后按两次<Space>键，输入文字"关于我们"，效果如图 15-79 所示。

❽ 单击【文档】窗口中的【拆分】按钮，在【代码】视图中将光标置于刚插入的 right1 标签所在的代码之后，新建并插入类名为 right2 的<div>标签。在【.right2 的 CSS 规则定义（在 layout.css 中）】对话框中，选择【分类】列表中的【类型】选项，设置【Font-size】为 12，【Line-height】为 24，【Color】为#666；选择【分类】列表中的【方框】选项，设置【Width】和【Height】分别为 704 和 450。将 text.txt 文件中的相应文字复制粘贴到

图 15-78

right2 标签中。保存网页文档，按<F12>键预览效果，如图 15-80 所示。

图 15-79

图 15-80

15-7　宠物
家园-制作
其他子页面

15.5　制作其他子页面

其他子页面的布局和家园简介页面类似，也可以通过模板来制作，下面介绍宠物风采子页面的制作。

❶ 选择菜单【文件】|【新建】，在【新建文档】对话框中选择【模板中的页】选项，单击【创建】按钮新建一个网页。在文档工具栏上的【标题】文本框中输入"宠物家园-宠物风采"，将名称为 sub2.html 的网页保存在站点文件夹中。

❷ 在可编辑区域 m1 中删除默认文字"m1"并插入图像"PetHome>images>page2_banner.jpg"。

❸ 删除可编辑区域 m2 中的默认文字"m2"，将光标置于其中，插入一个已存在的 left1 标签。删除 left1 标签中的默认文字，插入图像"PetHome>images> page2_02.jpg"。

❹ 在【代码】视图中将光标置于刚插入的 left1 标签所在的代码之后，插入一个已存在的 left2 标签。删除 left2 标签中的默认文字，输入"宠物摄影"。在其后再插入一个 left2 标签并输入文字"宠物表演"。效果如图 15-81 所示。

❺ 删除可编辑区域 m3 内的默认文字"m3"，插入一个已存在的 right1 标签。删除 right1 标签中的默认文字，插入图像 page1_05.jpg。按<Shift+F5>组合键，打开【标签编辑器-img】对话框，在【对齐】下拉框中选择【绝对居中】选项。在插入的图像后按两次<Space>键，输入文字"宠物摄影"。

图 15-81

❻ 在【代码】视图中将光标置于刚插入的 right1 标签所在的代码之后，插入一个已存在的 right2 标签。

❼ 将 right2 标签中的默认文字删除，并将光标置于其中，新建并插入类名为 subimg 的<div>标签。在【.subimg 的 CSS 规则定义（在 layout.css 中）】对话框中，选择【分类】列表中的【方框】选项，设置【Width】和【Height】分别为 200 和 150，【Float】为 left，取消勾选【Margin】下方的【全部相同】复选框，设置【Top】、【Right】和【Left】分别为 20、10 和 20，如图 15-82 所示。将光标依次置于新插入的 subimg 标签后，再插入 5 个 subimg 标签，效果如图 15-83 所示。

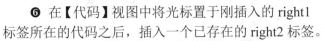

图 15-82　　　　　　　　　　　　　　　　　　图 15-83

❽ 依次在相应<div>标签中插入 images 文件夹内的图像文件 p1.jpg、p2.jpg、p3.jpg、p4.jpg、p5.jpg、p6.jpg。

❾ 保存网页文档，按<F12>键预览效果，如图 15-84 所示。

图 15-84

15-8 宠物
家园-页面
超链接设置

15.6 页面超链接设置

主页面和子页面制作好之后，可以设置主页面导航条中的链接，还可以通过模板主页面导航条链接的设置来实现子页面链接的设置。

❶ 在【文件】面板中，双击打开主页面 index.html。选中导航文字"家园简介"，在【属性】面板中设置指向 sub1.html 的超链接，如图 15-85 所示。采用同样的方式，给导航条上的文字"宠物风采"设置指向 sub2.html 的超链接，效果如图 15-86 所示。

图 15-85

首页 ｜ 家园简介 ｜ 新闻动态 ｜ 宠物种类 ｜ 健康课堂 ｜ 宠物风采 ｜ 宠物论坛 ｜ 联系我们

图 15-86

❷ 双击打开模板文件 sub.dwt。选中导航文字"首页"，在【属性】面板中设置指向 index.html 的超链接。采用同样的方式，给导航条上的文字"家园简介"和"宠物风采"设置指向 sub1.html 和 sub2.html 的超链接，保存模板文件，更新后完成子网页的链接设置。

❸ 在【CSS 样式】面板中单击【新建 CSS 规则】按钮 ，打开【新建 CSS 规则】对话框，如图 15-87 所示。在【选择器类型】下拉框中选择【复合内容（基于选择的内容）】选项，在【选择器名称】下拉框中输入#nav a:link, #nav a:visited，在【规则定义】下拉框中选择【layout.css】选项，单击【确定】按钮。打开【#nav a:link,#nav a:visited 的 CSS 规则定义（在 layout.css 中）】对话框，如图 15-88 所示。选择【分类】列表中的【类型】选项，在【Color】文本框中输入"#FFF"，勾选【Text-decoration】下方的【none】复选框，单击【确定】按钮，完成导航链接文字颜色和已访问链接颜色的设置。

❹ 新建一个名为#nav a:hover 的复合样式，用来设置导航条中部分文字链接在鼠标指针移上去时显示的颜色，在【#nav a:hover 的 CSS 规则定义（在 layout.css 中）】对话框中，选择【分类】

列表中的【类型】选项，在【Color】文本框中输入"#6FB366"，单击【确定】按钮。

图 15-87　　　　　　　　　　　　　　　　　　图 15-88

❺ 保存网页文档，按<F12>键预览效果，如图 15-89 所示。

图 15-89

参 考 文 献

［1］潘强．Dreamweaver 网页设计制作标准教程（CS4 版）[M]．北京：人民邮电出版社，2011．
［2］孙膺．网页设计三剑客（CS4 中文版）标准教程[M]．北京：清华大学出版社，2010．
［3］袁云华．Dreamweaver CS4 中文版基础教程[M]．北京：人民邮电出版社，2010．
［4］倪洋．网页设计[M]．上海：上海人民美术出版社，2006．
［5］温谦．网页制作综合技术教程[M]．北京：人民邮电出版社，2009．
［6］王君学．网页设计与制作[M]．北京：人民邮电出版社，2009．
［7］孙素华．中文版 Dreamweaver CS5 Flash CS5 photoshop CS5 网页设计从入门到精通[M]．北京：中国青年出版社，2011．
［8］肖瑞奇．巧学巧用 Dreamweaver CS5 制作网页[M]．北京：人民邮电出版社，2010．
［9］侯晓莉．21 天网站建设实录[M]．北京：中国铁道出版社，2011．
［10］邓文渊．Dreamweaver CS5 网站设计与开发实践[M]．北京：清华大学出版社，2012．
［11］朱印宏．Dreamweaver CS5 & ASP 动态网页设计[M]．北京：中国电力出版社，2012．
［12］胡崧．Dreamweaver CS6 中文版从入门到精通[M]．北京：中国青年出版社，2013．
［13］[美] Brad Broulik．jQuery Mobile 快速入门[M]．北京：人民邮电出版社，2012．
［14］李柯泉．构建跨平台 APP: jQuery Mobile 移动应用实战[M]．北京：清华大学出版社，2017．